电阻器与电位器

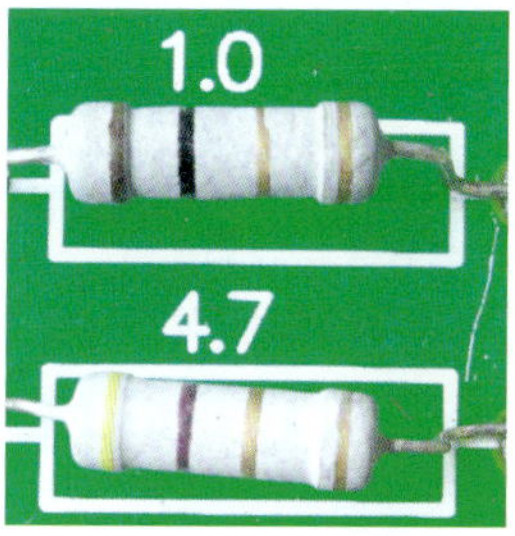

碳膜电阻器

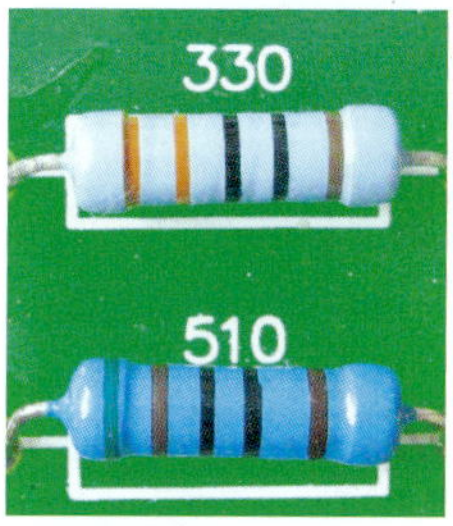

金属膜电阻器

线绕电阻器

光敏电阻器

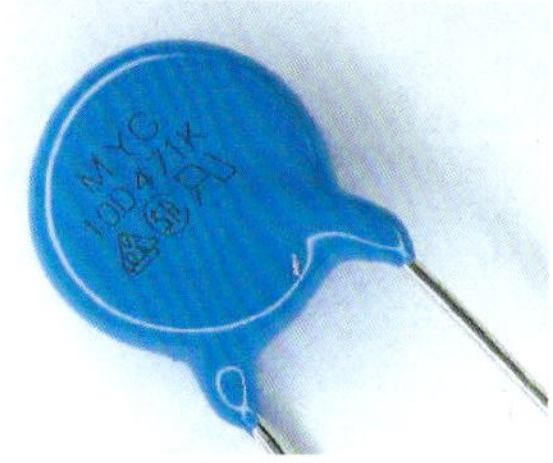

敏电阻器

水泥电阻器

排阻

微调电位器-1

微调电位器-2

碳膜电位器

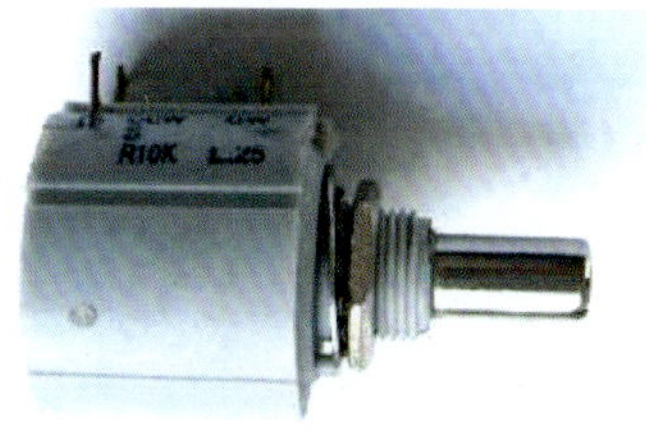

线绕电位器

电 容 器

铝电解电容器

钽电解电容器

瓷片电容器

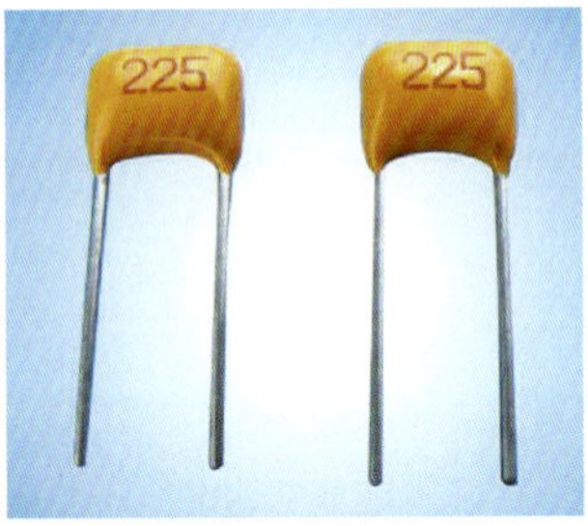

独石电容器

涤纶电容器

微调电容器

CBB电容器

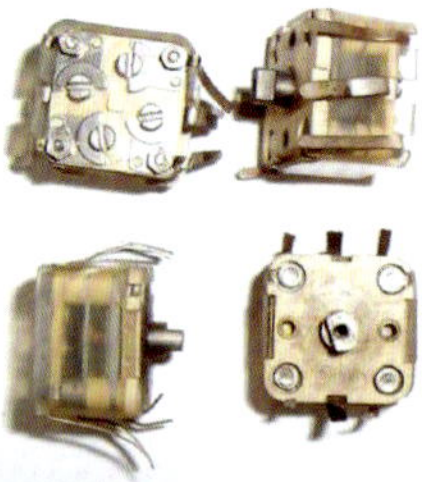

双联可变电容器

贴片铝电解电容器

贴片钽电解电容器

贴片陶瓷电容器

电 感 器

空心线圈电感器

带磁环的电感器

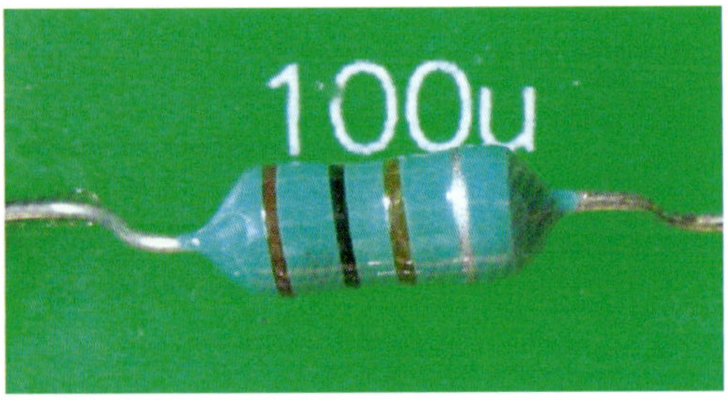

色码电感器

立式电感器

铁心线圈

贴片电感器

带磁心的可调电感器

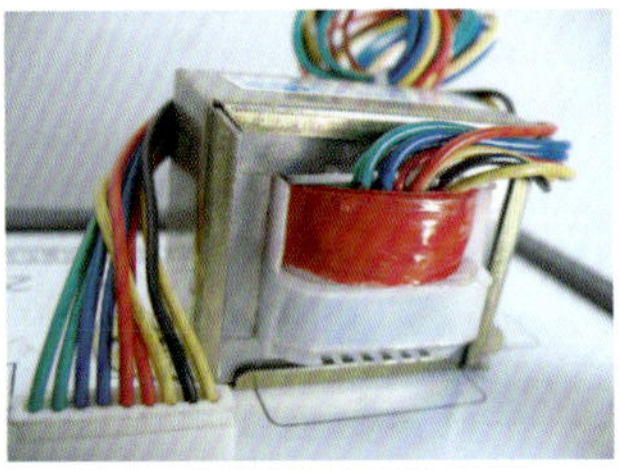

电源变压器

中频变压器(中周)

低(音)频变压器

磁性天线

二 极 管

整流二极管

检波二极管

开关二极管

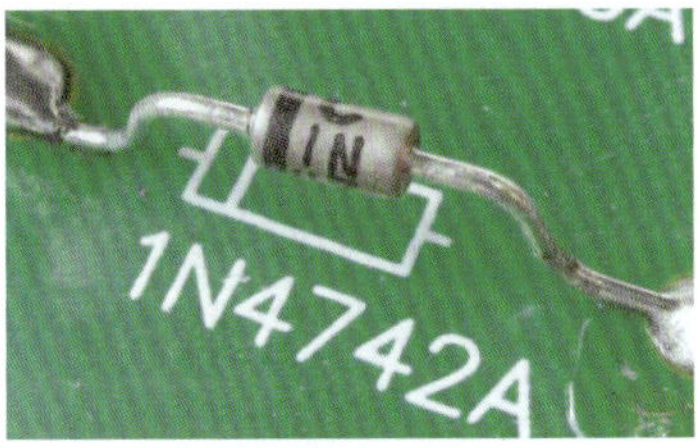

单向稳压二极管

双向稳压二极管

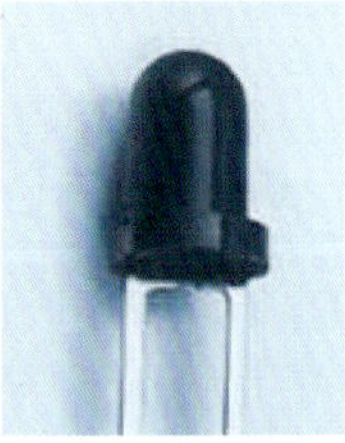

红外接收二极管

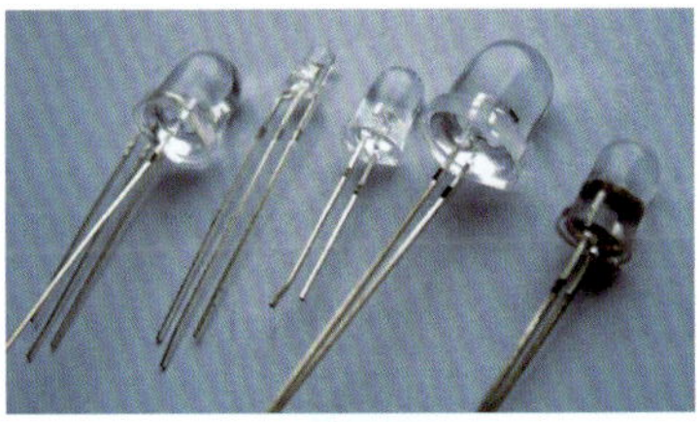

发光二极管

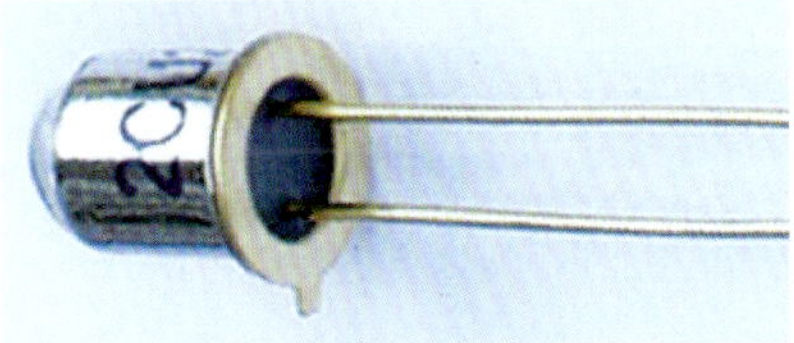

光敏二极管

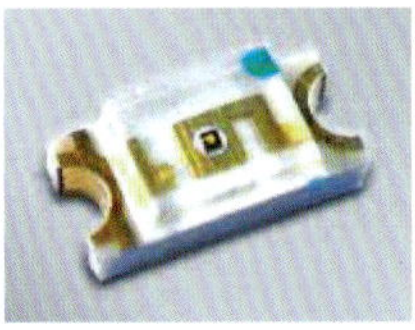

贴片发光二极管

贴片二极管

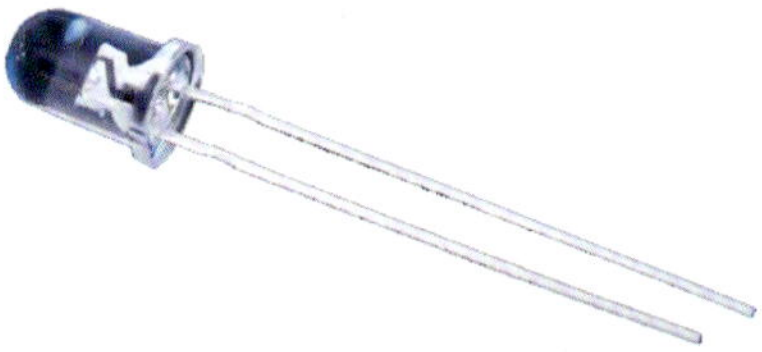

红外发射二极管

晶 体 管

塑封小功率晶体管

塑封中功率晶体管

金属外壳小功率晶体管

贴片晶体管

金属外壳大功率晶体管(正面)

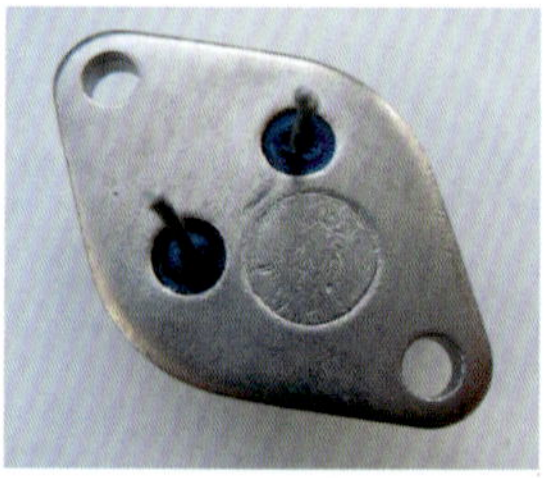

金属外壳大功率晶体管(背面)

集 成 电 路

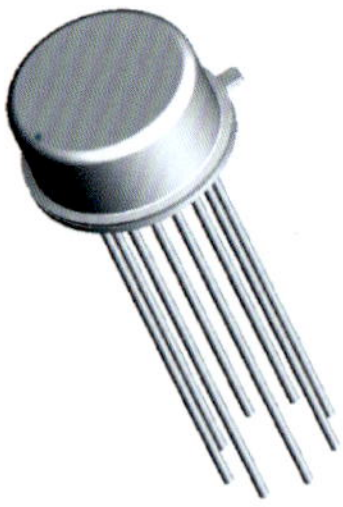

圆形金属外壳封装IC

双列直插封装IC

单列直插封装IC

贴片SOP封装IC

定制封装IC

显 示 器 件

一位LED数码管

二位一体LED数码管

四位一体LED数码管

液晶显示模块LCD1602正面图

8×8 LED点阵(正面)

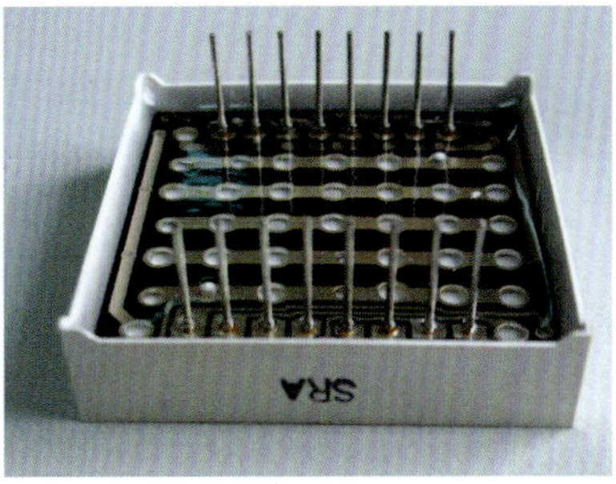

8×8 LED点阵(背面)

液晶显示模块LCD12864正面图

液晶显示模块LCD12864背面图

电 声 器 件

动圈式扬声器

蜂鸣器(有源与无源)

驻极体传声器

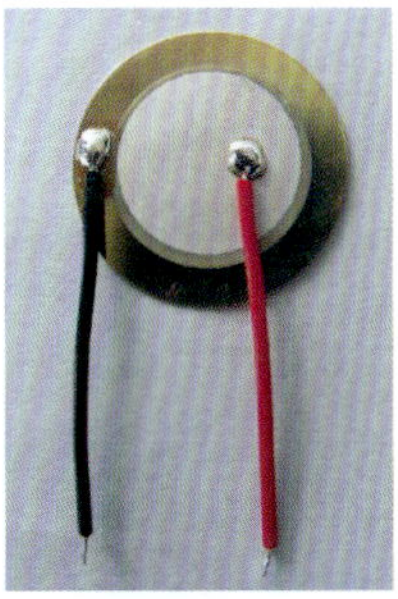

压电陶瓷片

保护与隔离元件

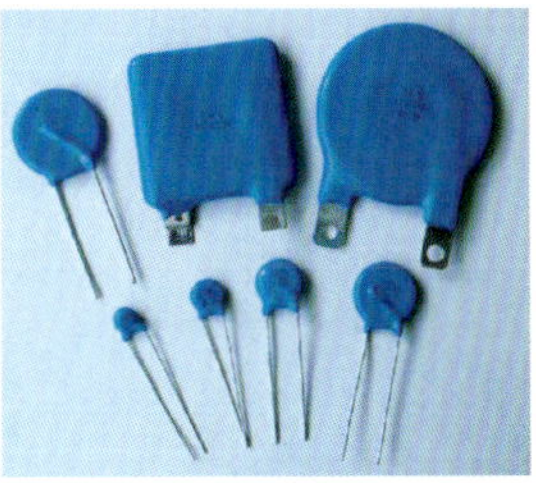

压敏电阻器

瞬变电器抑制二极管(TVS)

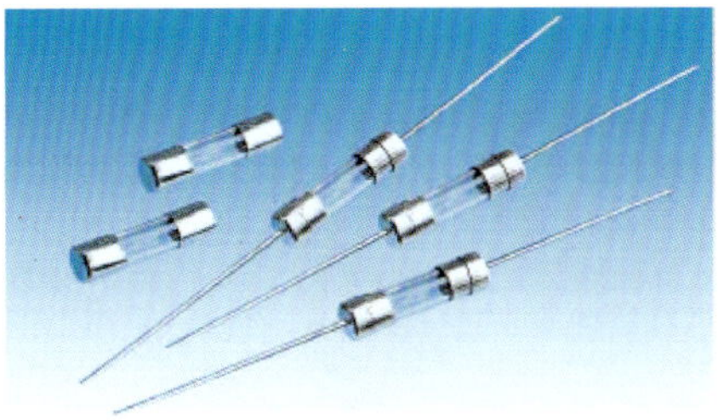

玻璃管熔断器(速断型)

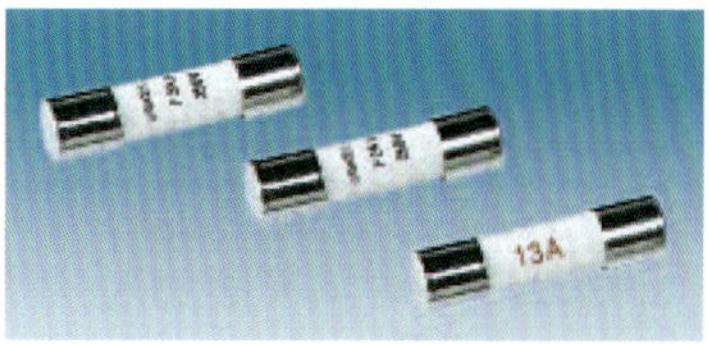

磁管熔断器(速断型)

微型熔断器

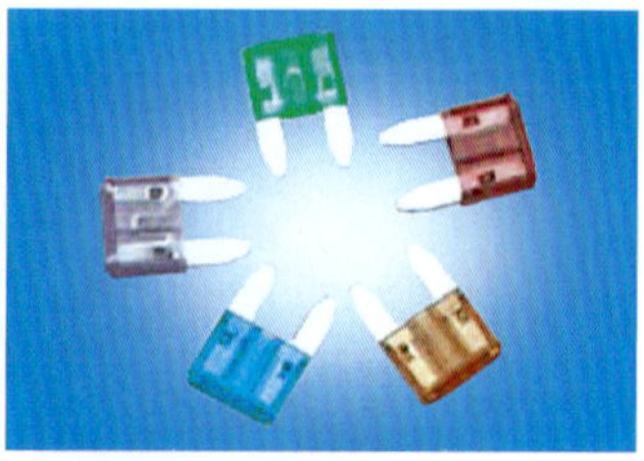

微型插片式熔断器

自恢复熔断器(PTC热敏电阻)

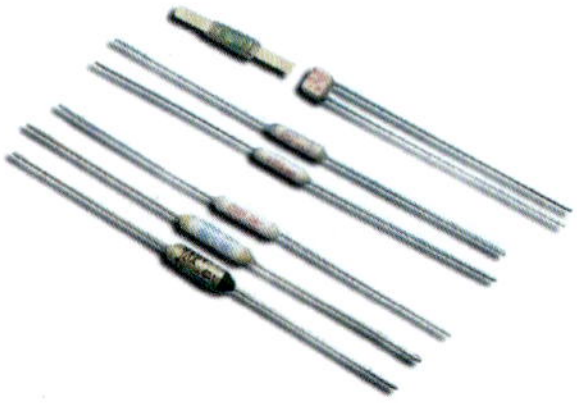

温度熔断器

熔断器座

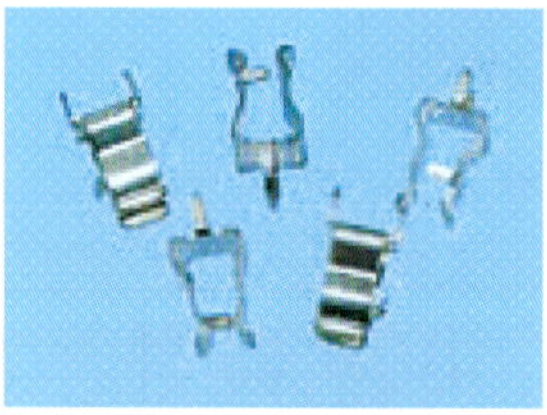

夹片式熔断器座

光电耦合器

开　关

按钮

直键开关

钮子开关

拨码开关

微动开关

拨动开关

琴键开关

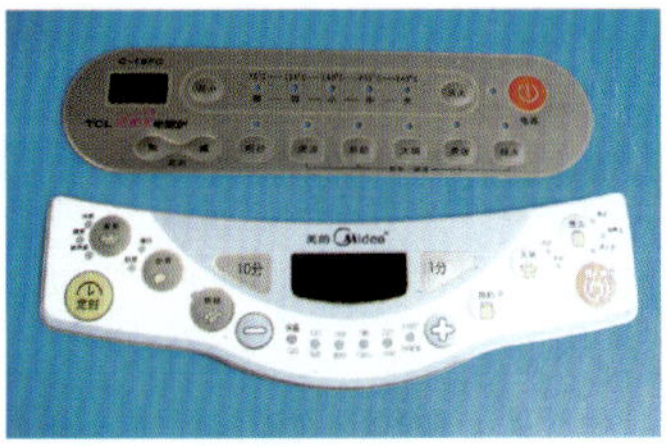

薄膜开关

船形开关

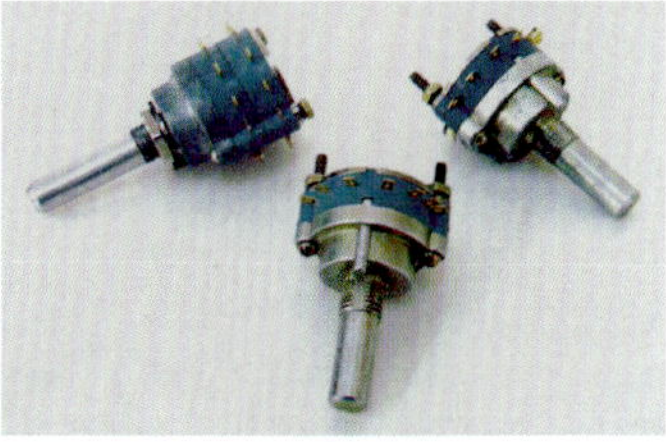

波段开关

接 插 件

直流电源插座

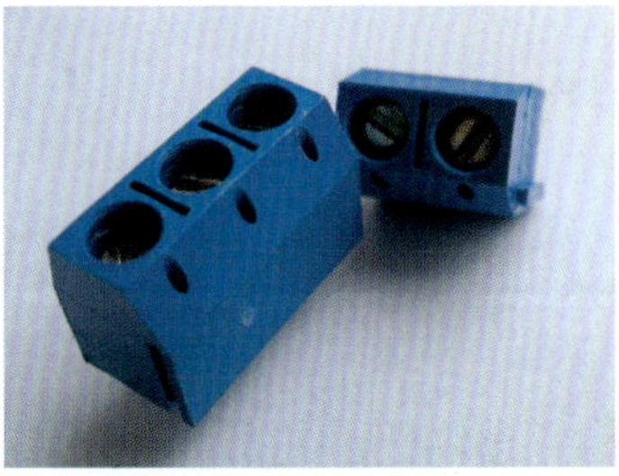

压线插座

两针插座

排线插座

DIP封装IC插座

PLCC封装IC插座

USB接口插座

电话外线插座(RJ11)

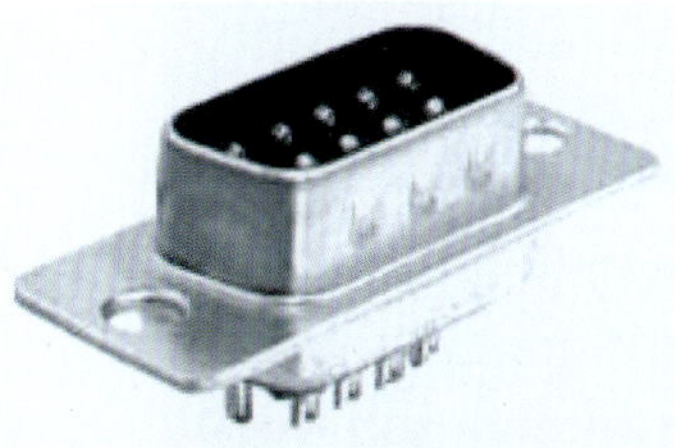

9针串口插座

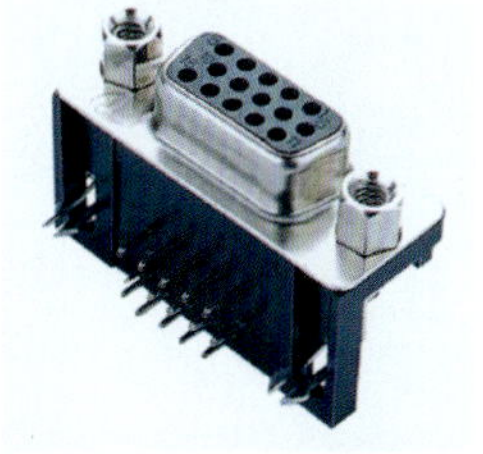

VGA接口插座

网络接口插座(RJ45)

控 制 元 件

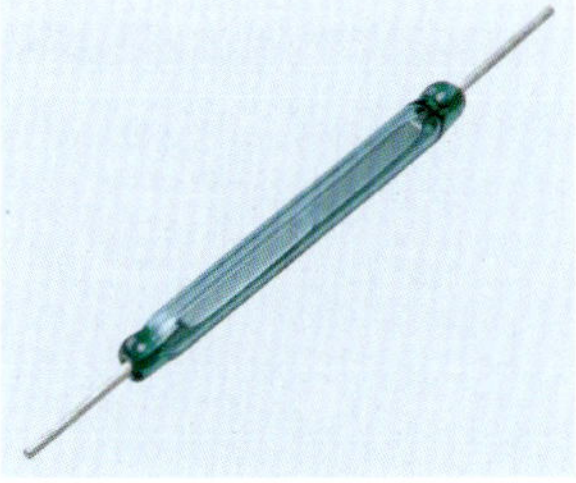

干簧管

直流继电器

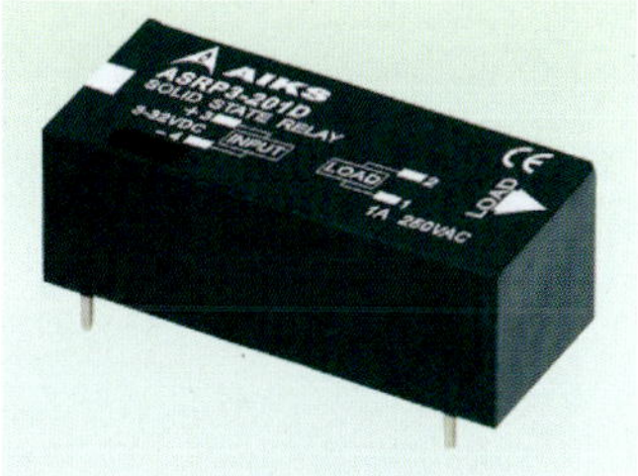

固态继电器

传 感 器

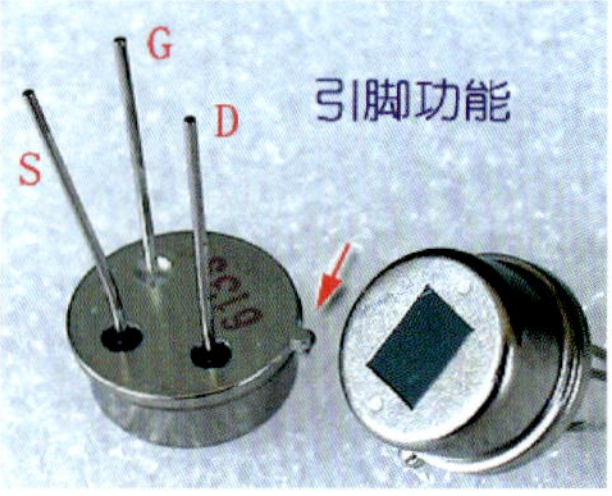

热释传感器

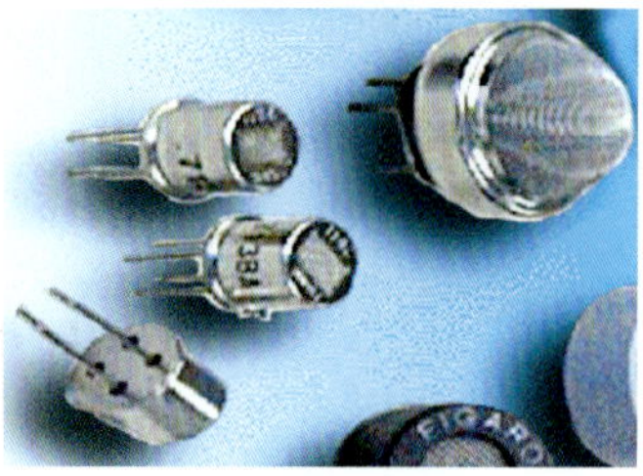

气敏传感器

霍尔传感器

菲涅尔镜片

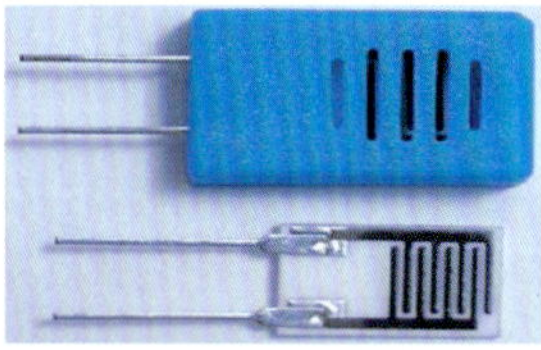

湿敏传感器

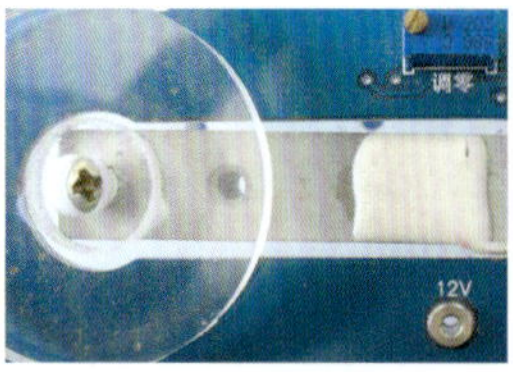

压力传感器

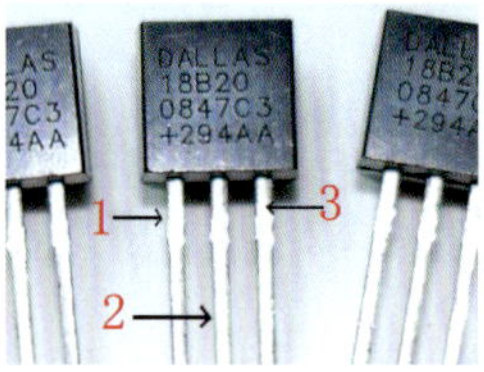

温度传感器(DS18B20)

超声波传感器发射接收头

亚龙YL-291模块

EDM001

EDM002

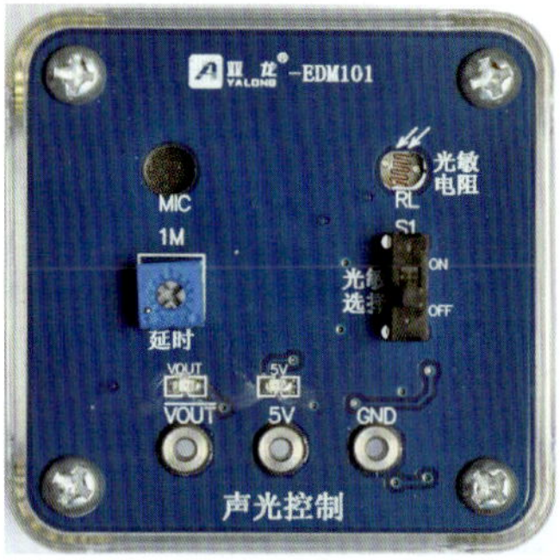

EDM101

EDM102

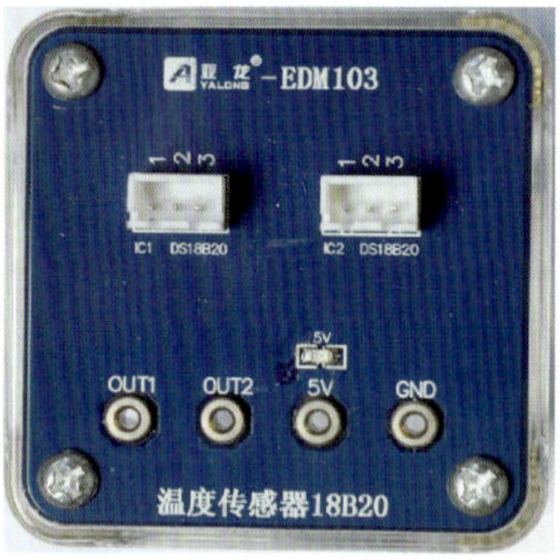

EDM103

EDM105

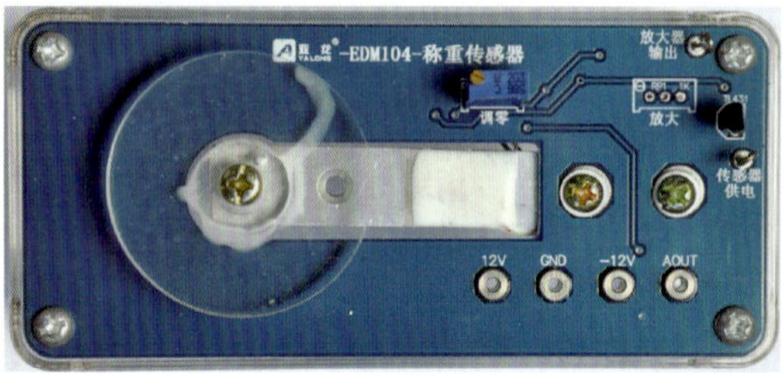

EDM104

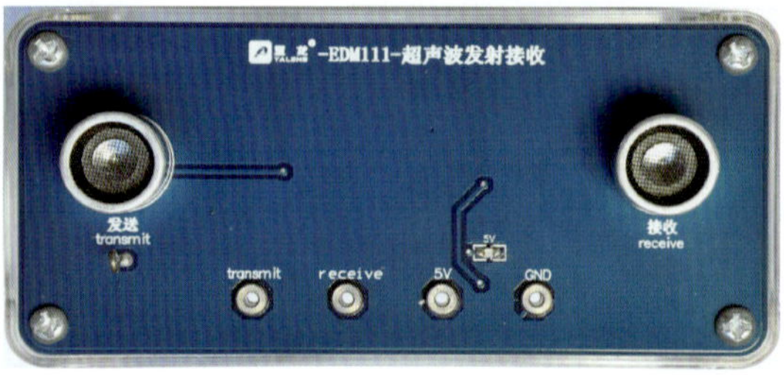

EDM111

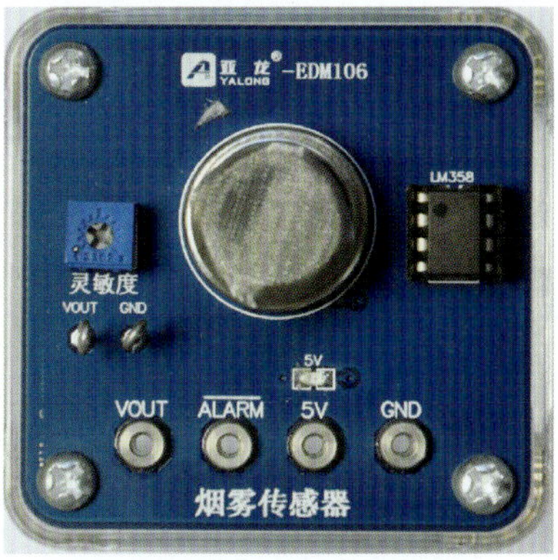

EDM106

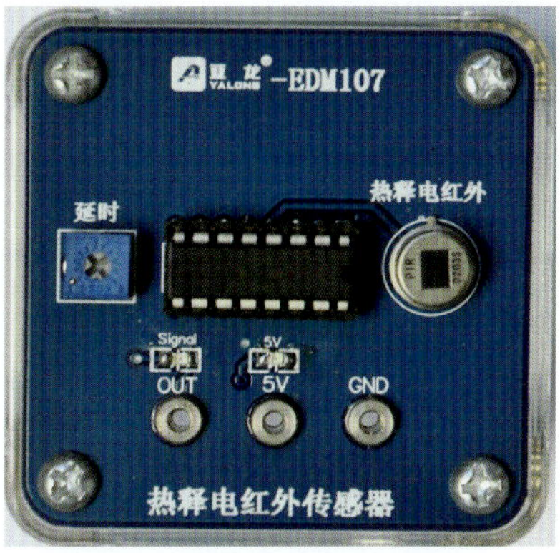

EDM107

EDM108

EDM109

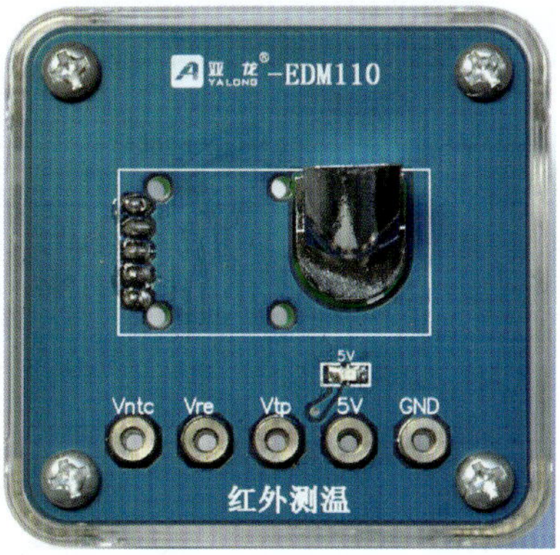

EDM110

EDM112

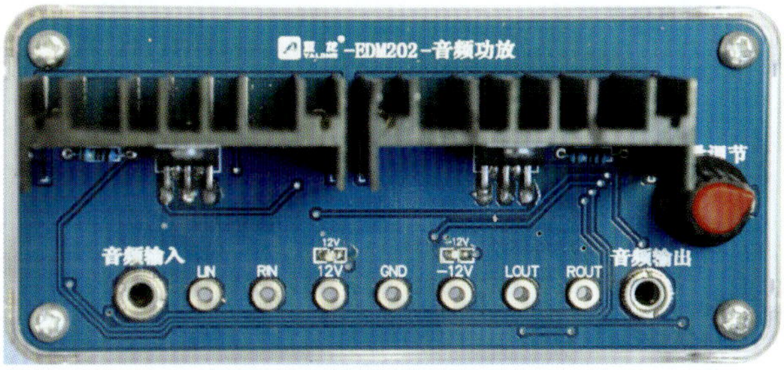

EDM202

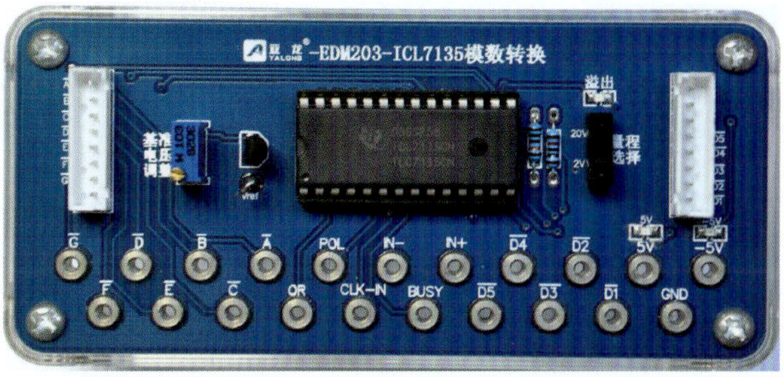

EDM203

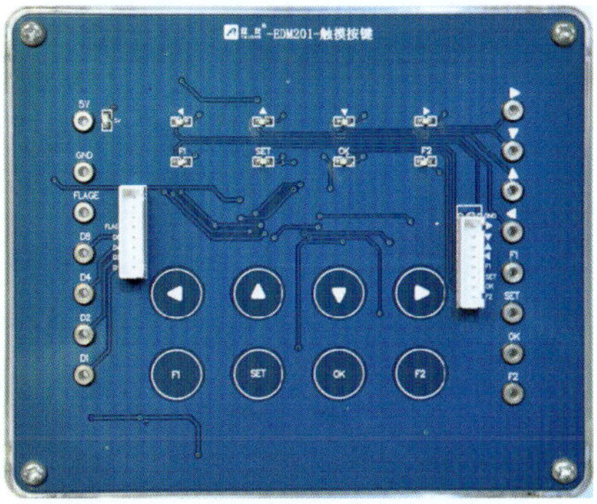

EDM201

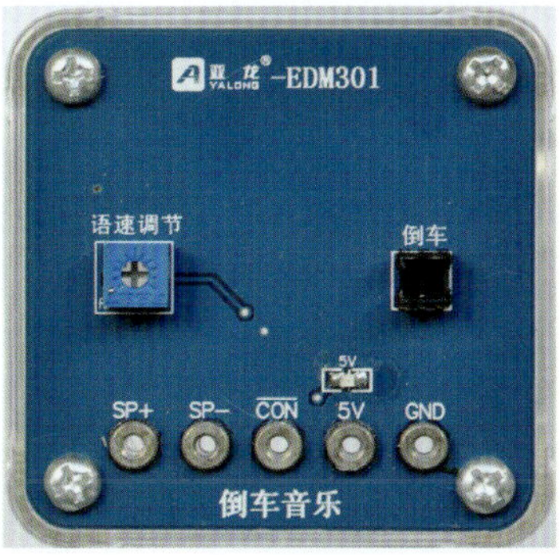

EDM301

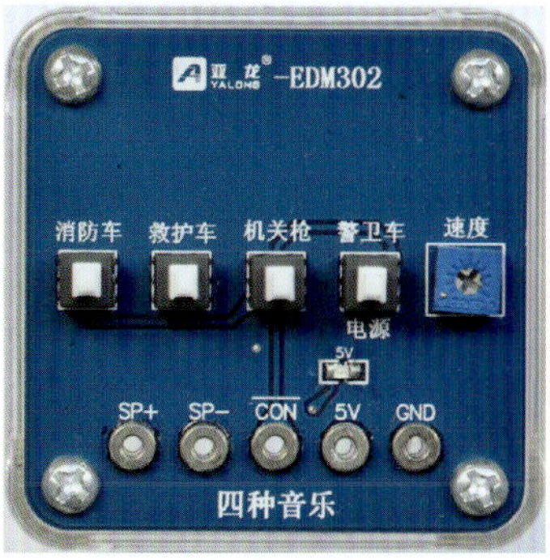

EDM302

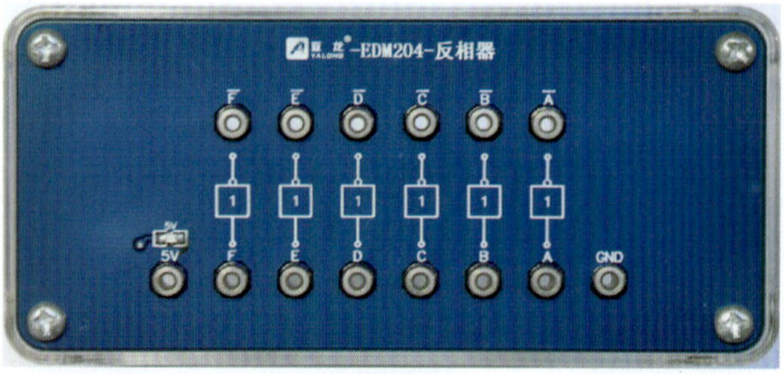

EDM204

EDM303

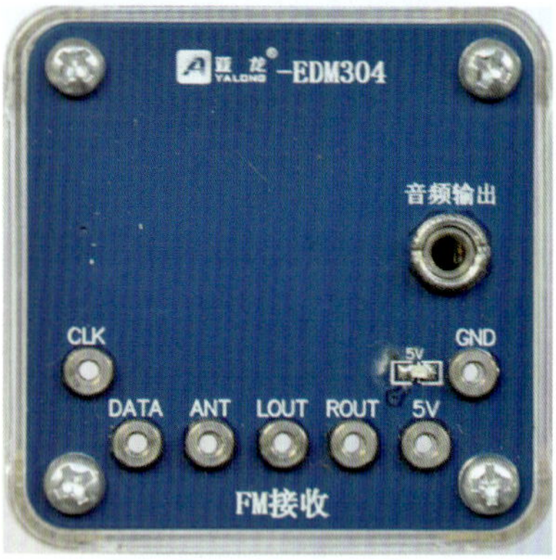

EDM304

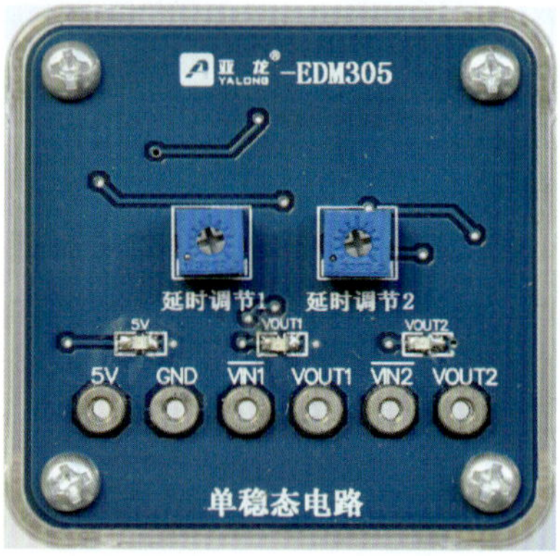

EDM305

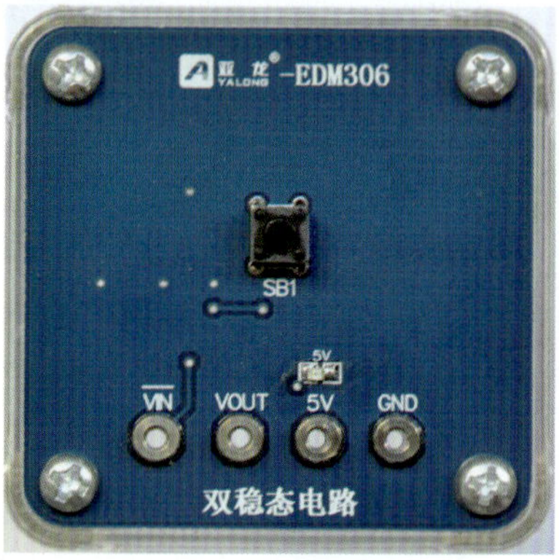

EDM306

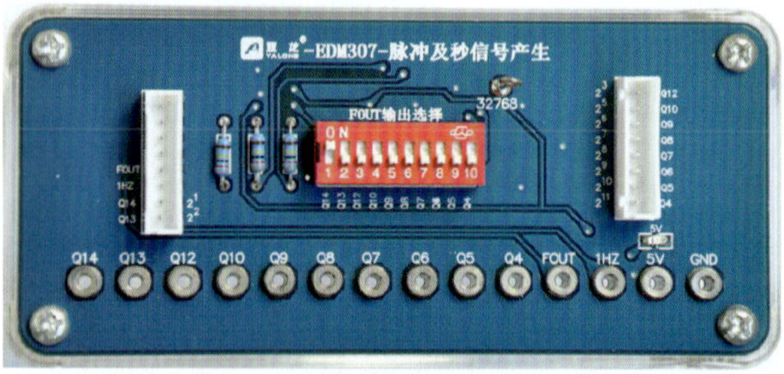

EDM307

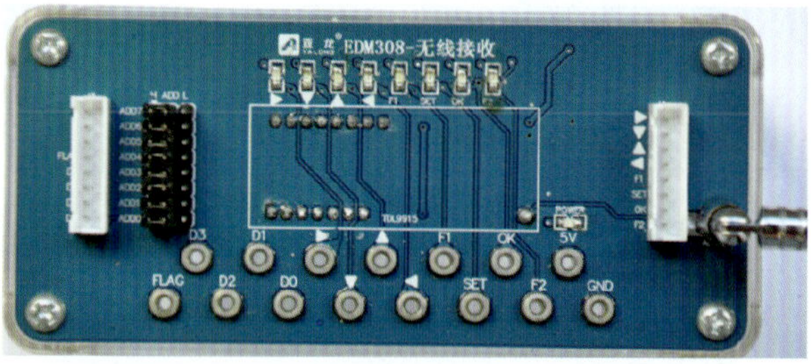

EDM308

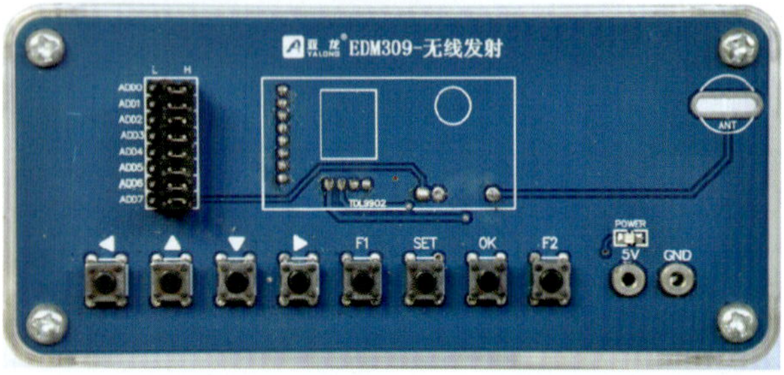

EDM309

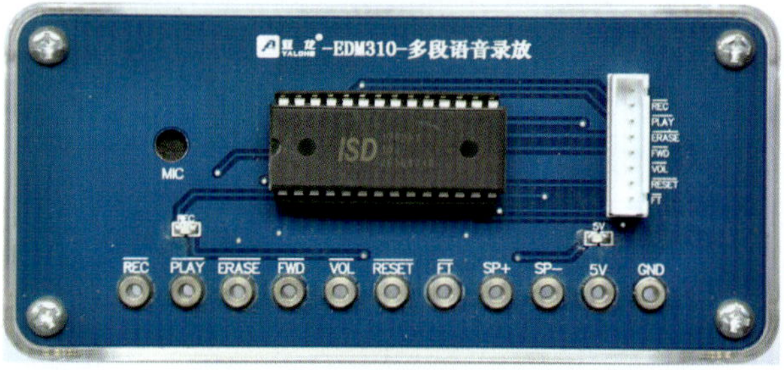

EDM310

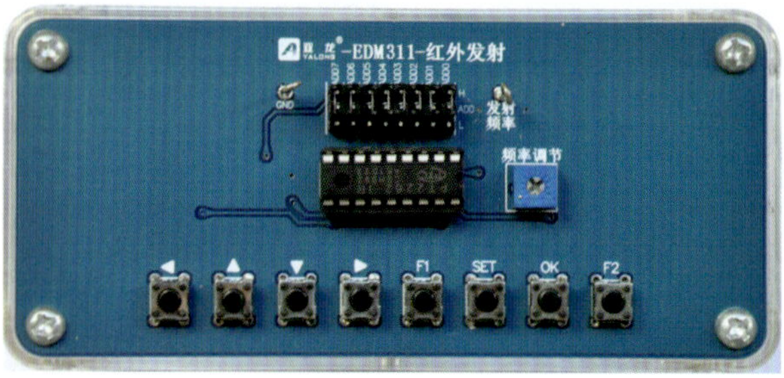

EDM311

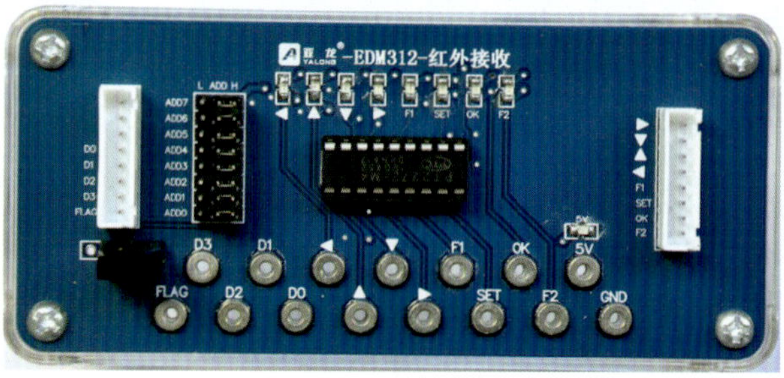

EDM312

EDM313

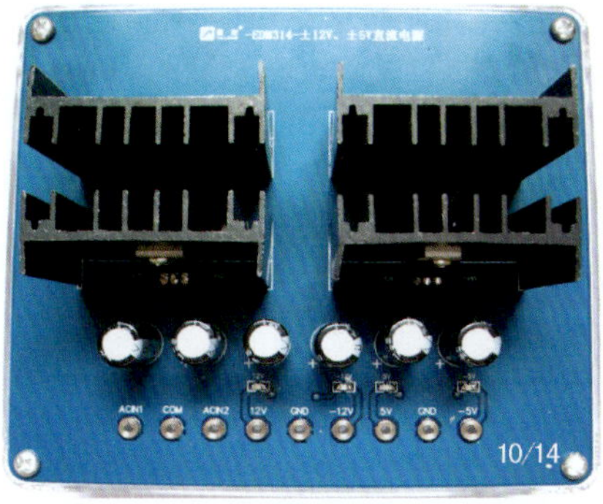

EDM314

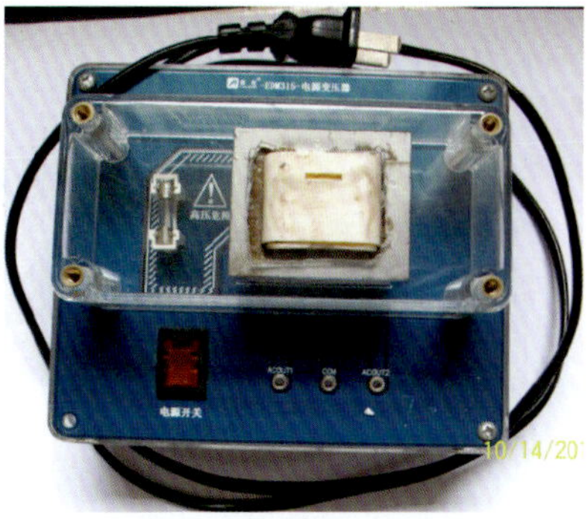
EDM315

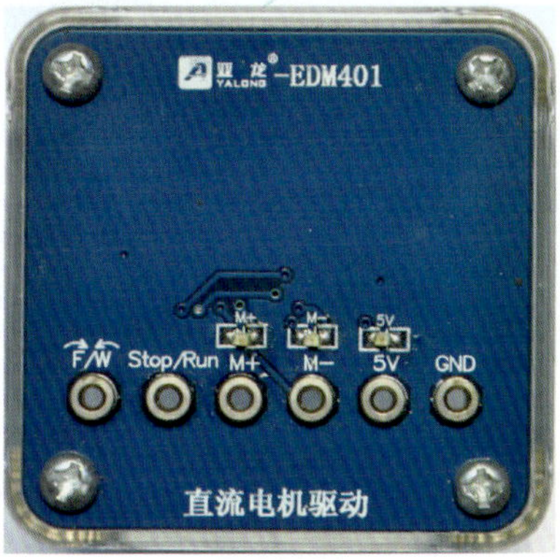

EDM401

EDM402

EDM404

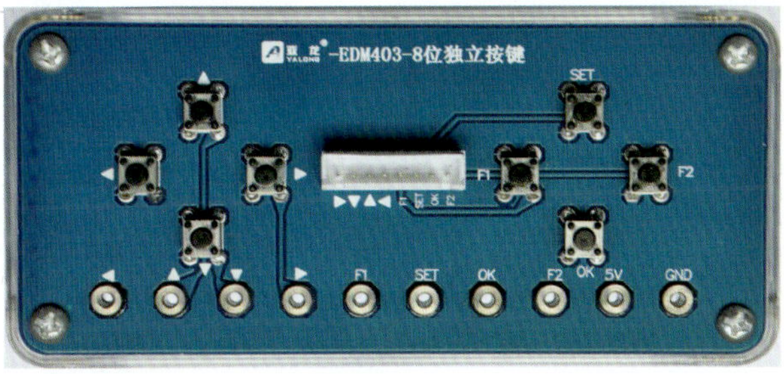

EDM403

EDM405

EDM501

EDM502

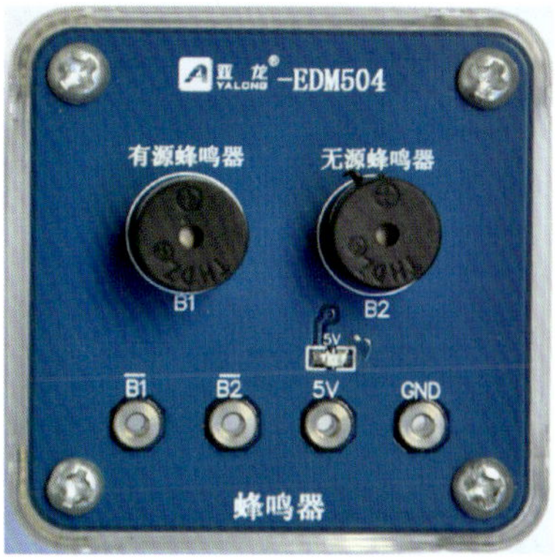

EDM504

EDM406

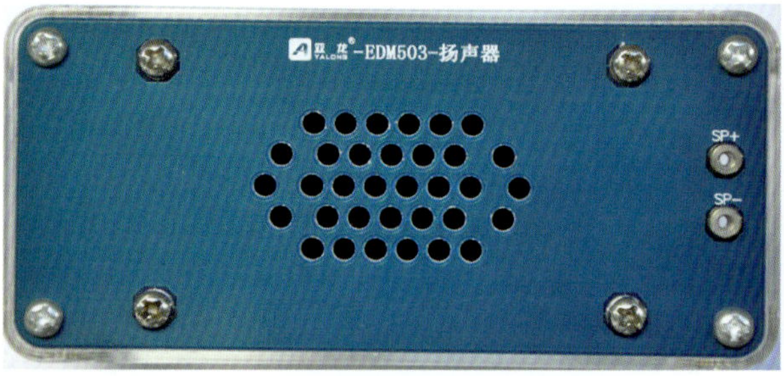

EDM503

EDM603

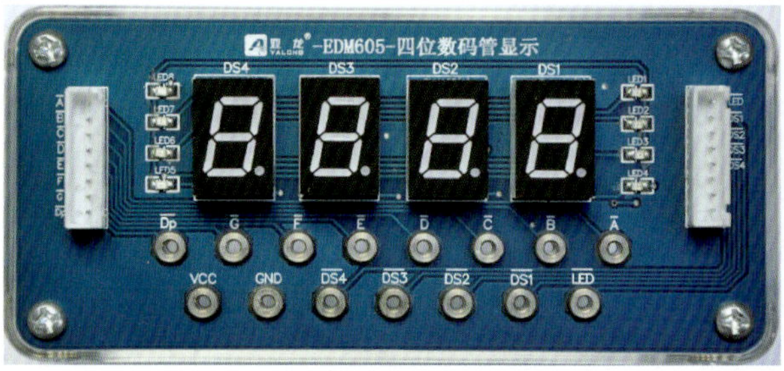

EDM605

EDM505

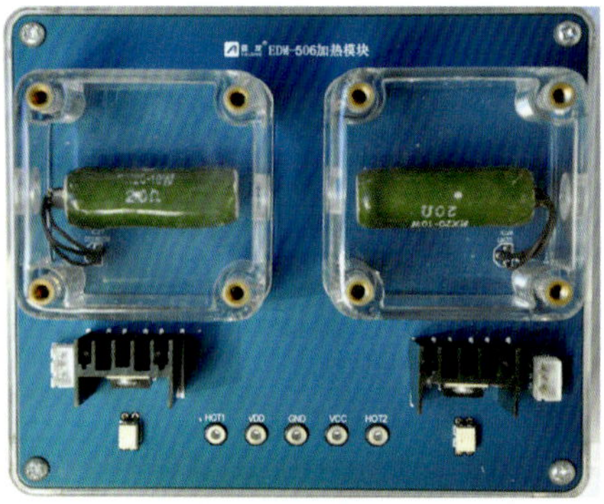

EDM506

EDM507

EDM604

EDM606

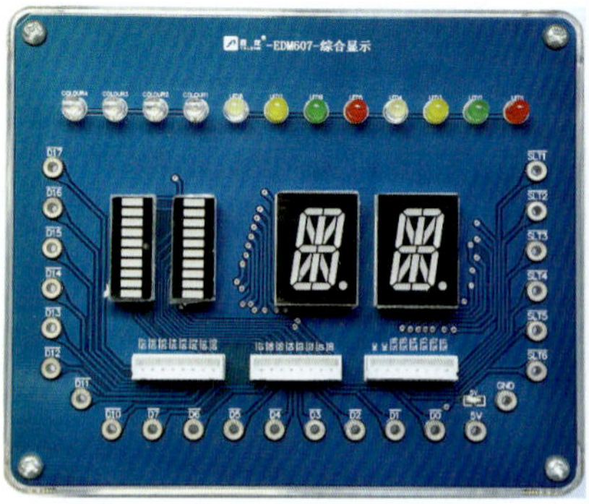

EDM607

"做学教一体化"课程改革系列教材
亚龙集团校企合作项目成果系列教材

常用电子元器件检测与应用

主　编　王国明
副主编　石　亮
参　编　孔　杰
主　审　杨少光　梁雁农

机械工业出版社

本书是机械工业出版社“做学教一体化”课程改革系列教材，采用项目式教学的体系编写，绪论中介绍了电子制作的常用工具、仪表以及查阅电子元器件资料的方法。全书共有12个项目，以项目引领，详细介绍了各种常用电子元器件的外形特征、电气符号、主要参数及其检测方法。利用亚龙YL291实训模块搭建了若干实用电路。通过电路模块的调试，使读者进一步理解各种元器件在实际电路中的具体应用方法。为了便于读者查阅常用电子元器件资料，书后附录中列出了元器件型号命名方法及主要技术参数、常用电子元器件的国标电气符号等。本书还配有免费教学资源，包括电子教案、书中的插图和电路原理图等，凡是选本书作为教材的教师，都可登录www.cmpedu.com注册、下载。

本书可作为中等职业学校电工与电子类专业教材，也可作为电子产品安装与调试技能大赛的参考用书。

图书在版编目（CIP）数据

常用电子元器件检测与应用/王国明主编. —北京：机械工业出版社，2011.7（2025.8重印）
“做学教一体化”课程改革系列教材
亚龙集团校企合作项目成果系列教材
ISBN 978-7-111-34530-5

Ⅰ.①常… Ⅱ.①王… Ⅲ.①电子元件-检测-中等专业学校-教材 Ⅳ.①TN606

中国版本图书馆CIP数据核字（2011）第161267号

机械工业出版社（北京市百万庄大街22号 邮政编码100037）
策划编辑：高 倩 责任编辑：王 娟 版式设计：霍永明
责任校对：樊钟英 封面设计：王伟光 责任印制：刘 媛
北京富资园科技发展有限公司印刷
2025年8月第1版第12次印刷
184mm×260mm · 12.75印张 · 8插页 · 321千字
标准书号：ISBN 978-7-111-34530-5
定价：45.00元

电话服务
客服电话：010-88361066
010-88379833
010-68326294

网络服务
机 工 官 网：www.cmpbook.com
机 工 官 博：weibo.com/cmp1952
金 书 网：www.golden-book.com
机工教育服务网：www.cmpedu.com

序

在落实《国家中长期教育改革和发展规划纲要（2010—2020年）》新时期职业教育的发展方向、目标任务和政策措施的时候，教育部制定了《中等职业教育改革创新行动计划（2010—2012）》（以下简称《计划》）。《计划》中指出，以教产合作、校企一体和工学结合为改革方向，以提升服务国家发展和改善民生的各项能力为根本要求，全面推动中等职业教育随着经济增长方式转变“动”，跟着产业结构调整升级“走”，围绕企业人才需要“转”，适应社会和市场需求“变”。

中等职业教育的改革，着力解决教育与产业、学校与企业、专业设置与职业岗位、课程教材与职业标准不对接，职业教育针对性不强和吸引力不足等各界共识的突出问题。紧贴国家经济社会发展需求，结合产业发展实际，加强专业建设，规范专业设置管理，探索课程改革，创新教材建设，实现职业教育人才培养与产业，特别是区域产业的紧密对接。

《计划》中关于推进中等职业学校教材创新的计划是：围绕国家产业振兴规划、对接职业岗位和企业用人需求，创新中等职业学校教材管理制度，逐步建立符合我国国情、具有时代特征和职业教育特色的教材管理体系。开发建设覆盖现代农业、先进制造业、现代服务业、战略性新兴产业和地方特色产业，苦脏累险行业，民族传统技艺等相关专业领域的创新示范教材，引领全国中等职业教育教材建设的改革创新。2011—2012年，制订创新示范教材指导建设方案，启动并完成创新示范教材开发建设工作。

在落实该《计划》的背景下，中国·亚龙科技集团与机械工业出版社共同组织中等职业学校教学第一线的骨干教师，为先进制造业、现代服务业和新兴产业类的电气技术应用、电气运行与控制、机电技术应用、电子技术应用、汽车运用与维修等专业的主干课程、方向性课程编写“做学教一体化”系列教材，探索创新示范教材的开发，引领中等职业教育教材建设的改革创新。

多年来，中等职业学校第一线的教师对教学改革的研究和探索，得到了一个共同的结论：要提升服务国家发展和改善民生的各项能力，就应该采用理实一体的教学模式和教学方法。以项目为载体，工作任务引领，完成工作任务的行动导向；让学生在完成工作任务的过程中学习专业知识和技能，掌握获取资讯、决策、计划、实施、检查、评价等工作过程的知识，在完成工作任务的实践中形成和提升服务国家发展和改善民生的各项能力。一本体现课程内容与职业资格标准、教学过程与生产过程对接，符合中等职业学校学生认知规律和职业能力形成规律，形式新颖、职业教育特色鲜明的教材；一本解决“做什么、学什么、教什么？怎样做、怎样学、怎样教？做得怎样、学得怎样、教得怎样？”问题的教材，是中等职业学校广大教师热切期盼的。

承载职业教育教学理念，解决“做什么、学什么、教什么？怎样做、怎样学、怎样教？做得怎样、学得怎样、教得怎样？”问题的教学实训设备，同样是中等职业学校广大教师热切期盼的。中国·亚龙科技集团秉承服务职业教育的宗旨，潜心研究职业教育。在源于企业、源于实际、源于职业岗位的基础上，开发“既有真实的生产性功能，又整合学习功能”的教学实训设备；同时，又集设备研发与生产、实训场所建设、教材开发、师资队伍建设等于一体的整体服务方案。

广大教学第一线教师的期盼与中国·亚龙科技集团的理念、热情和真诚，激发了编写“做学教一体化”系列教材的积极性。在中国·亚龙科技集团、机械工业出版社和全体、编者的共同努力和配合下，“做学教一体化”系列教材以全新的面貌、独特的形式出现在中等职业学校广大师生的面前。

“做学教一体化”系列教材是校企合作编写的教材，是把学习目标与完成工作任务、学习内容与工作内容、学习过程与工作过程、学习评价与工作评价有机结合在一起的教材。呈现在大家面前的“做学教一体化”系列教材，有以下特色：

一、教学内容与职业岗位的工作内容对接，解决做什么、学什么和教什么的问题

真实的生产性功能、整合的学习功能，是中国·亚龙科技集团研发、生产的教学实训设备的特色。根据教学设备，按中等职业学校的教学要求和职业岗位的实际工作内容设计工作项目和任务，整合学习内容，实现教学内容与职业岗位、职业资格的对接，解决中等职业学校在教学中“做什么、学什么、教什么”的问题，是“做学教一体化”系列教材的特色。

职业岗位做什么，学生在课堂上就做什么，把职业岗位要做的事情规划成工作项目或设计成工作任务；把完成工作任务涉及的理论知识和操作技能，整合在设计的工作任务中。拿职业岗位要做的事，必需、够用的知识教学生；拿职业岗位要做的事来做，拿职业岗位要做的事来学。做、学、教围绕职业岗位，做、学、教有机结合、融于一体，“做学教一体化”系列教材就这样解决做什么、学什么、教什么的问题。

二、教学过程与工作过程对接，解决怎样做、怎样学和怎样教的问题

不同的职业岗位，工作的内容不同，但包括资讯、决策、计划、实施、检查、评价等在内的工作过程却是相同的。

“做学教一体化”系列教材中工作任务的描述、相关知识的介绍、完成工作任务的引导、各工艺过程的检查内容与技术规范和标准等，为学生完成工作任务的决策、计划、实施、检查和评价并在其过程中学习专业知识与技能提供了足够的信息。把学习过程与工作过程、学习计划与工作计划结合起来，实现教学过程与生产过程的对接，“做学教一体化”系列教材就这样解决怎样做、怎样学、怎样教的问题。

三、理实一体的评价，解决评价做得怎样、学得怎样、教得怎样的问题

企业不是用理论知识的试卷和实际操作考题来评价员工的能力与业绩，而是根据工作任务的完成情况评价员工的工作能力和业绩。“做学教一体化”系列教材根据理实一体的原则，参照企业的评价方式，设计了完成工作任务情况的评价表。评价的内容为该工作任务中各工艺环节的知识与技能要点、工作中的职业素养和意识；评价标准为相关的技术规范和标准，评价方式为定性与定量结合，自评、小组与老师评价相结合。

全面评价学生在本次工作中的表现，激发学生的学习兴趣，促进学生职业能力的形成和提升，促进学生职业意识的养成，“做学教一体化”系列教材就这样解决做得怎

样、学得怎样、教得怎样的问题。

四、图文并茂，通俗易懂

“做学教一体化”系列教材考虑到中等职业学校学生的阅读能力和阅读习惯，在介绍专业知识时，把握知识、概念、定理的精神和实质，将严谨的语言通俗化；在指导学生实际操作时，用图片配以文字说明，将抽象的描述形象化。

用中等职业学校学生的语言介绍专业知识，图文并茂的形式说明操作方法，便于学生理解知识、掌握技能，提高阅读效率。对中等职业学校的学生来说，“做学教一体化”系列教材是非常实用的教材。

五、遵循规律，循序渐进

“做学教一体化”系列教材设计的工作任务，有操作简单的单一项目，也有操作复杂的综合项目。由简单到复杂，由单一向综合，采用循序渐进的原则呈现教学内容、规划教学进程，符合中等职业学校学生认知和技能学习的规律。

“做学教一体化”系列教材是校企合作的产物，是职业院校教师辛勤劳动的结晶。“做学教一体化”系列教材需要人们的呵护、关爱、支持和帮助，才能健康发展，才能有生命力。

中国·亚龙科技集团　陈继权

2011年6月　浙江温州

前言

电子技术的发展日新月异，新型电子元器件层出不穷。掌握常用电子元器件的特性，对于完成电子电路的制作与调试及电器维修是非常必要的。本书贯穿了中等职业教育的“做中教、做中学”教学理念，利用亚龙 YL291 实训模块，结合具体项目，由浅入深地介绍了常用电子元器件的检测与应用方法。

书中共有 12 个项目，每个项目被分解为若干个任务，每个任务的结构如下：任务名称；工作任务：布置具体的任务，使学生明确本任务要干什么；工作指引：工作指引中主要说明要准备哪些工具、仪器仪表、材料、元器件；工作步骤：任务完成的主要步骤；项目评价：按照相应的评价标准，分为学生自评、小组评价和教师评价。

本书具有以下几个特点：

1. 按照学生的认知规律，打破传统的学科教学体系，以项目体系重新编排教材内容

传统的电子教材中，一般按照以下顺序来介绍元器件：分类、命名、参数、作用、应用。书中充斥着大量单纯性的文字描述，教师教得费劲，学生学习过程枯燥无味，很快就失去了学习兴趣。

本书采用了项目教学的体系结构。首先让学生认识实际电路中的元器件，认识它们的外形特征、对应的图形符号，然后了解元器件上面标示的参数的含义，以及如何正确使用仪器、仪表检测元器件，分辨其引脚、极性，并判断元器件的质量及好坏。然后，反过来，在“动手做”栏目中，将一些元器件贴上标签后混放在一起，让学生在规定的时间内通过各种检测手段将这些元器件辨识出来。最后，在“相关知识”中，将项目中没有提到的知识点补充进去，学习能力较强的学生可以继续学习，深入理解元器件的作用和工作原理。

2. 采用项目式教学方法，激发学生的学习兴趣，提高其学习的积极性

本书将元器件的认识与检测等内容融入每一个小任务中，首先让学生知道本节课要做什么（工作任务），用什么工具和材料来做（工作指引），工作的具体流程是什么（工作步骤），还可以做什么（拓展任务、活动），做得怎么样（项目评价）。

3. 培养学生的自学能力，培养学生主动获取知识的能力

电子元器件纷繁复杂，种类成千上万，课堂上不可能将所有的元器件的性能参数全都介绍一遍，这就需要电子技术人员熟练掌握查找电子元器件资料的本领。为了达到这个目标，本书中的每个项目都会穿插一些拓展的小任务，要学生自己去查找一个元器件的相关资料，如名称、主要参数、常见封装形式、检测方法等。通过网络、书籍等相关途径查找这些资料，锻炼了学生的自学能力。

4. 图文并茂

本书避免了大段的文字描述，以大量插图、表格等形式来讲解知识点，这样更直

观、更容易理解。

本书由王国明担任主编，石亮担任副主编，孔杰参与了相关章节的编写工作。全国职业院校技能大赛中职组电工电子技术技能比赛项目首席评委杨少光老师、广东顺德职业技术学院梁雁农教授对全书进行了审阅，在此深表谢意！本书在编写过程中，同时得到了亚龙科技集团的大力支持，在此一并表示感谢！

由于编者的学识水平有限，书中难免有不妥之处，敬请读者批评指正。

编　者

目　录

绪论

电子电路制作，首先要有一套常用的电子制作工具，这对于安装、调试电子电路系统非常重要；同时还需要熟悉常用的电子材料，如焊锡、松香等。

电子元器件纷繁复杂，种类成千上万，不可能将所有元器件的性能参数全都熟记于心，这就需要电子技术员掌握查找电子元器件资料的本领。

这里首先介绍常用电子制作工具与材料，然后学习手工焊接的方法，最后介绍几种查找电子元器件资料的方法。

一、常用电子制作工具与仪表

（一）焊接工具

1. 电烙铁

电烙铁是进行电子制作不可缺少的工具之一，常用的直热式电烙铁分为内热式和外热式两种。内热式电烙铁具有发热快、体积小、重量轻和能量转换效率高等特点，适用于晶体管等小型电子元器件和印制电路板的焊接，一般的电子制作采用 20～30W 的内热式电烙铁即可。外热式电烙铁使用寿命长，但体积和重量都比较大，一般常用的外热式电烙铁有 25W、30W、45W、75W、100W 等多种规格。对于焊接金属底板或者比较大的元器件，可以用 45～75W 的外热式电烙铁。图 0-1 所示为内热式电烙铁，图 0-2 所示为外热式电烙铁。

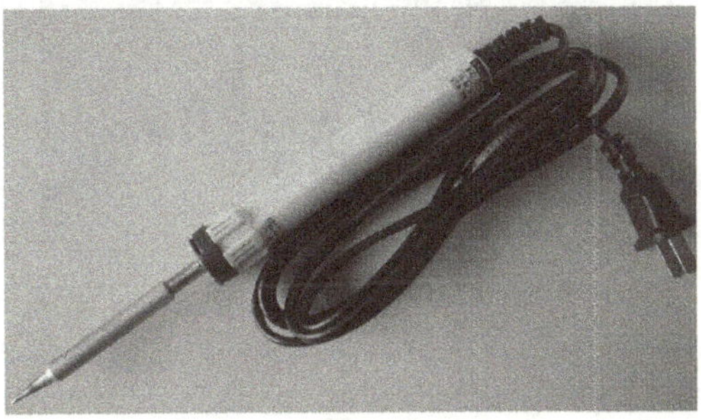

图 0-1　内热式电烙铁

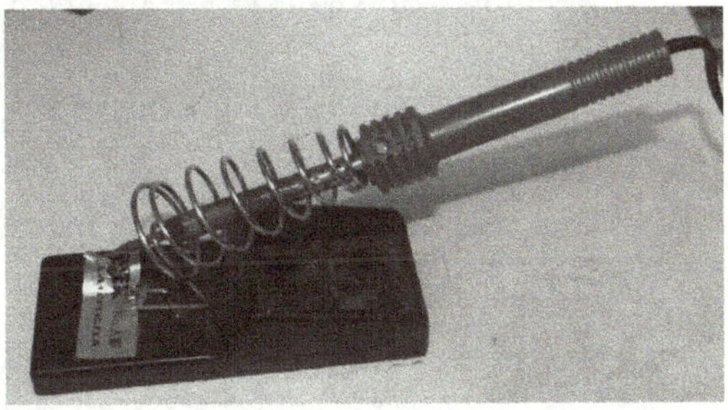

图 0-2　外热式电烙铁

电烙铁除了直热式，还有调温式电烙铁，其外形如图 0-3 所示。

调温式电烙铁分手动和自动两种。

手动调温式电烙铁将烙铁接到一个可调电源（调压器）上，通过改变调压器输出的交流电压大小来调节烙铁温度。

自动调温式电烙铁靠温度传感器监测烙铁头的温度，并通过放大器将温度传感器输出信号放大，控制给电烙铁供电的电源电压。

2. 电烙铁架

图 0-4 所示为电烙铁架，用于放置电烙铁，底盘用于放置清洁电烙铁头的吸水海绵。

图 0-3　调温式电烙铁

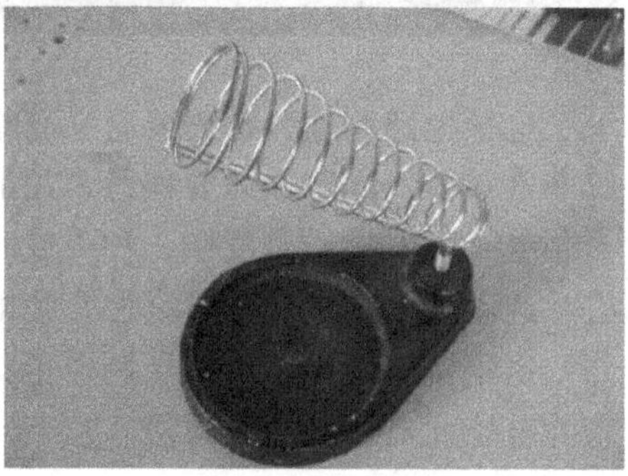

图 0-4　电烙铁架

3. 热风焊枪

图 0-5 为热风焊枪。热风焊枪常用于手工焊接贴片元器件。使用的时候，需要选择合适的风力和温度，通常可将焊枪对准一张白纸吹风加热，依靠感觉来调节风量和温度。

（二）拆装工具

制作或维修电子产品时，通常需要使用各种拆装工具，常用的拆装工具有镊子、尖嘴钳、斜口钳和螺钉旋具等。

1. 尖嘴钳与斜口钳

图 0-6 中，右侧为尖嘴钳，左侧为斜口钳。

图 0-5　热风焊枪

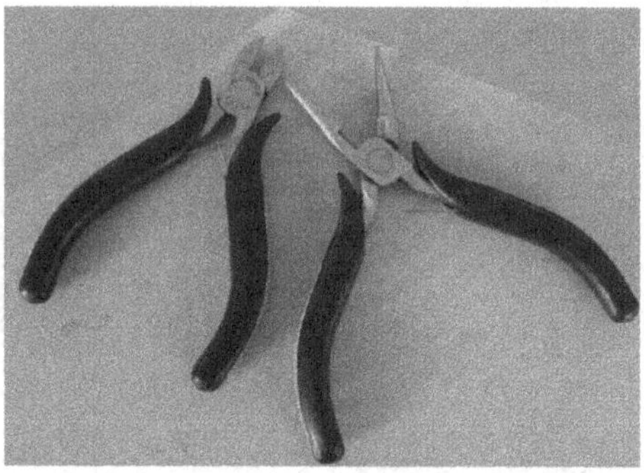

图 0-6　尖嘴钳和斜口钳

尖嘴钳的头部细而长，主要用于处理小零件，适用于在狭小的空间中操作。斜口钳的头部扁斜，并拢斜口钳的钳口，应该没有间隙。斜口钳的主要用途是剪断焊接元器件时多余的引线及剪断金属丝、导线、电缆等。

2. 镊子

镊子也是电子制作时常用的工具之一。它主要适用于夹持细小的元器件和导线，在焊接一些不耐高温的元器件时，用镊子夹住引线还能起到散热的作用。图 0-7 所示为电子制作中常用的镊子。

3. 螺钉旋具

图 0-8 所示为钟表用螺钉旋具，常用于电路调试，如调节微调电位器、微调电容器等可调元器件，也可以用于拆装各种小螺钉。

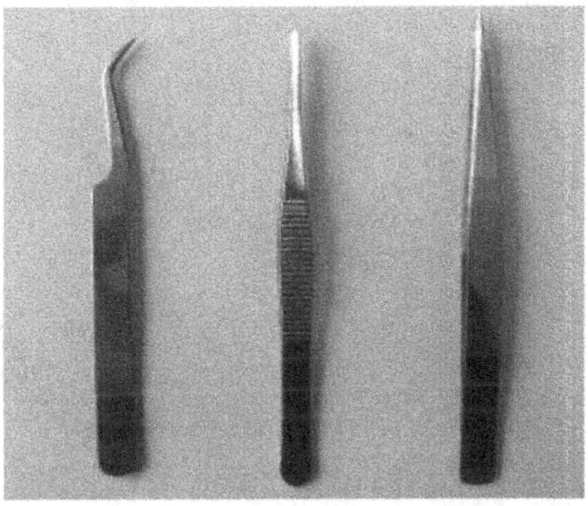

图 0-7　镊子

图 0-8　钟表用螺钉旋具

图 0-9 所示为用于拆卸螺钉的普通螺钉旋具，用于旋紧或拧松各种螺钉。根据螺钉头部的形式不同，螺钉旋具可分为一字或十字两大类。不管哪种形式的螺钉旋具，都有相应的尺寸规格可供选择。为了防止触电，螺钉旋具的手柄都是由塑料或木质材料做成的。

4. 剥线钳

图 0-10 为剥线钳，是电子制作中应用最广泛的工具之一，通常用于剥落小直径导

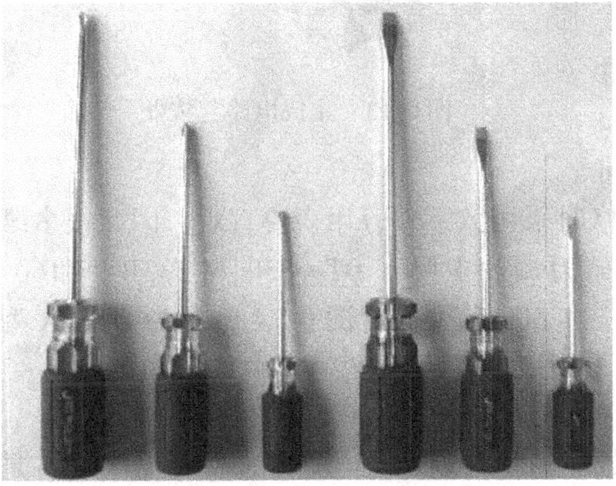

图 0-9　一字和十字螺钉旋具

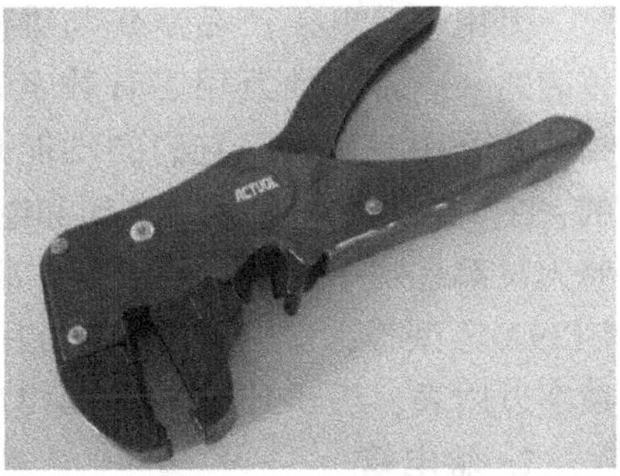

图 0-10　剥线钳

线的绝缘层。剥线钳的钳口部分设有几个不同尺寸的刃口，使用剥线钳时，将需要剥绝缘层的导线放入合适的刃口中，然后用力握紧钳柄，导线的绝缘层即被自动剥落下来。在使用剥线钳时，选择的刃口直径必须大于导线的直径，反之，可能会切伤或切断导线。

5. 吸锡器

在电子产品的制作和维修中，有时需要把已焊接好的焊点和元器件拆除，这就要用到吸锡器，其外形如图 0-11 所示。吸锡器是用来吸除焊盘上焊锡的一种工具。拆装电子元器件时，先用电烙铁熔化焊点，再用吸锡器将焊锡吸除，电子元器件即可被拔出。

6. 美工刀

图 0-12 所示为美工刀，在电子制作中，美工刀常用来刮去待焊接的元器件或导线上的氧化层和绝缘层，有时在印制电路板需要裁切或整修时，也要使用美工刀。

图 0-11　吸锡器

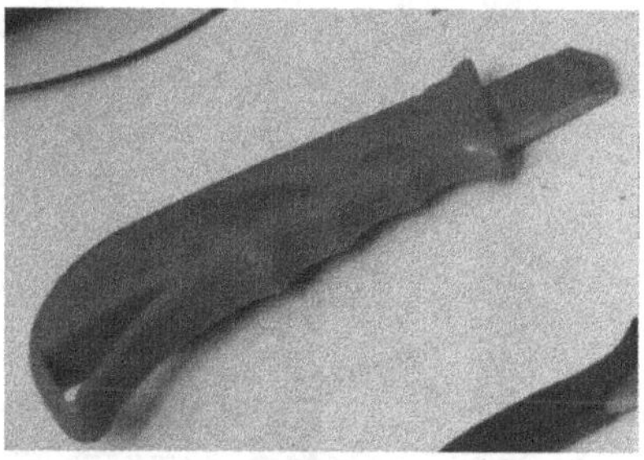

图 0-12　美工刀

7. 集成电路起拔器

集成电路（IC）起拔器主要用于将集成电路从插座中拔出，根据集成电路的封装形式不同，可以选择不同形式的起拔器。图 0-13所示为 PLCC 封装的集成电路起拔器。

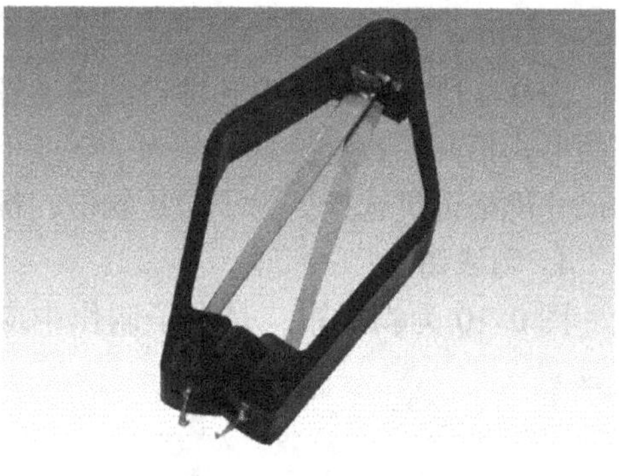

图 0-13　集成电路起拔器

（三）测量仪表和工具

1. 万用表

万用表是电子产品制作与维修常用测量仪表之一。常用的万用表有数字式万用表和指针式万用表两种，它们的功能是基本相同的，主要用来测量电阻、电压和电流值。维修时采用数字式万用表更直观，因此很多维修人员都喜欢用数字式万用表。常用的数字式万用表主要有 DT—830、UT33B、UT60、UT39A 等型号，常用的指针式万用表有 MF47 和 500 等型号。图 0-14 所示为 UT39A 型数字万用表，图 0-15 所示为 MF47 型指针式万用表。

2. 验电笔

图 0-16 为普通的验电笔，图 0-17 为带数显的验电笔。验电笔用来检查电气设备是否带电。

图 0-14 UT39A 型数字式万用表

图 0-15 MF47 型指针式万用表

图 0-16 普通验电笔

图 0-17 带数显的验电笔

二、手工焊接

使用电烙铁时，温度太低熔化不了焊锡，便会形成虚焊或焊点有毛刺；太高又会使烙铁“烧死”（尽管温度很高，却不能蘸上锡）。另外还要控制好焊接时间：电烙铁停留的时间太短，焊锡不易完全熔化，形成虚焊；而焊接时间太长又容易损坏元器件，或使印制电路板的铜箔翘起。一般 1～2s 要焊好一个焊点，若没完成，需等一会儿再焊一次。

焊接时，一般采用下列 5 个步骤，如图 0-18 所示：

（1）准备施焊 准备好焊锡丝和烙铁，要求烙铁头要保持干净，沾上焊锡（俗称“吃锡”）。

（2）加热焊件 将烙铁头接触焊点，要保证烙铁头加热焊件各部分并使各部分均匀受热。

（3）熔化焊料 当焊件加热到能熔化焊料的温度后，将焊丝送到焊点，焊料开始熔化并湿润焊点。

（4）移开焊锡丝 当熔化一定量的焊料后移开焊锡丝。

（5）移开烙铁 当焊锡完全湿润焊件后移开烙铁，注意**移开烙铁的方向应该是右上大致 45°方向。**

电烙铁的握法有反握、正握和握笔三种方法，如图 0-19 所示。焊接比较小的元器件时，通常采用握笔法比较方便。

图 0-20 所示为焊锡丝的拿法，分为连续锡焊与断续锡焊两种。

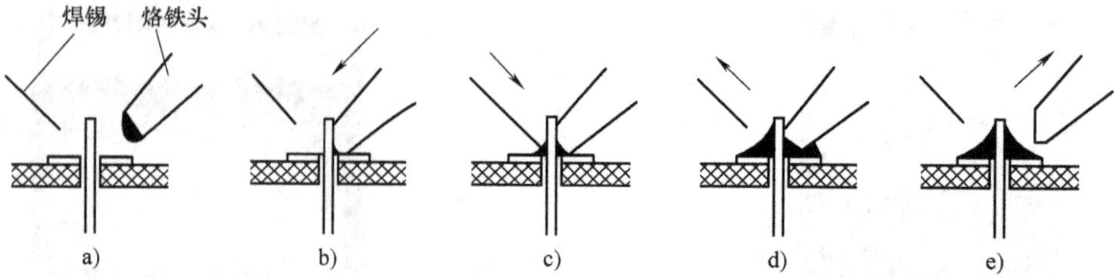

图 0-18 锡焊五步法示意图

a）准备施焊 b）加热焊件 c）熔化焊料 d）移开焊锡丝 e）移开烙铁

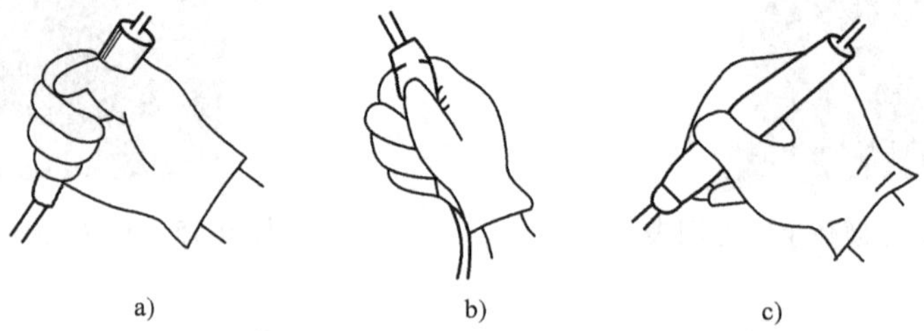

图 0-19 电烙铁正确握法

a）反握法 b）正握法 c）握笔法

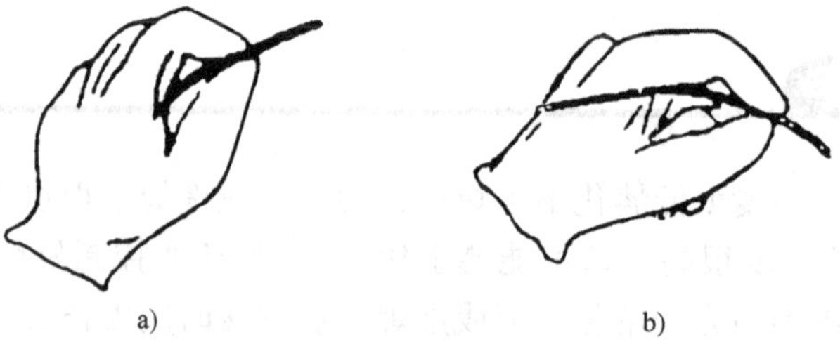

图 0-20 焊锡丝拿法

a）连续锡焊时焊锡丝的拿法 b）断续锡焊时焊锡丝的拿法

注意：焊锡的最佳温度为 250±5℃，焊接时完成润湿和扩散两个过程需 2～3s 的时间。一般集成电路、晶体管焊接时间不超过 2s，其他元器件焊接时间为 3～4s。

动手做

用直径 1mm 的铜丝焊接一个几何图形（如自行车）。

在单孔电路板上焊接 10 个电阻。

三、查找电子元器件资料

电子元器件资料的查找有以下几种方法：

（1）查阅电子手册 可以到图书馆查阅相关的电子元器件手册。

（2）使用网络搜索引擎搜索文档资料 网络中有许多常用电子器件的 PDF 文档可供用户下载使用。

例如，查找集成电路 ULN2003 的相关资料。

步骤一：在 IE 浏览器的地址栏中输入网址，打开某搜索引擎，如百度（http：//www. baidu. com），输入搜索关键字“ULN2003”，如图 0-21 所示。

图 0-21　搜索引擎

步骤二：单击“百度一下”，即可找到与 ULN2003 芯片有关的信息，如图 0-22 所示。

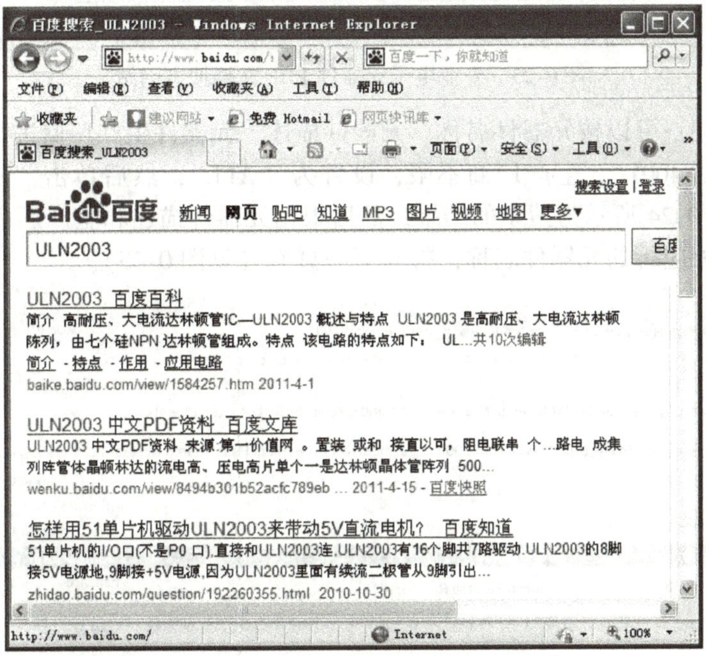

图 0-22　搜索结果

步骤三：打开与 ULN2003 芯片手册有关的页面，下载其中的 ULN2003. PDF 文档即可。

（3）使用专业的电子元器件搜索网站搜索 PDF 文件　目前，国内外有许多专业的电子元器件搜索网站，使用这些网站可以迅速查找到相关元器件的 PDF 文档资料。例如，搜索 1N4001 的 PDF 文档资料。

步骤一：在网络 IE 浏览器中的地址栏中输入：http：//www. datasheetcatalog. com/，

即可打开国外的一个专业电子元器件搜索网站，如图 0-23 所示，该网站汇集了国外各大知名电子公司的电子元器件 PDF 文档资料。

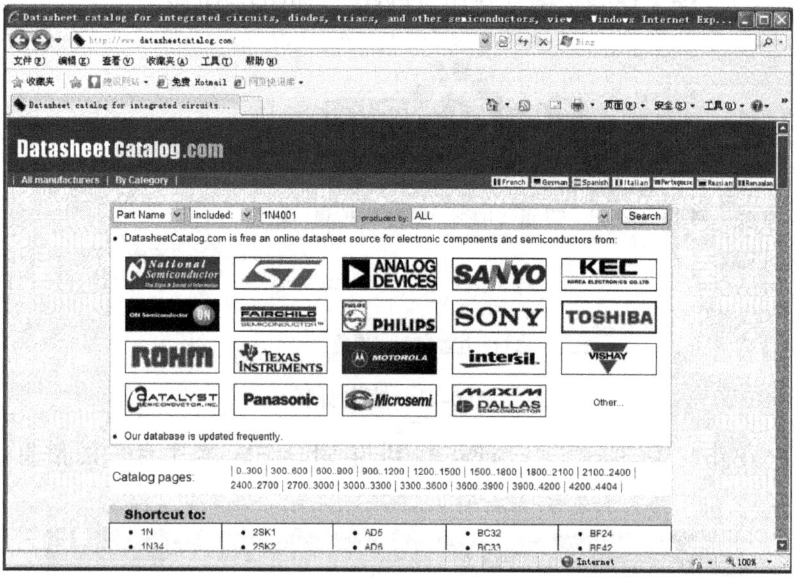

图 0-23　专业电子元器件 PDF 文档搜索网站

步骤二：用户可以按元器件名称、元器件描述、元器件生产厂商进行查询，本例中搜索元器件“1N4001”，生产厂商不限，设置为“ALL”，然后单击“Search”开始搜索 1N4001，图 0-24 所示为搜索的结果，然后根据元器件描述和生产厂商选择相应的元器件，再单击相应行的元器件名称，打开下一页面（见图 0-25）。

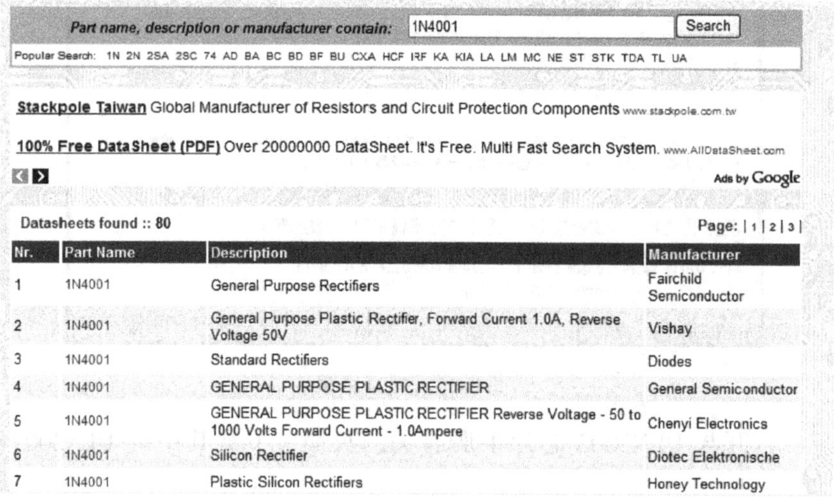

图 0-24　搜索结果页 1

步骤三：在图 0-25 所示的结果页中列出了各生产厂商的商标、元器件描述和 PDF 文件的大小，单击倒数第二列中的“1N4001 datasheet”，即可打开并阅读相应的 PDF 文档资料，如图 0-26 所示。单击左上角的保存按钮，可以将该 PDF 文件保存到计算机硬

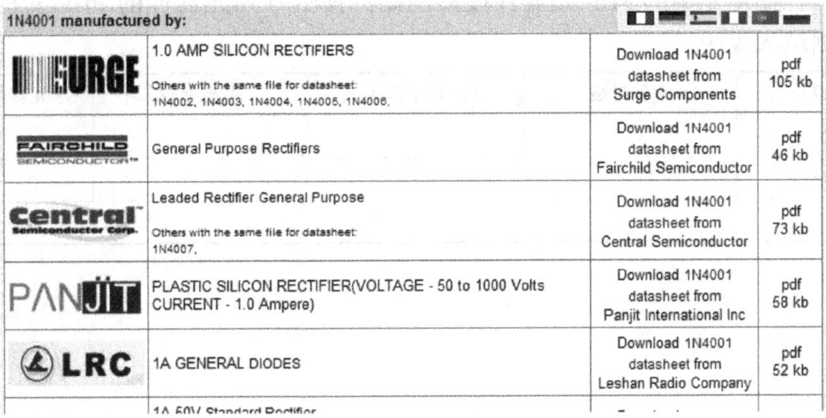

图 0-25　搜索结果页 2

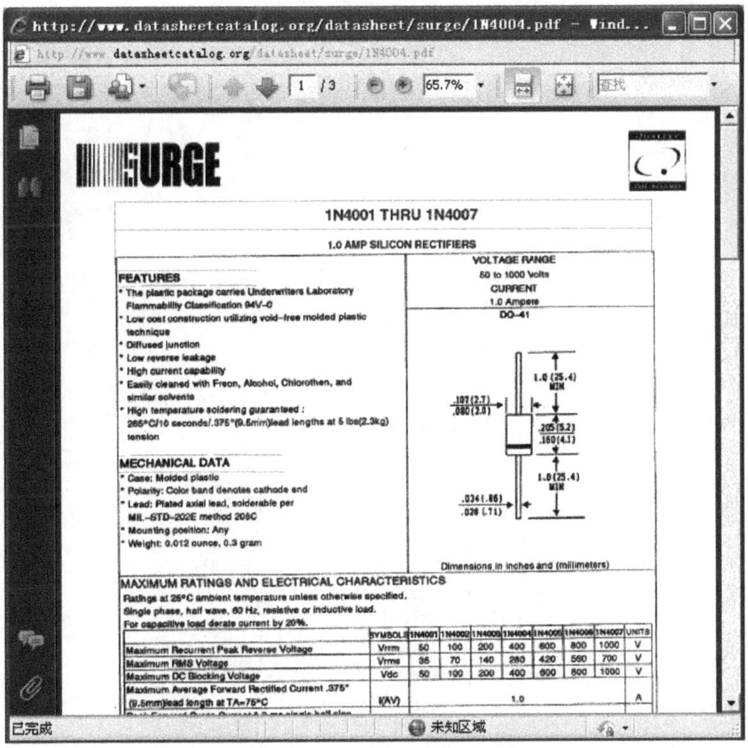

图 0-26　1N4001 的 PDF 文档资料

盘上，也可以用打印机将该 PDF 文档打印出来仔细阅读。

活动一：使用搜索引擎搜索下列元器件的 PDF 文档资料，并将相关数据填入表中。

元器件型号	常见封装	外形与引脚说明	主要参数	元器件的作用
NE555				
74LS00				
LM386				

活动二：使用专用的 PDF 元器件搜索网站，搜索下列元器件的 PDF 文档资料，并将相关数据填入表中。

元器件型号	常见封装	外形与引脚说明	主要参数	元器件的作用
LM35				
CD4013				
μA741				

项目一 万用表的认识和使用

万用表又叫多用表、三用表、复用表，是一种多功能、多量程的测量仪表，一般万用表可测量直流电流、直流电压、交流电压、电阻和音频电平等参数，有的还可以测交流电流、电容量、电感量及半导体元器件的一些参数（如β）。万用表分为数字式万用表和指针式万用表两种。现在，数字式万用表已成为主流，有取代指针式万用表的趋势。与指针式万用表相比，数字式万用表灵敏度高、准确度高、显示清晰、过载能力强、便于携带、使用简单。

下面以 MF47 型普通指针式万用表为例介绍万用表的使用方法。

任务一 初步认识指针式万用表

工作任务

1）认识 MF47 型万用表的各部分结构及名称。

2）会根据档位和量程进行读数。

3）会选择万用表的各个档位。

4）会进行机械调零和欧姆调零。

工作指引

准备工具、仪表与耗材：指针式万用表（MF47 型）。

工作步骤

1. 认识 MF47 型指针式万用表的结构、名称及作用

MF47 型指针式万用表的面板结构如图 1-1 所示。

（1）表头 它是一只高灵敏度的磁电式直流电流表，万用表的主要性能指标基本上取决于表头的性能。表头的灵敏度是指表头指针满刻度偏转时流过表头的直流电流值，这个值越小，表头的灵敏度越高；测电压时的内阻越大，其性能就越好。

（2）表头机械调零 使用万用表前，应检查指针是否停留在刻度线左端的“0”位置，如果没有停在“0”位置，要用螺钉旋具轻轻转动机械调零旋钮，使指针指零。

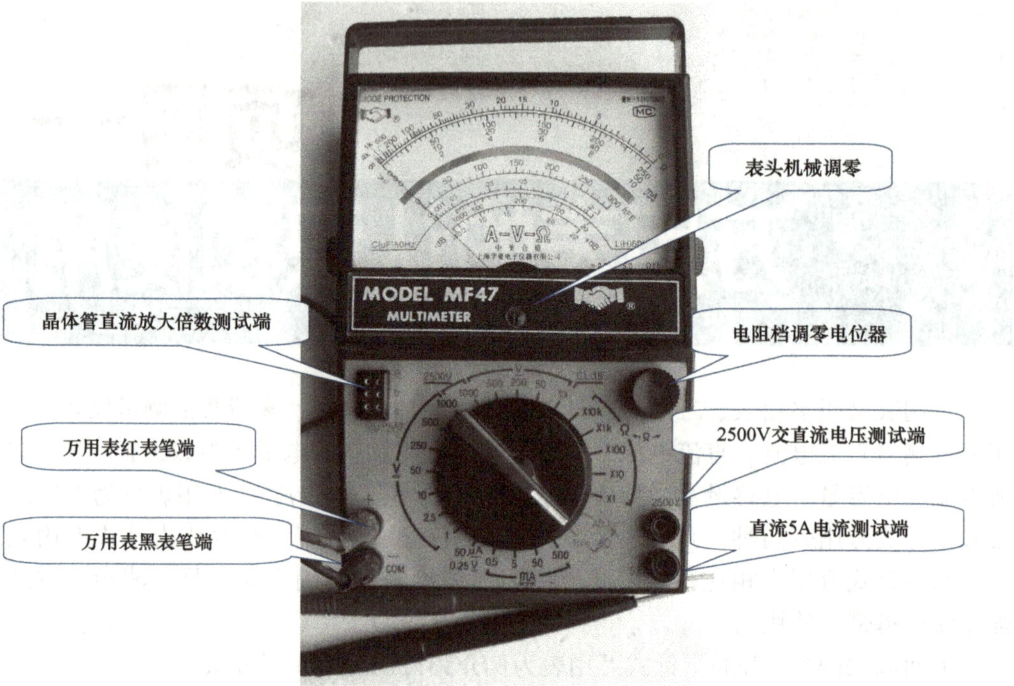

图 1-1　MF47 型指针式万用表的面板结构

（3）电阻档调零　万用表在测试电阻的时候，每转换一次量程，相应地要调整一次电阻档调零旋钮，使指针指在欧姆刻度的零位上，以保证测量数据的准确性。

（4）晶体管直流放大倍数测试端　将要测试的晶体管引脚插入相应的孔中，指针便会指示出晶体管的直流放大倍数。

（5）转换开关　万用表的转换开关是一个多档位的旋转开关，用来选择测量项目和量程。一般的万用表测量项目包括：“mA”直流电流、“V”直流电压、“$\underset{\sim}{V}$”交流电压、“Ω”电阻。每个测量项目又划分为几个不同的量程以供选择。

（6）万用表红表笔端（+）　插接红色表笔的插孔。

（7）万用表黑表笔端（-、COM）　插接黑色表笔的插孔。

（8）2500V 交直流电压测试端　当测量 1000V 以上的交直流电压时，将红色表笔插到此插孔中，而黑表笔不变。

（9）直流 5A 电流测试端　当测量 500mA 以上的直流电流时，将红色表笔插入此孔中，而黑表笔不变。

2. 学习正确读数的方法

刻度盘与档位盘印制成红、绿、黑三色，表盘颜色分别按交流红色，晶体管绿色，其余黑色对应制成，使用时读数便捷。刻度盘共有六条刻度：第一条专供测电阻用；第二条供测交直流电压、直流电流用；第三条供测晶体管放大倍数用；第四条供测量电容用；第五条供测电感用；第六条供测音频电平用。刻度盘上装有反光镜，以消除视差，如图 1-2 所示。

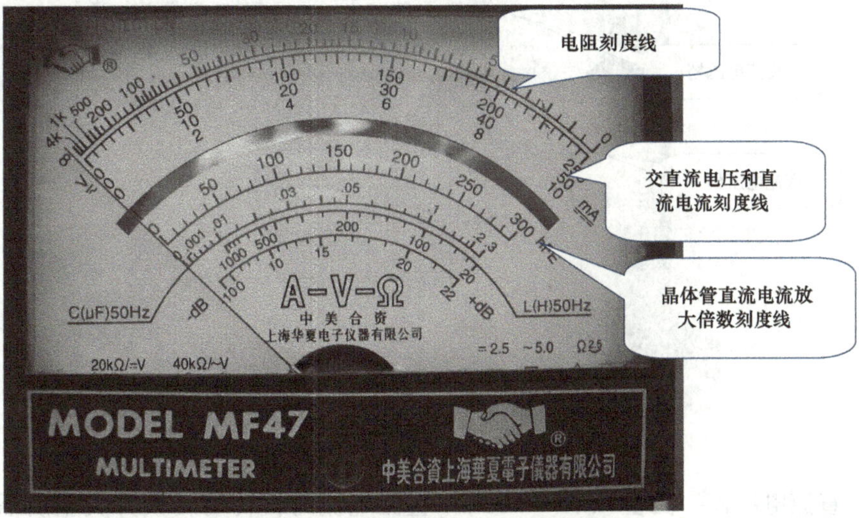

图 1-2　MF47 型指针式万用表刻度盘

现以电压测量为例，说明指针式万用表的读数方法。

（1）找到所读电压刻度尺　仔细观察表盘，直流电压档刻度线应是表盘中的第二条刻度线，下方标有“V”符号，表明该刻度线可用来读交直流电压、电流。

（2）选择合适的标度尺　在第二条刻度线的下方有三个不同的标度尺：0-50-100-150-200 -250、0-10-20-30-40-50、0-2-4-6-8-10。根据所选用不同量程选择合适标度尺，例如：0. 25V、2. 5V、250V 量程可选用 0-50-100-150-200-250 这一标度尺来读数；1V、10V、1000V 量程可选用 0-2-4-6-8-10 标度尺；50V、500V 量程可选用 0-10-20-30-40-50 这一标度尺。因为这样读数比较方便。

（3）确定最小刻度单位　根据所选用的标度尺来确定最小刻度单位。例如：用 0-50-100-150-200-250 标度尺时，每一小格代表 5 个单位；用 0-10-20-30-40-50 标度尺时，每一小格代表 1 个单位；用 0-2-4-6-8-10 标度尺时，每一小格代表 0. 2 个单位。

（4）读出指针示数大小　根据指针所指位置和所选标度尺读出示数大小。例如：指针指在 0-50-100-150-200-250 标度尺的 100 向右过 2 小格时，读数为 110。

（5）读出电压值大小　根据示数大小及所选量程读出所测电压值的大小。例如：所选量程是 2. 5V，示数是 110（用 0-50-100-150-200-250 标度尺读数的），则该所测电压值是

$$(110/250) \times 2.5\text{V} = 1.1\text{V}$$

注意：读数时，视线应正对指针，即只能看见指针实物而不能看见指针在弧形反光镜中的像，这时读数才准确。

3. 选择万用表各档位

（1）交直流电压档　测量交、直流电压时，转动转换开关至所需电压档位。交流电压有 10V、50V、250V、500V、1000V、2500V 六档；直流电压有 0. 25V、1V、2. 5V、10V、50V、250V、500V、1000V 八档，如图 1-3 所示。

图 1-3 交直流电压档位

(2) 直流电流档 测量 0.05 ~ 500mA 直流电流时，转动转换开关至所需电流档，电流档有 0.05mA、0.5mA、5mA、50mA、500mA 五档，如图 1-4 所示。

(3) 电阻档 电阻档中的 R×1、R×10、R×100、R×1k 四档，使用的表内电池为 1.5V 干电池；R×10k 档，使用的电池为 9V 叠层电池，专为测量大电阻使用。电阻档档位如图 1-5 所示。

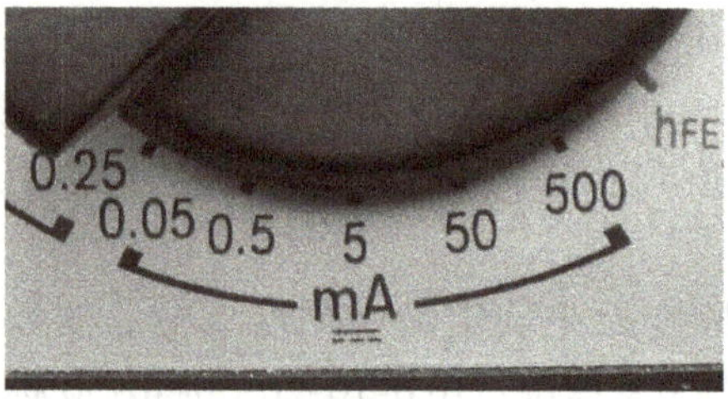

图 1-4 直流电流档位

图 1-5 电阻档档位

(4) h_{FE}和 ADJ 档 这两个档位用于测量晶体管静态直流电流放大倍数。ADJ 档是校准档，h_{FE}档是测量档。测量晶体管放大系数前，需对表进行校准。这是因为万用表内使用的是干电池，其电压易发生变化。当电压变化时，流过表头的电流也跟着变化，导致指示值不准确。校准时先将转换开关置于 ADJ 档，并将红、黑表笔短接，调节欧姆调零电位器，使指针对准 h_{FE}档最大值（300h_{FE}），校准完成。然后将转换开关置于h_{FE}档进行测量。

4. 学习机械调零和欧姆调零

万用表的零位校准非常重要，否则测出的参量就失去了意义。万用表的调零分为机械调零和欧姆调零两种。

(1) 机械调零 将连接面板插口正、负极的两根表笔悬空，观察表头指针是否向左满偏指在零位上，如不在零位，可适当调整表盖上的机械调零旋钮，使指针指于零位上，如图 1-6 所示。这样测试的读数才会准确。

注意：万用表在使用中很少进行机械调零，并且不建议学生自行使用机械调零。遇到需机械调零的万用表，一般在教师指导下操作，并防止损坏表头中的游丝。

（2）欧姆调零　欧姆档调零旋钮如图 1-7 所示。

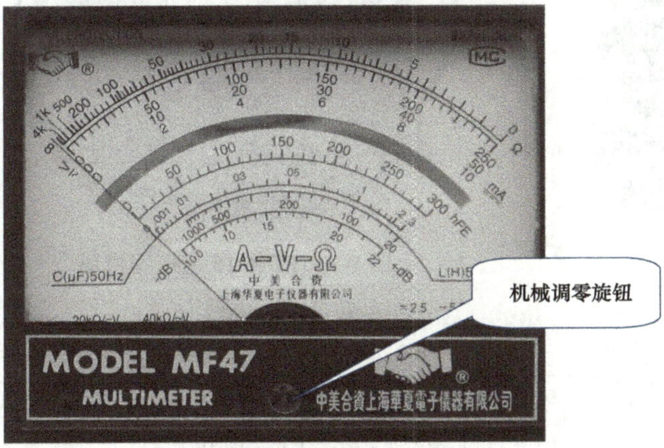

图 1-6　机械调零旋钮

图 1-7　欧姆档调零旋钮

注意：指针式万用表测量电阻时共有 5 个档位，每更换一次档位，都需要重新调整欧姆档调零旋钮，以保证准确的零位。因此，几乎每次测电阻前，都需要对万用表进行欧姆调零。

任务二　用指针式万用表测量交、直流电压

工作任务

1）识读电路原理图。

2）根据电路原理图，利用 YL291 模块搭接电路。

3）加电，测量交直流电压。

4）提交一份测量报告。

工作指引

1）准备器件或模块：EDM314 直流电源模块（±12V 和 ±5V，见图 1-8）、EDM315 变压器模块（见图 1-9）。

2）准备连接导线。

3）准备工具、仪表与耗材：指针式万用表一块。

工作步骤

1. 识读电路原理图

图 1-10 所示为 EDM314 直流电源模块原理图。

图 1-8 EDM314 直流电源模块

图 1-9 EDM315 变压器模块

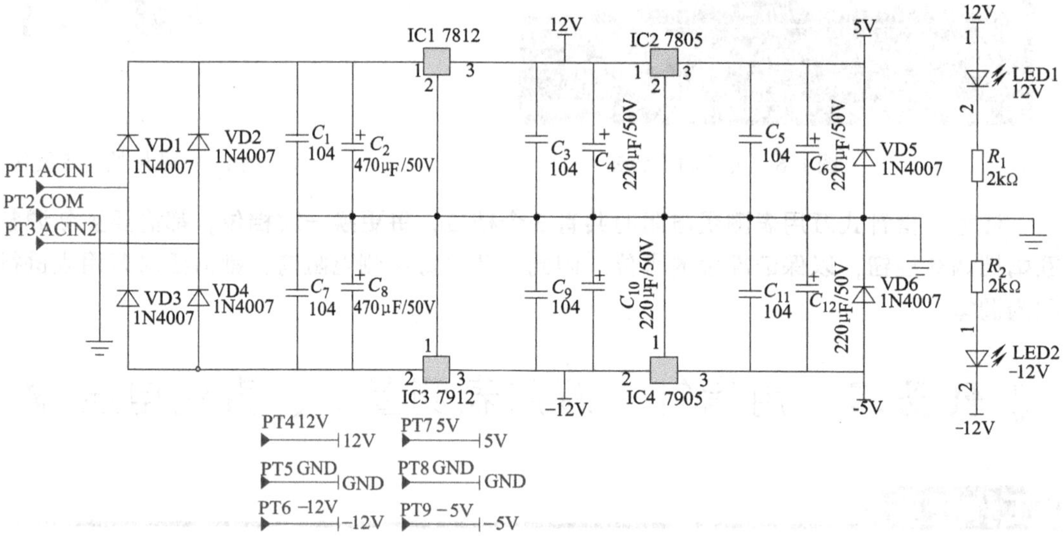

图 1-10 EDM314 直流电源模块原理图

2. 搭接模块

1）EDM315 变压器模块的 ACOUT1、ACOUT2 和 COM 接 EDM314 直流电源模块的 ACIN1、ACIN2 和 COM 端。

2）将 EDM315 变压器模块的电源插头插到交流 220V 电源插座上，然后打开其电源开关。

3）用指针式万用表测量交流电压，将测得的交流电压值填入表 1-1 中。

4）用指针式万用表测量直流电压，将测得的直流电压值填入表 1-2 中。

表 1-1 交流电压实际测量值

模块端子间电压	实际测量值/V	所使用的档位
ACIN1 与 ACIN2 之间		
ACIN1 与 COM 之间		
ACIN2 与 COM 之间		

表 1-2　直流电压实际测量值

端子之间的电压		实际测量值	所使用的档位
红表笔	黑表笔		
12V	GND		
-12V	GND		
5V	-5V		
12V	-12V		
5V	-12V		

任务三　用数字式万用表测交、直流电压

工作任务

1）识读电路原理图。

2）根据电路原理图搭接电路。

3）用数字式万用表测量交、直流电压。

4）提交一份测量报告。

工作指引

1）准备元器件：清单见表 1-3。

表 1-3　元器件清单

元器件名称	规　格	数　量
变压器	中心抽头 15V	1
二极管	1N4007	2
电容	220μF	1
电阻	10kΩ	1
开关 S1、S2、S3	单刀单掷	3
单孔实验板		1

2）准备工具、仪表与耗材：数字式万用表一块，30W 电烙铁一把，焊锡、松香和导线若干。

工作步骤

1. 识读整流滤波电路图

图 1-11 所示为整流滤波电路，交流电压 220V 经变压器 T 后变为 15V 交流低压送给 VD1 和 VD2 整流，最后由电容 C 滤波后送给负载电阻 R，在 R 两端得到直流电压；S1 控制 220V 电源的通断，S2 控制滤波电路的通断，S3 控制负载电路的通断。

2. 在单孔实验板上焊接电路

按照焊接工艺要求，在单孔实验板上焊接电路。

3. 用数字式万用表测直流电压

1）将转换开关置于 DCV 20V 档。

2）打开数字式万用表电源开关，红表笔置于 *R* 的上端，黑表笔置于 *R* 的下端。

3）闭合开关 S1，当 S2、S3 分别处于通、断四种组合情况下，读出电阻 *R* 两端的电压，分别填到表 1-4 中。

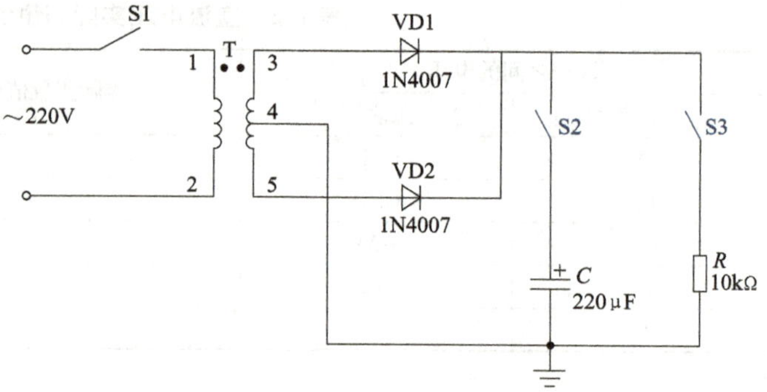

图 1-11 整流滤波电路

表 1-4 测得的 *R* 两端直流电压值

开关状态	测得的直流电压值	开关状态	测得的直流电压值
S2、S3 断开		S2 闭合、S3 断开	
S2 断开、S3 闭合		S2、S3 闭合	

4. 用数字式万用表测交流电压

1）将转换开关置于合适的交流电压档位。

2）打开数字式万用表的电源开关。

3）闭合开关 S1。

4）将两表笔分别接至变压器的中心抽头处读出示数，并将测得数据填入表 1-5 中。

表 1-5 测量交流电压值

表笔位置	测量交流电压值	表笔位置	测量交流电压值
1、2		4、5	
3、4		3、5	

任务四 用指针式万用表测量直流电流

工作任务

1）识读电路原理图。

2）根据电路原理图搭接电路。

3）测量电路中支路的电流。

4）提交一份测量报告。

工作指引

1）准备元器件：清单见表 1-6。

2）准备工具、仪表与耗材：指针式万用表一块，30W 电烙铁一把，焊锡、松香和导线若干。

表 1-6　元器件清单

元器件名称	规　格	数　量
电阻 R_1	4.7kΩ	1
电阻 R_2	680Ω	1
发光二极管	普通红色	1
干电池	9V	1
开关	单刀单掷	3
单孔实验板		1

工作步骤

1. 识读电路原理图，连接电路

电路图如图 1-12 所示。

电路功能如下：两个电阻 R_1 和 R_2 并联，R_2 与发光二极管 LED 串联，开关 S1、S2、S3 分别控制三条支路的通断，整个电路由 9V 电源供电。

2. 在单孔实验板上焊接电路

焊接方法与要求见本项目任务三。

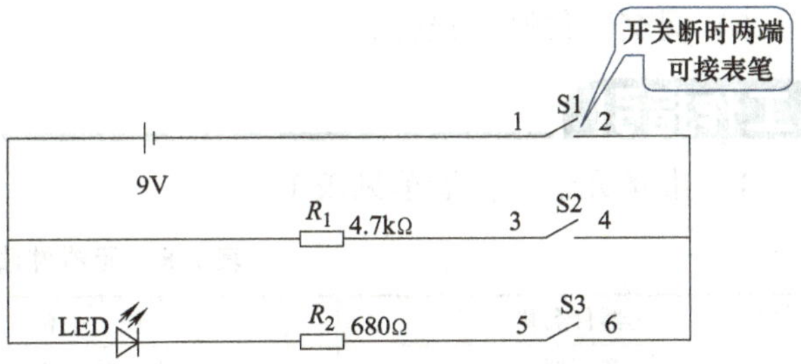

图 1-12　测量直流电流电路原理图

3. 指针式万用表测电流

操作步骤：

（1）机械调零　按前面所述方法进行。

（2）选择量程　根据待测电路中的电流大致估计一下被测直流电流的大小，并根据估算值选择量程。

若不清楚电流的大小，用瞬时短接法（黑表笔固定在待测电路的一端，红表笔瞬时接触一下待测电路的另一端后马上断开，根据指针摆动的幅度判断量程是否合适）进行初步判断，并按由大到小的顺序来选择合适的量程。测电流时，应先用最高电流档（500mA 档）测量，逐渐换用低电流档，直至找到合适电流档。

（3）测量方法　使用万用表电流档测量电流时，应将万用表串联在被测电路中，因为只有串联才能使流过电流表的电流与被测支路电流相同。测量时，应断开被测支路，将万用表红、黑表笔串接在被断开的两点之间。

注意：万用表测电流时不能并联接在被测电路中，这样做是很危险的，极易使万用表烧毁。同时注意红、黑表笔的极性，红表笔要接在被测电路的电流流入端，黑表笔接在被测电路的电流流出端（同直流电压极性选择一样）。

（4）正确使用刻度和读数　万用表测直流电流时选择表盘刻度线同测电压时一样，都是第二道（第二道刻度线的右边有 mA 符号）。刻度的特点、读数方法同测电压一样。将测量数据填入表 1-7 中。

表 1-7 测量直流电流值

表笔位置	测量值/A
1、2(S1 断开,S2、S3 闭合)	
3、4(S1、S3 闭合、S2 断开)	
5、6(S1、S2 闭合,S3 断开)	

任务五 数字式万用表测直流电流

工作任务

1）识读电路原理图。

2）根据电路原理图，搭接电路。

3）加电观察效果。

4）测量电路中支路的电流。

5）提交一份测量报告。

工作指引

1）准备元器件：清单见表 1-8。

表 1-8 元器件清单

元器件名称	规　格	数　量
变压器	中心抽头 15V	1
二极管	1N4001	2
电容	220μF	1
电阻	10kΩ	1
开关 S1、S2、S3	单刀单掷	3

2）准备工具、仪表与耗材：数字式万用表一块，30W 电烙铁一个，焊锡、松香和导线若干。

工作步骤

1. 识读电路图

电路图如图 1-11 所示。

2. 用数字式万用表测量直流电流

1）将转换开关置于 DC 200mA 档。

2）闭合数字式万用表的电源开关。

3）闭合开关 S1、S2。

4）将两表笔分别接开关的 S3 两端，读出示数。

万用表测电流时的注意事项如下：

1）测电流时转换开关一定要置于电流档处。

2）万用表与被测电路之间的连接必须是串联关系。

3）测量时，手不能碰到表笔的金属部分，以免发生触电事故。

任务六　测量 EDM108 酒精传感器模块的直流电位

工作任务

1）识读 EDM108 酒精传感器模块电路原理图。

2）按模块接口搭接电路。

3）加电，测量电路中各关键点的电位值。

4）提交一份测量报告。

工作指引

1）准备 EDM108 酒精传感模块，如图 1-13 所示。

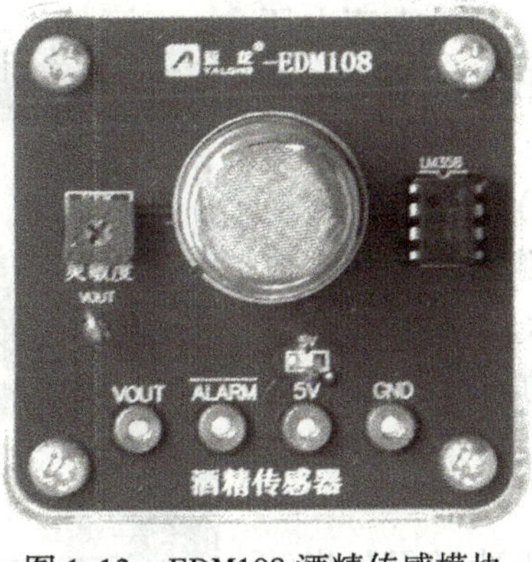

图 1-13　EDM108 酒精传感模块

2）准备连接导线若干。

3）准备工具、仪表与耗材：指针式万用表一块，钟表螺钉旋具一把。

工作步骤

1. 识读电路原理图

图 1-14 所示为酒精传感模块电路原理图，QM—N5 为酒精传感器，调节电位器 RP 可以调节其灵敏度。

2. 测量直流电压

（1）测量前准备

1）将模块的 5V 电源和 GND 接口分别连接到 YL—135 实训台的直流稳压电源上，然后上电。

2）机械调零（该步骤一般不做）。

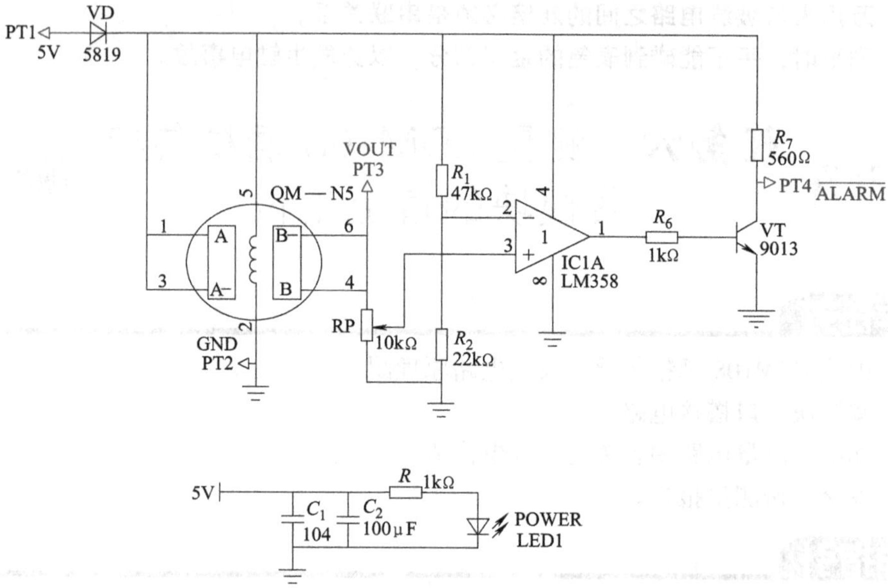

图 1-14　EDM108 酒精传感模块电路原理图

3）选择万用表的量程。测量直流电压时首先估计一下被测直流电压的大小，然后将转换开关拨至适当的电压量程（万用表直流电压档标有“V”符号），这里将转换开关拨到 10V 档（因为要测量的最高直流电压为 5V），如图 1-15 所示。

将红表笔接被测电压的“+”端，即高电位端，黑表笔接被测量电压“-”端，即低电位端（GND 端）。

4）测量并读数。根据所选量程与指针在标有直流符号“DC”刻度线（刻度盘的第二条线）上所指的数字，读出被测直流电压的大小。

图 1-15　万用表直流电压档

（2）无酒精气味时测量直流电位　改变电位器 RP 的位置，使其分别在最小值、中间值、最大值，测量各点的电位，并填入表 1-9 中。

表 1-9　无酒精气味时测得的直流电位值

微调电位器（RP）的位置	各点电位/V					
	VOUT（PT3）	ALARM（PT4）	LM358 的 2 脚	LM358 的 3 脚	LM358 的 1 脚	PT1
最小值						
中间值						
最大值						

（3）有酒精气味时测量直流电位 将测得结果填入表1-10中。

表1-10　有酒精气味时测得的直流电位值

微调电位器（RP）的位置	各点电位/V					
	VOUT（PT3）	$\overline{\text{ALARM}}$（PT4）	LM358的2脚	LM358的3脚	LM358的1脚	PT1
最小值						
中间值						
最大值						

（4）酒精传感器灵敏度调整 调微调电位器RP至合适位置，使无酒精气味时测得的$\overline{\text{ALARM}}$（PT4）端为高电平，有酒精气味时$\overline{\text{ALARM}}$（PT4）端为低电平。然后，将测得的结果填入表1-11中。

表1-11　有无酒精气味时测得的直流电位值

有无酒精气味	各点电位					
	VOUT（PT3）	$\overline{\text{ALARM}}$（PT4）	LM358的2脚	LM358的3脚	LM358的1脚	PT1
有						
无						

注意：万用表的使用注意事项如下：

1）在使用万用表之前，应先进行机械调零，即在没有被测电量时，使万用表指针指在零电压或零电流的位置上。

2）在使用万用表过程中，不能用手去接触表笔的金属部分，这样一方面可以保证测量的准确性，另一方面也可以保证人身安全。

3）在测量某一电量时，不能在测量的同时换档，尤其是在测量高电压或大电流时，更应避免带电换档。否则，会使万用表毁坏。如需换档，应先断开表笔，换档后再去测量。

4）万用表在使用时，必须水平放置，以免造成误差。同时，还要注意到避免外界磁场对万用表的影响。

5）万用表使用完毕，应将转换开关置于交流电压的最高档。如果长期不使用，还应将万用表内部的电池取出来，以免电池腐蚀表内其他器件。

项目评价

按附录C中所列的项目评分标准，对本项目所做工作进行评价，并填入表1-12中。

表 1-12 项目评价表

评价项目	自我评价	小组评价	教师评价
元器件的挑选与检测			
电路的布局及安装			
电路的焊接及工艺			
模块搭建			
仪器仪表的使用			
知识点的掌握			
小组成员的合作			
安全文明操作			

项目二

电阻器与电位器

电阻器简称电阻。电阻器（简称电阻）是电子线路中不可缺少的元件之一，其作用是阻碍电子的运动，即控制电流的大小。电阻在电路中的作用主要有缓冲电流、充当负载、分压、分流和保护。本项目将练习识别电阻、读取标称值并学习其实际用法。

电位器实际上就是可变电阻，在电路中用于调整阻值，例如电视机的亮度、对比度、收音机的音量调节等都是通过调节电位器来实现的。

任务一　识别电阻与读取标称值

工作任务

1）认识各种类型电阻的外形特征。

2）读取电阻的标称值。

工作指引

1）准备元器件：清单见表2-1。

2）准备工具、仪表与耗材：数字式万用表、指针式万用表（MF47型）各一块。

表2-1　元器件清单

序　号	名　称	数　量
R_1	碳膜电阻（RT）	10
R_2	金属膜电阻(RJ)	10
R_3	贴片电阻	10
R_4	线绕电阻(RX)	1
R_5	光敏电阻(RL)	1
R_6	压敏电阻(RV)	1
R_7	正温度系数热敏电阻(PTC)	1
R_8	负温度系数热敏电阻(NTC)	1
R_9	水泥电阻	1

工作步骤

1. 认识电阻

（1）普通电阻 图2-1所示为普通电阻的电气符号。

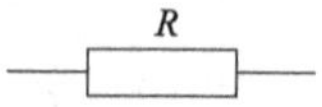

图2-1 电阻的电气符号

1）碳膜电阻器。图2-2为四色环碳膜电阻器。

2）金属膜电阻器。图2-3为五色环金属膜电阻器。碳膜与金属膜电阻上面通常带有色环，用于标识电阻的阻值和误差精度，目前常用的有四色环和五色环两种标识方法，其中五色环的精度比较高。

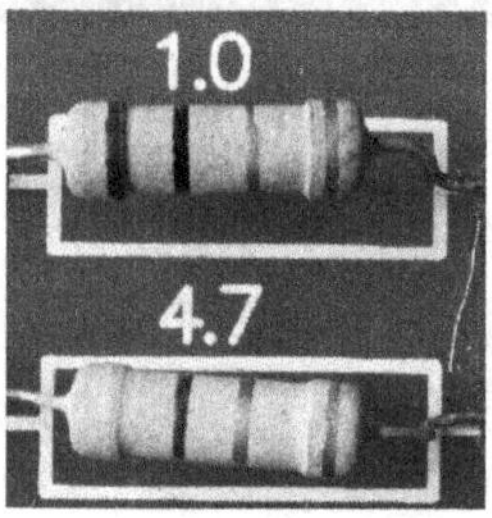

图2-2 四色环碳膜电阻器（见彩插）

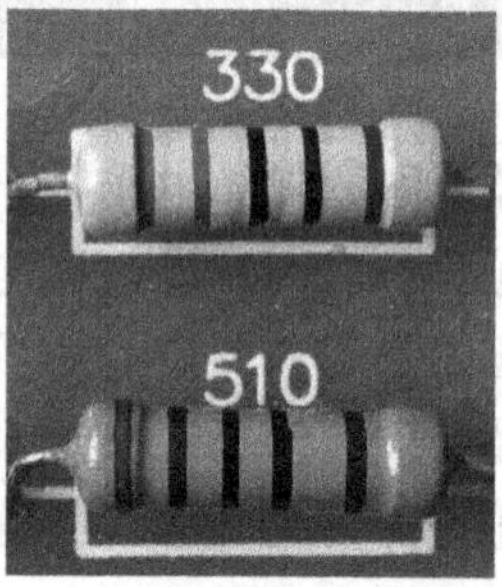

图2-3 五色环金属膜电阻器（见彩插）

3）贴片电阻。图2-4为贴片电阻，目前常用的封装形式为0602和0805，图2-4所示为0805封装贴片电阻，其标称阻值直接标注在电阻的表面，如“102”代表$10\times10^2\Omega=1\text{k}\Omega$。

图2-4 贴片电阻

4）线绕电阻。图2-5为大功率线绕电阻，其标称阻值为100Ω，额定功率为5W。

（2）特殊电阻

1）光敏电阻。图2-6为光敏电阻实物图，图2-7为光敏电阻的电气符号。光敏电阻在电路中通常用字母“RL”来表示。光敏电阻的顶部有一个受光面，可以感受外界光线的强弱：当光线较弱时，其阻值很大，光线变强后，阻值迅速减小。利用光敏电阻的这个特性可以制作各种光控电路或

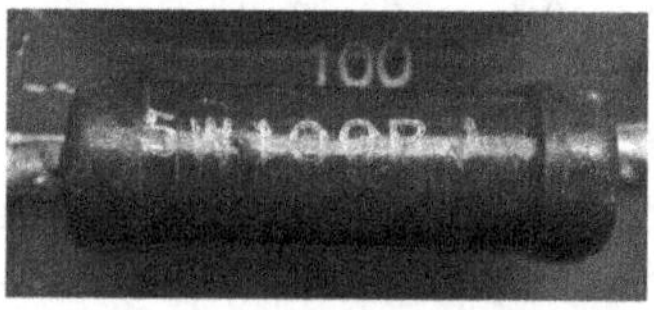

图2-5 大功率线绕电阻

图2-6 光敏电阻实物图

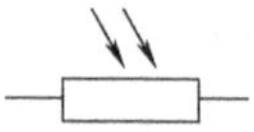

图2-7 光敏电阻的电气符号

光控灯。

2）热敏电阻。图2-8为热敏电阻实物图，图2-9为热敏电阻的电气符号。热敏电阻在电路中通常用字母“RT”表示，分为负温度系数（PTC）和正温度系数（NTC）两大类，常用于各种简单的温度控制电路中。

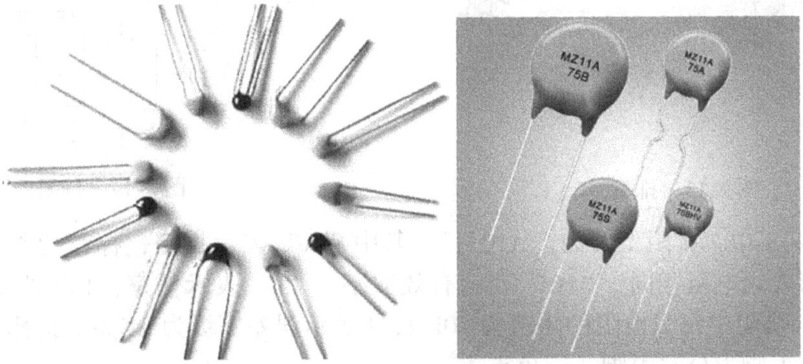

图2-8　热敏电阻实物图

3）压敏电阻。图2-10为压敏电阻的实物图，图2-11为压敏电阻的电气符号，它在电路中常用字母“RV”表示。压敏电阻通常用于各种保护电路，当其两端电压较小时，其阻值接近无穷大，当其两端电压发生突变时，其阻值迅速减小，然后迅速分流，起到保护后续电路的作用。

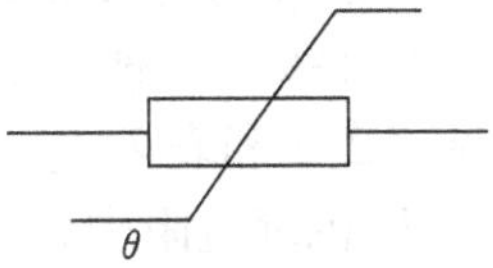

图2-9　热敏电阻的电气符号

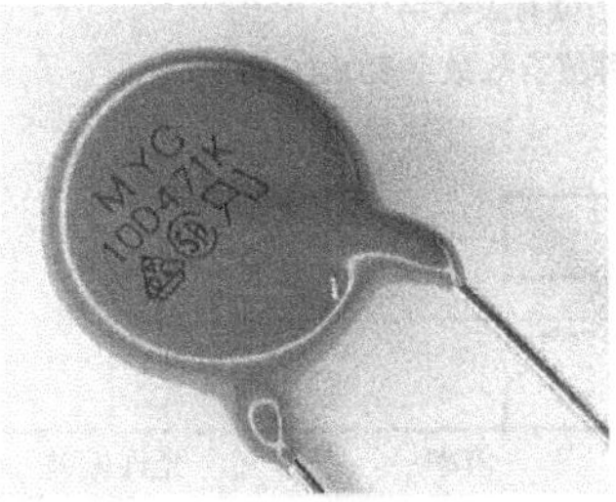

图2-10　压敏电阻的实物图

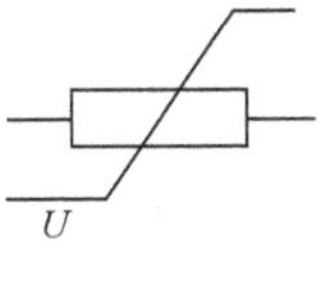

图2-11　压敏电阻的电气符号

4）水泥电阻。图2-12所示为水泥电阻，水泥电阻是一种陶瓷绝缘功率型线绕电阻，按照其功率可以分为2W、3W、5W、7W、8W、10W、15W、20W、30W和40W等规格。水泥电阻具有功率大、阻值稳定、阻燃性强等特点，而且可以在电路过电流情况下会迅速熔断，起到保护电路的作用。

图2-12　水泥电阻

5）排阻。图2-13所示为排阻，将多个相同阻值的电阻集成在一起就成了“排阻”，其电气符号如图2-14所示。排阻的一端连在一起，为公共端。排阻体积小，安装方便，适合多个电阻阻值相同而且其中一个引脚都是连在电路的同一位置的场合。

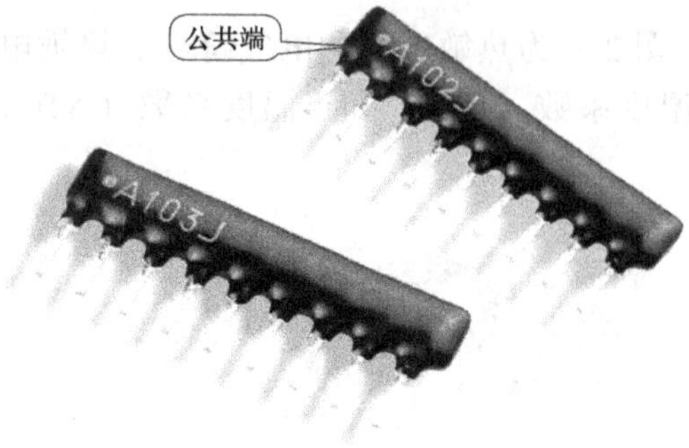

图 2-13 排阻

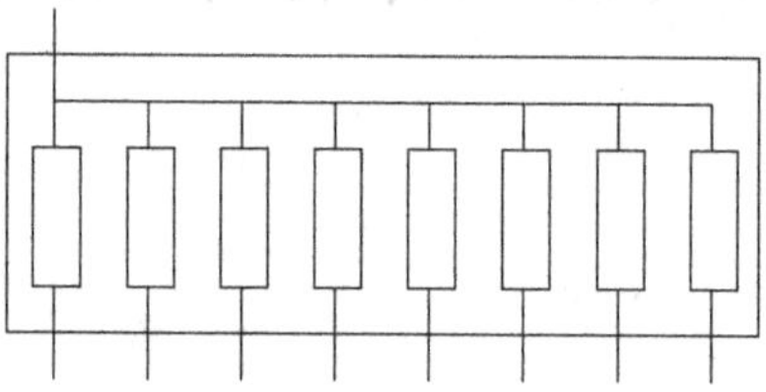

图 2-14 排阻的电气符号

在图 2-13 中，排阻型号为“A103J”，其中“A”表示排阻，标称值与误差等级的表示方法与普通电阻相同，“10”表示有效数字，“3”表示倍率，103 即 $10\times10^3\Omega=10k\Omega$，表示排阻中每只电阻的阻值为 10kΩ，J 表示误差等级为 ±5%。此阻排共有 9 个引脚，其中 1 脚为公共引脚，用色点表示。

2. 读取电阻的标称值

（1）色环电阻的阻值读取　色环电阻用不同颜色的色带在电阻器表面标出标称阻值和误差等级，这种方法叫做“色标法”，目前色环电阻通常采用四色环和五色环标识，见表 2-2 和表 2-3。

1）四色环电阻中各色环的含义见表 2-2。

表 2-2　四色环电阻中各色环的含义

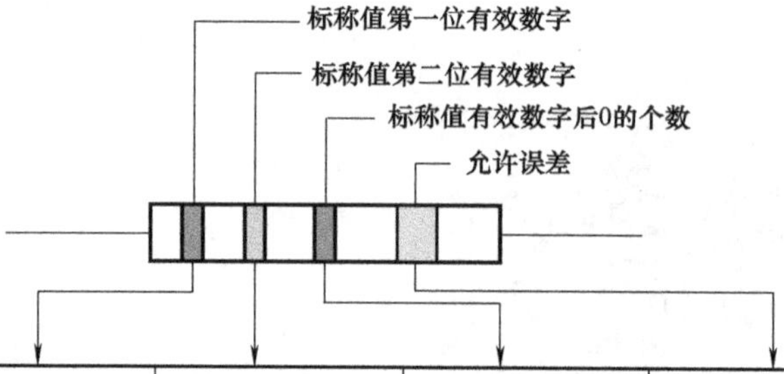

颜　色	第一位有效值	第二位有效值	倍率	允许偏差
黑	0	0	10^0	
棕	1	1	10^1	
红	2	2	10^2	
橙	3	3	10^3	
黄	4	4	10^4	
绿	5	5	10^5	
蓝	6	6	10^6	
紫	7	7	10^7	
灰	8	8	10^8	
白	9	9	10^9	−20% ～ 50%
金			10^{-1}	±5%
银			10^{-2}	±10%
无色				±20%

2）五色环电阻中各色环的含义见表 2-3。

表 2-3 五色环电阻中各色环的含义

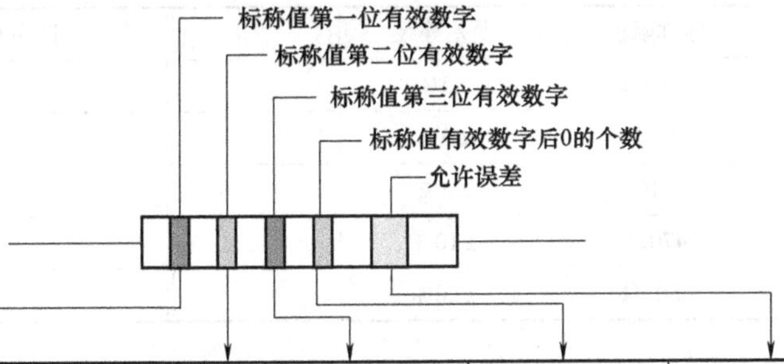

颜色	第一位有效值	第二位有效值	第三位有效值	倍　率	允许偏差
黑	0	0	0	10^0	
棕	1	1	1	10^1	±1%
红	2	2	2	10^2	±2%
橙	3	3	3	10^3	
黄	4	4	4	10^4	
绿	5	5	5	10^5	±0.5%
蓝	6	6	6	10^6	±0.25%
紫	7	7	7	10^7	±0.1%
灰	8	8	8	10^8	
白	9	9	9	10^9	
金				10^{-1}	
银				10^{-2}	

动手做

元件盒中放置 10 只色环电阻 $R_1 \sim R_{10}$，读出这 10 只色环电阻的色环颜色，并在表 2-4 中填写其标称阻值和误差等级。

表 2-4 色环电阻的识读

序号	色环颜色					标称阻值	误差等级
1							
2							
3							
4							
5							
6							
7							
8							
9							
10							

动手做

根据表 2-5 中电阻的标称阻值和误差等级，按顺序在表 2-5 中填写四色环电阻各色环的颜色名称。

表 2-5　色环颜色

序号	标称阻值	误差等级	四色环颜色			
1	5.6kΩ	±5%				
2	51Ω	±5%				
3	1MΩ	±5%				
4	470Ω	±10%				
5	680kΩ	±20%				

动手做

读取 EDM109 电路模块（见图 2-15）中五色环电阻的标称阻值和误差等级，并将结果填入表 2-6 中。

图 2-15　EDM109 PT100 传感器模块

表 2-6　EDM109 PT100 传感器模块中各电阻的标称阻值和误差等级

序号	五色环颜色					标称阻值	误差等级
R_8							
R_9							
R_{14}							
R_{15}							
R_{16}							
R_{17}							
R_{18}							

（2）文字符号直标电阻的阻值读取

1）直标法。图 2-16 所示为采用直标法标识的电阻。

图 2-16a 表示标称阻值为 20kΩ、允许偏差为 ±0.1%、额定功率为 2W 的线绕电阻器；

图 2-16b 表示标称阻值为 2kΩ、额定功率为 4W 的线绕电阻器；

图 2-16c 表示标称阻值为 1.2kΩ、允许偏差为 ±10%、额定功率为 0.5W 的碳膜电阻器。

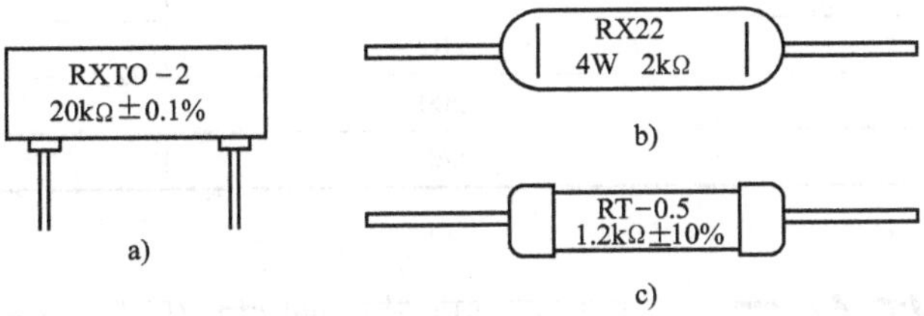

图 2-16　采用直标法标识的电阻

2）文字符号法。文字符号法用阿拉伯数字和文字符号两者有规律的组合来表示电阻的标称值，其允许偏差用文字符号来表示，D 表示 ±0.5%，F 表示 ±1%，J 表示 ±5%，K 表示 ±10%，M 表示 ±20%。当电阻的阻值小于 10Ω 时，以×R×表示（×代表数字），将 R 看做小数点，如图 2-17 所示。

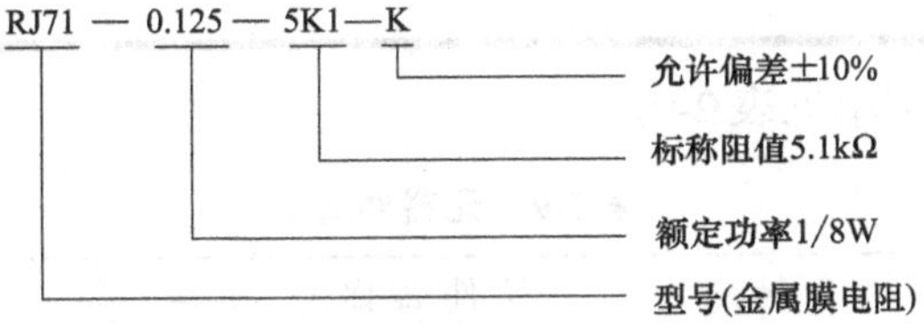

图 2-17　电阻的文字符号标注法

动手做

在表 2-7 中填写标称阻值及其允许偏差。

表 2-7　电阻的标称阻值和允许偏差

序　号	电阻上面的数字	标称阻值	允许偏差
1	1R5J		
2	2K7M		
3	R1F		
4	2.2GK		
5	R15D		

3）数码法。数码法用三位阿拉伯数字表示，前两位表示阻值的有效数字，第三位表示有效数字后面零的个数，常见于贴片电阻或微调电位器上。当电阻的阻值小于 10Ω 时，以×R×表示（×代表数字），将 R 看做小数点。

动手做

在表 2-8 中填写下列电阻的标称阻值。

表 2-8 标称阻值

序 号	电阻上面的数字	标称阻值
1	103	
2	221	
3	1R2	
4	200	
5	560	

任务二 用万用表测电阻阻值

工作任务

1）测量普通电阻的阻值。

2）测量光敏电阻和热敏电阻阻值。

工作指引

1）准备元器件：清单见表 2-9。

表 2-9 元器件清单

序 号	元件名称	数 量
R1-R4	普通电阻	4
R5 R6	光敏电阻	2
R7	正温度系数热敏电阻	1
R8	负温度系数热敏电阻	1

2）准备工具、仪表与耗材：指针式万用表一块，30W 电烙铁一把，焊锡、松香和导线若干。

工作步骤

1. 测量普通电阻

使用指针式万用表的欧姆档可以测量电阻的阻值。欧姆档用“Ω”表示，分为 R×1、R×10、R×100、R×1k 和 R×10k 五档。具体测量步骤如下：

(1) 选择档位 根据电阻的标称值选择合适的档位，以避免出现过大的测量误差。例如：电阻标称值为 1.2kΩ，则选择 R×1k 档。

(2) 欧姆调零 将两表笔短接调整欧姆档调零旋钮，使表针指向电阻刻度线右端的零位。若指针无法调到零点，说明表内电池电压不足，应更换电池。

(3) 测量并读数 用两表笔分别接触被测电阻两引脚进行测量。正确读出指针所指的数值后，再乘以倍率（R×100 档应乘 100，R×1k 档应乘 1000……），就可得到被测电阻的阻值。为使测量较为准确，测量时应使指针指在刻度线中心位置附近。若指针偏角较小或很大，应换用临近的档位。每次换档后，应再次调整欧姆档调零旋钮，然后再测量。

(4) 归位 测量结束后，应拔出表笔，将转换开关置于“OFF”档或交流电压最高档位，收好万用表。

测量电阻时应注意：

1）被测电阻应从电路中拆下后再测量。

2）两只表笔不要长时间地碰在一起。

3）两只手不能同时接触两根表笔的金属杆或被测电阻的两个引脚，最好用右手同时持两根表笔。

4）长时间不使用万用表，应将表中电池取出。

动手做

识别并检测元器件盒中的普通电阻，将测量结果填入表2-10中。

表2-10 普通电阻测量结果

序号	识别及检测内容			
	电阻的名称	标称值	实际测量值	所用的档位
1				
2				
3				
4				

2. 测量光敏电阻

(1) 测量暗电阻阻值 用一黑纸片将光敏电阻的透光窗口遮住，用万用表的欧姆档测量其阻值。此时万用表的指针应该基本保持不动，阻值接近无穷大。此值越大说明光敏电阻性能越好。若此值很小或接近为零，说明光敏电阻已损坏，不能再继续使用。

(2) 测量亮电阻阻值 将一光源对准光敏电阻的透光窗口，用万用表的欧姆档测量其阻值，此时万用表的指针应有较大幅度的摆动，阻值明显减小。此值越小说明光敏电阻性能越好。若此值很大甚至无穷大，表明光敏电阻内部开路损坏，不能再继续使用。

动手做

检测元器件盒中的光敏电阻，将测量结果填入表2-11中。

表2-11 光敏电阻测量结果

序号	检 测 内 容	
	暗电阻阻值	亮电阻阻值
1		
2		

3. 测量热敏电阻

（1）测量常温下热敏电阻的阻值　将两表笔接触热敏电阻的两引脚，测出其实际阻值，并与标称阻值相对比，二者相差在 ±2Ω 内即为正常。实际阻值若与标称阻值相差过大，则说明其性能不良或已损坏。

（2）判断热敏电阻的好坏和温度系数的正负　将一热源（例如加热过的电烙铁）靠近热敏电阻对其加热，同时用万用表监测其电阻值随温度升高如何变化，如果阻值变大，则该热敏电阻为正温度系数热敏电阻（PTC），反之，则为负温度系数热敏电阻（NTC）。若阻值无变化，说明其性能变劣，不能继续使用。

测量热敏电阻时应注意：

1）不要使热源与 PTC 热敏电阻靠得过近或直接接触热敏电阻，以防止将其烫坏。

2）测试时，不要用手捏住热敏电阻体，以防止人体温度对测试产生影响。

动手做

识别并检测元器件盒中的热敏电阻，将测量结果填入表 2-12 中。

表 2-12　热敏电阻测量结果

序号	识别及检测内容		
	温度系数(正、负)	常温下阻值	加温后的阻值
1			
2			

任务三　电位器的识别与标称值的读取

工作任务

1）认识各种类型电位器的外形特征。

2）读取电位器的标称值。

3）测量电位器。

工作指引

1）准备元器件：清单见表 2-13。

表 2-13　元器件清单

序　　号	名　　称	数　　量
RP1	微调电位器(扁长方形)	5
RP2	微调电位器(正方形)	5
RP3	碳膜电位器	1
RP4	线绕电位器	1
RP5	带开关的电位器	1

2）准备工具、仪表与耗材：指针式万用表一块，电烙铁一把，各种类别的电位器若干。

工作步骤

1. 认识电位器

（1）电气符号　电位器阻值单位与电阻相同，基本单位也是欧姆，用符号 Ω 表示。电位器在电路中用字母 RP 表示，其电气符号如图 2-18 所示。

（2）微调电位器　图 2-19 所示为两种常用的多圈微调电位器，形状为长方形和正方形，这种微调电位器常用于调整电路工作参数，如放大倍数、灵敏度等。

（3）常用的电位器实物图

1）碳膜电位器。图 2-20 所示为碳膜电位器。碳膜电位器常用在各种音响电路中，用于调节音量或音调。其价格便宜，缺点是使用时间过久后，碳粒容易脱落，阻值变得忽大忽小，影响电路正常工作。

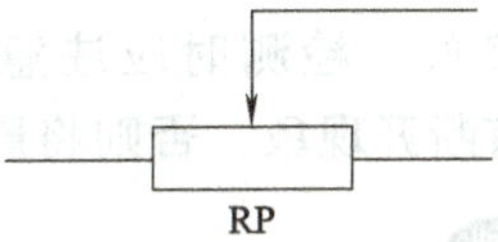

图 2-18　电位器的电气符号

图 2-19　微调电位器

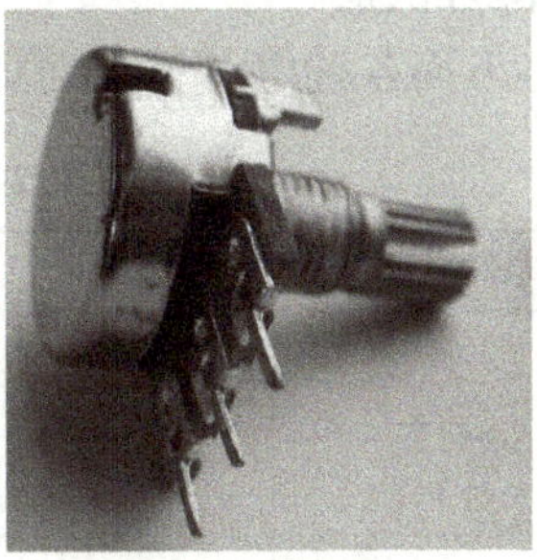

图 2-20　碳膜电位器

2）线绕电位器。线绕电位器是一种阻值呈线性变化的精密电位器，其外形如图 2-21所示，常用于各种电动机调速电路中。

3）带开关的碳膜电位器。图 2-22 为带开关的碳膜电位器，是音响电器的音量与电

图 2-21　线绕电位器的外形

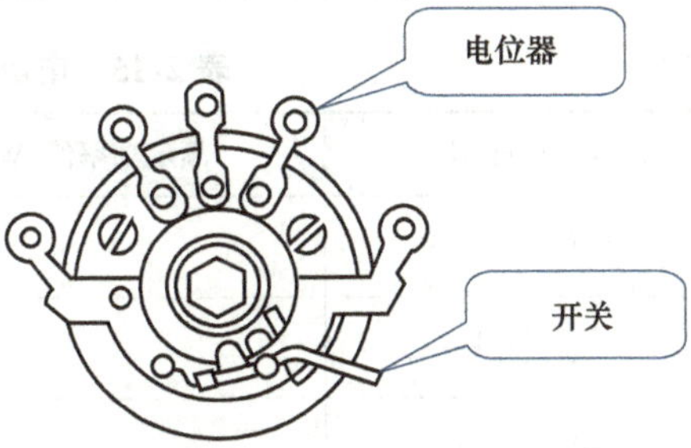

图 2-22　带开关的碳膜电位器

源开关两用元件，其中两侧的引脚为电源开关，中间三个引脚为电位器的三个引脚。

2. 读取电位器标称值

电位器标称值如图 2-23 所示。

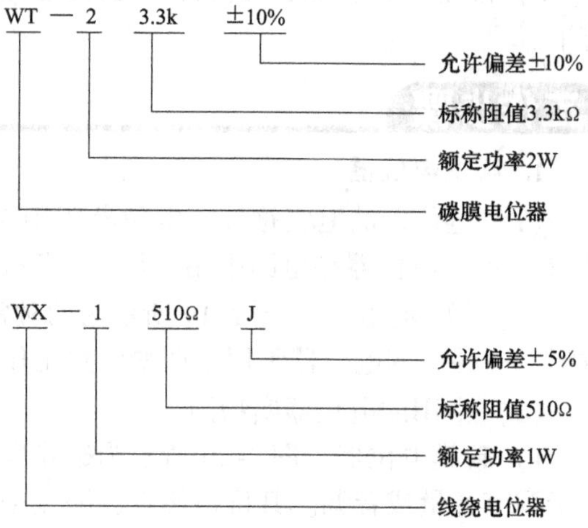

图 2-23 电位器标称值

3. 测量电位器

电位器动触点与电阻体接触是否良好的检测方法是：用万用表的欧姆档（根据标称阻值的大小选好量程），两表笔分别接电位器的一个固定引线脚与动触点引线脚，然后慢慢地旋转转轴，这时表针平稳地向一个方向移动，阻值没有跌落和跳跃现象，表明滑动触点与电阻体接触良好。**检测时应注意表笔与引线脚不应有断开现象，否则将影响测量结果的准确性。**

动手做

电气符号识别

1）将下面各种电气符号对应的电阻名称填写到表 2-14 中。

表 2-14 电气符号对应的电阻名称

电气符号	对应名称	电气符号	对应名称
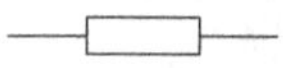		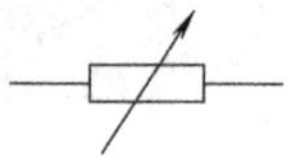	
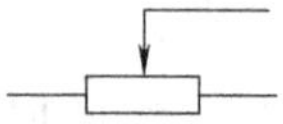		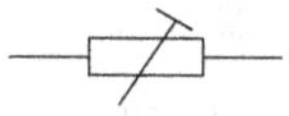	
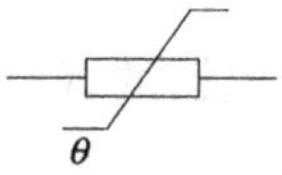		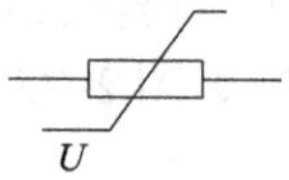	

2）将电阻的功率标志对应的额定功率填入表 2-15。

表 2-15 电阻的功率标志对应的额定功率

电 气 符 号	额定功率值/W	电 气 符 号	额定功率值/W
		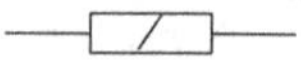	
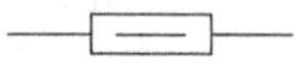		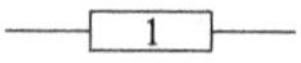	
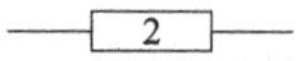		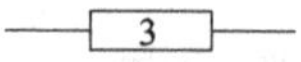	

动手做

识别并检测元器件盒中的电位器，将测量结果填入表2-16中。

表2-16　电位器测量结果

序　号	识别及检测内容			
	电位器的名称	标称值	实际测量值	所用的档位
1				
2				
3				
4				
5				
6				
7				

相关知识

1. 电阻器和电位器的型号命名方法

电阻器和电位器的型号命名方法见表2-17。

表2-17　电阻器和电位器的型号命名方法

第一部分:主称		第二部分:材料		第三部分:特征分类			第四部分:序号
符号	意义	符号	意义	符号	意义		
					电阻器	电位器	
R	电阻器	T	碳膜	1	普通	普通	对主称、材料相同,仅性能指标、尺寸大小有差别,但基本不影响互换使用的产品,给予同一序号;若性能指标、尺寸大小明显影响互换时,则在序号后面用大写字母作为区别代号
W	电位器	H	合成膜	2	普通	普通	
		S	有机实心	3	超高频	—	
		N	无机实心	4	高阻	—	
		J	金属膜	5	高温	—	
		Y	氧化膜	6	—	—	
		C	沉积膜	7	精密	精密	
		I	玻璃釉膜	8	高压	特殊函数	
		P	硼碳膜	9	特殊	特殊	
		U	硅碳膜	G	高功率	—	
		X	线绕	T	可调	—	
		M	压敏	W	—	微调	
		G	光敏	D	—	多圈	
		R	热敏	B	温度补偿用	—	
				C	温度测量用	—	
				P	旁热式	—	
				W	稳压式	—	
				Z	正温度系数	—	

示例：

(1) 精密金属膜电阻器 精密金属膜电阻器命名方法示例如图 2-24 所示。

(2) 多圈线绕电位器 多圈线绕电位器命名方法示例如图 2-25 所示。

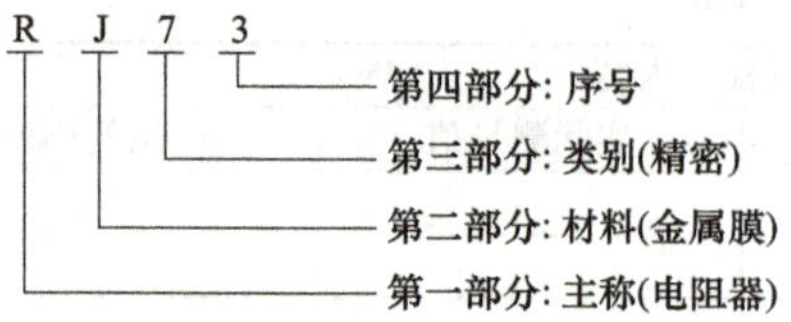

图 2-24 精密金属膜电阻器命名方法示例

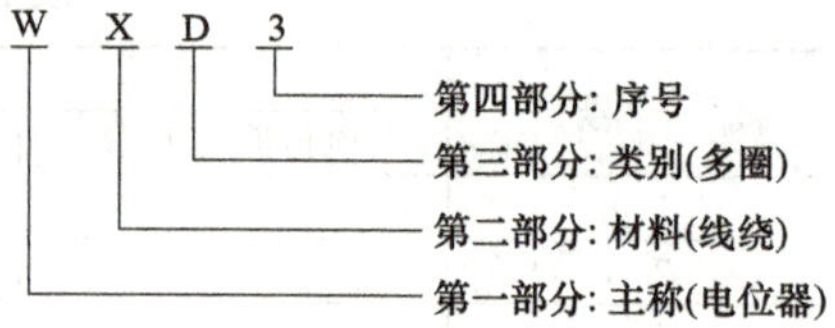

图 2-25 多圈线绕电位器命名方法示例

2. 电阻的主要技术指标

(1) 额定功率 电阻器在电路中长时间连续工作不损坏或不显著改变其性能所允许消耗的最大功率，称为电阻的额定功率。电阻的额定功率并不是电阻在电路中工作时一定要消耗的功率，而是电阻在电路工作中所允许消耗的最大功率。不同类型的电阻具有不同系列的额定功率，见表 2-18。

表 2-18 电阻器的功率等级

名称	额定功率/W					
实心电阻器	0.25	0.5	1	2	5	—
线绕电阻器	0.5 25	1 35	2 50	6 75	10 100	15 150
薄膜电阻器	0.025 2	0.05 5	0.125 10	0.25 25	0.5 50	1 100

(2) 标称阻值 阻值是电阻的主要参数之一，不同类型的电阻其阻值范围不同，不同精度的电阻其阻值系列亦不同。根据国家标准，常用的标称值系列见表 2-19。E24、E12 和 E6 系列也适用于电位器和电容器。

表 2-19 标称值系列

标称值系列	精度	电阻器/Ω、电位器/Ω、电容器标称值/pF							
E24	±5%	1.0 2.2 4.7	1.1 2.4 5.1	1.2 2.7 5.6	1.3 3.0 6.2	1.5 3.3 6.8	1.6 3.6 7.5	1.8 3.9 8.2	2.0 4.3 9.1
E12	±10%	1.0 3.3	1.2 3.9	1.5 4.7	1.8 5.6	2.2 6.8	2.7 8.2	—	—
E6	±20%	1.0	1.5	2.2	3.3	4.7	6.8	8.2	—

注：这里是标称值，具体数值应为表中数值再乘以 10^n，其中 n 为正整数或负整数。

(3) 允许偏差等级 电阻的允许偏差（又称精度）等级见表 2-20。

3. 电位器的主要技术指标

(1) 额定功率 电位器的两个固定端上允许耗散的最大功率为电位器的额定功率。使用中应注意额定功率不等于中心抽头与固定端的功率。

表 2-20 电阻的允许偏差等级

允许偏差(%)	±0.001	±0.002	±0.005	±0.01	±0.02	±0.05	±0.1
等级符号	E	X	Y	H	U	W	B
允许偏差(%)	±0.2	±0.5	±1	±2	±5	±10	±20
等级符号	C	D	F	G	J(Ⅰ)	K(Ⅱ)	M(Ⅲ)

(2) 标称阻值 标在产品上的名义阻值，其系列与电阻的系列类似。

(3) 允许偏差等级 实测阻值与标称阻值误差范围根据不同允许偏差等级可允许±20%、±10%、±5%、±2%、±1%的误差。精密电位器的精度可达±0.1%。

(4) 阻值变化规律 指阻值与滑动片触点旋转角度（或滑动行程）之间的变化关系，这种变化关系可以是任何函数形式，常用的有直线式、对数式和反转对数式（指数式）。

在使用中，直线式电位器适合于作分压器；反转对数式（指数式）电位器适合于作收音机、录音机、电唱机、电视机中的音量控制器。指数式电位器维修时若找不到同类品，可用直线式代替，但不宜用对数式代替。对数式电位器只适合于作音调控制等。

4. 普通电阻的应用

在电子产品中，电阻的主要作用为分压、分流、限流和降压等。

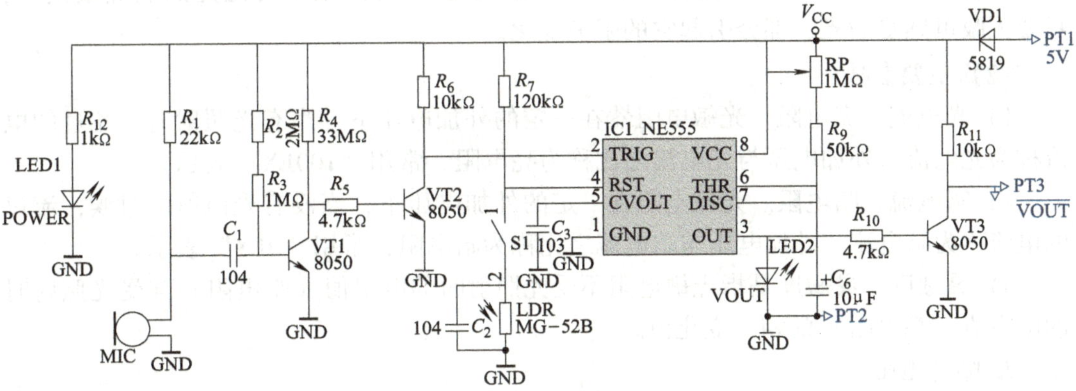

图 2-26 声光控电路原理图

动手做

将图 2-26 中部分电阻的作用填写到表 2-21 中。

表 2-21 电阻的作用

图中电阻的标号	电阻的作用
R_{12}	
R_2	
R_7	
R_{10}	
R_6	
R_{11}	

5. 热敏电阻

(1) 特点 热敏电阻是利用半导体材料的电阻率随温度变化较显著的特点制成的一种热敏元件。它的测温范围在 -50~350℃（一般热敏电阻仅适合 0~150℃），具有灵敏度高、热惯性小、反应速度快、体积小、使用方便、制作简单、价格低廉、易于大批量生产等优点，但存在互换性差、热电特性为非线性等缺点。热敏电阻大量用于各种要求不太高的温度测量和温度控制中。

(2) 分类 热敏电阻的温度系数有正有负，按温度系数的不同，热敏电阻可分为负温度系数热敏电阻（NTC）、正温度系数的热敏电阻（PTC）和临界温度热敏电阻（CTR）三类。CTR 一般也是负温度系数，但与 NTC 不同的是，它在某一温度范围内，电阻值会发生急剧变化。

6. 光敏电阻

(1) 特点 光敏电阻是利用半导体的光电效应制成的一种电阻值随入射光的强弱而改变的电阻，入射光强，阻值减小，入射光弱，阻值增大。

光敏电阻一般用于光的测量、控制和光电转换。常用的光敏电阻为硫化镉光敏电阻器，是由半导体材料制成的。光敏电阻的阻值随入射光线（可见光）的强弱变化而变化，在黑暗条件下，它的阻值（暗阻）可达 1~10MΩ，在强光条件下，它阻值（亮阻）仅有几百至数千欧姆。光敏电阻器对光的敏感性与人眼对可见光的响应很接近，只要人眼可感受的光，都会引起它的阻值变化。

(2) 主要参数

1）光电流、亮电阻。光敏电阻器在一定的外加电压下，当有光照射时，流过的电流称为光电流，外加电压与光电流之比称为亮电阻，常用“100LX”表示。

2）暗电流、暗电阻。光敏电阻在一定的外加电压下，当没有光照射的时候，流过的电流称为暗电流。外加电压与暗电流之比称为暗电阻，常用“0LX”表示。

3）灵敏度。灵敏度是指光敏电阻不受光照射时的电阻值（暗电阻）与受光照射时的电阻值（亮电阻）的相对变化值。

7. 贴片电阻

(1) 贴片电阻的分类 贴片电阻有两大类型：矩形贴片电阻和圆柱形贴片电阻。

矩形贴片电阻是目前应用最广泛的一类电阻，其外形如图 2-27 所示。圆柱形贴片电阻是由通孔电阻去掉引线演变而来的，价格便宜，如图 2-28 所示。

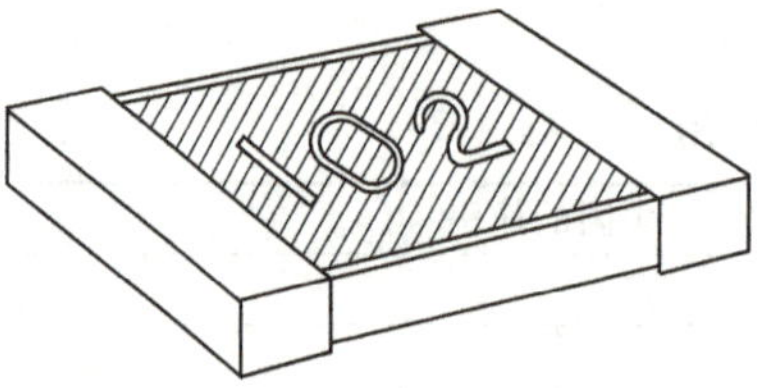

图 2-27 矩形贴片电阻

图 2-28 圆柱形贴片电阻

(2) 贴片元件的参数 贴片元件的参数有：尺寸代码、额定功率、最大工作电压、额定工作温度、标称电阻值、允差、温度系数和包装形式等。

(3) 贴片电阻的封装类型　按照日本工业标准（JIS），贴片电阻的尺寸可分为7个标准，见表2-22。实际应用中，0603和0805标准应用较多，0402应用渐多。尺寸代码由4位数字组成，可以用公制和英制两种方法表示。以0805为例：08表示长为0.08in，宽为0.05in，其对应的公制代码为2012，表示长为2mm，宽为1.2mm。

表2-22列出了各种标准封装的贴片电阻的额定功率、最大工作电压和工作温度范围等工作参数。

表2-22　贴片电阻的额定功率、最大工作电压和工作温度范围

公制标准尺寸代码	英制标准尺寸代码	额定功率/W	最大工作电压/V	工作温度范围/℃
1005	0402	1/20(1/16)	50	-55～125
1608	0603	1/16	50	
2012	0805	1/10	150	
3216	1206	1/8	200	
3225	1210	1/4	200	
5025	2010	1/2	200	
6432	2512	1	200	

项目评价

按照附录C给出的项目评价标准，对本项目所做工作进行评价，并填入表2-23。

表2-23　项目评价表

评价项目	自我评价	小组评价	教师评价
元器件的识别			
元器件的测量			
模块搭建			
仪器仪表的使用			
知识点的掌握			
小组成员的合作			
安全文明操作			

项目三 电容器

电容器又称作电容，是组成电路的基本元件之一，在各种电子产品和电力设备中被广泛应用。电容在电路中起着储存电荷的作用，它具有隔直流、通交流的特性，因此常用于电源滤波、交流耦合、去耦、旁路、振荡和定时等电路中。

任务一 电容的识别

工作任务

1）认识常用的电容器外形特征。

2）识读电容上的标识和电容的电气符号。

工作指引

1）准备元器件：清单见表 3-1。

2）准备工具、仪表与耗材：数字万用表、指针式万用表（MF47 型）各一块。

表 3-1 元器件清单

序号	元器件名称	规 格	数 量
C_1	铝电解电容	100μF/50V	2
C_2	钽电解电容	680μF/25V	2
C_3	瓷介电容	33pF	2
C_4	独石电容	225	1
C_5	涤纶电容	104	1
C_6	CBB 电容(聚丙烯电容)	104	1
C_7	微调电容		1
C_8	双联可调电容		1
C_9	贴片钽电解电容	47μF/50V	1
C_{10}	贴片电解电容	100μF/50V	1
C_{11}	贴片陶瓷电容	224	1

工作步骤

常用电容有以下几种：

(1) 电解电容 图3-1为电解电容的电气符号。

图3-2所示为铝电解电容，其外面包有一层塑料薄膜，里面为铝壳，其极性标识非常清楚，标有“－”号一侧引脚为电解电容的负极，另一侧则为电解电容的正极。新电解电容的长引脚一般为电容的正极，短脚位电容的负极。

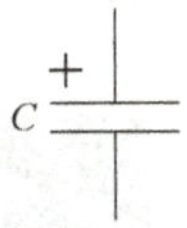

图3-1 电解电容的电气符号

图3-3所示为钽电解电容，标识为“CA”，其温度稳定性和精度较高，通常应用于精密仪器中。钽电解电容的引脚较长的一端为正极，另外一端为负极。

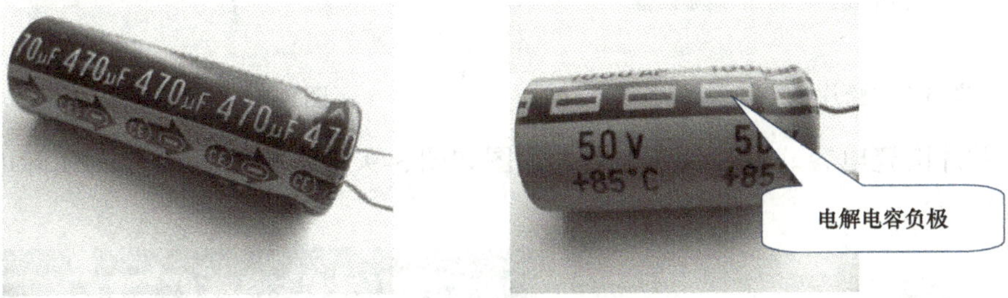

图3-2 铝电解电容外形图

图3-4为贴片铝电解电容的外形图，图3-5为贴片钽电解电容外形图。要特别注意：贴片铝电解电容有标记的一端为负极，而贴片钽电解电容有标记的一端为正极，两者极性标记方法正好相反。

图3-3 钽电解电容外形图

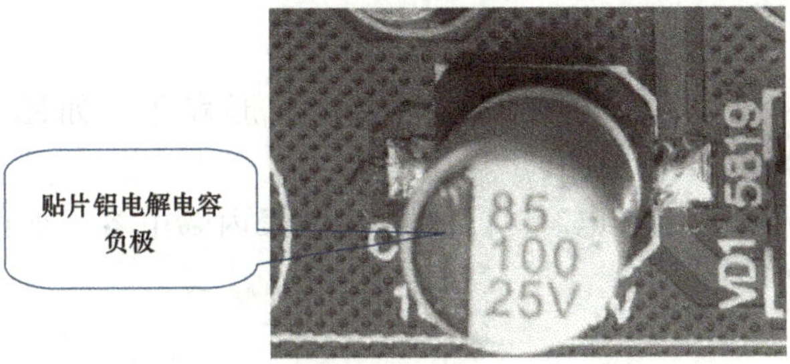

图3-4 贴片铝电解电容外形图

图3-5 贴片钽电解电容外形图

（2）瓷介电容 图3-6为无极性电容的电气符号。

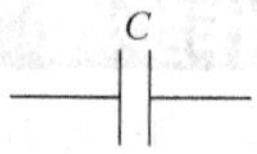

图3-6 无极性电容的电气符号

1）瓷片电容。瓷片电容一般为片状，如图3-7所示，其标称值直接标注在外壳上，其容量为33pF。

2）独石电容。独石电容又称为多层陶瓷电容，其外形如图3-8所示，其标称容量为2200000pF＝2.2μF。

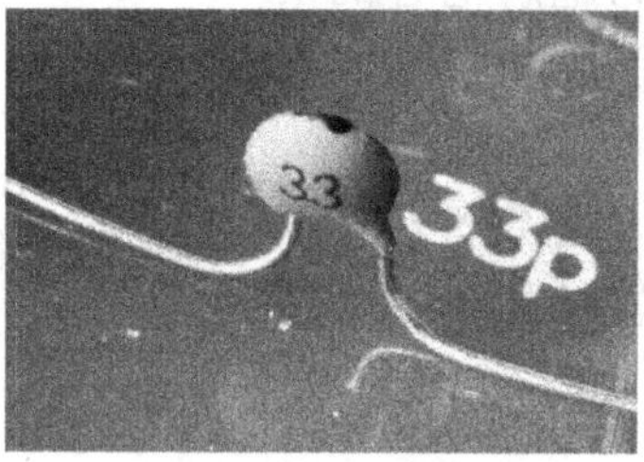

图3-7 瓷片电容外形图

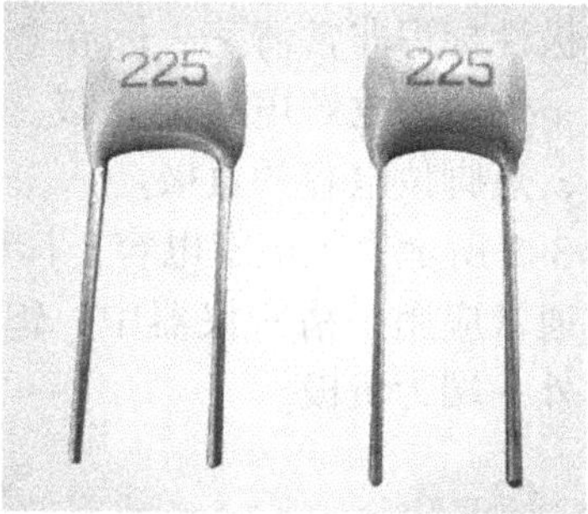

图3-8 独石电容外形图

3）贴片陶瓷电容。贴片陶瓷电容外形图如图3-9所示，图3-10中为实际电路中的贴片陶瓷电容。

图3-9 贴片陶瓷电容外形图

图3-10 实际电路中的贴片陶瓷电容

（3）薄膜电容

1）涤纶电容。涤纶电容外形扁平，如图3-11所示，图中电容标称容量为10000pF＝0.01μF。

2）CBB电容。CBB电容为聚丙烯电容，如图3-12所示，其耐压为400V，容量为1μF。

图3-11 涤纶电容

图3-12 CBB电容

（4）微调电容 电容量可在某一小范围内调整，并可在调整后固定于某个电容值的电容器称作预调电容，也称为半可调电容。图3-13所示为预调电容的外形。预调电容一般没有手柄，只能用小号螺钉旋具调节，因此常用在不需要经常调节的地方，通常在各种调谐及振荡电路中作为补偿电容或校正电容使用。预调电容的电气符号如图 3-14 所示。

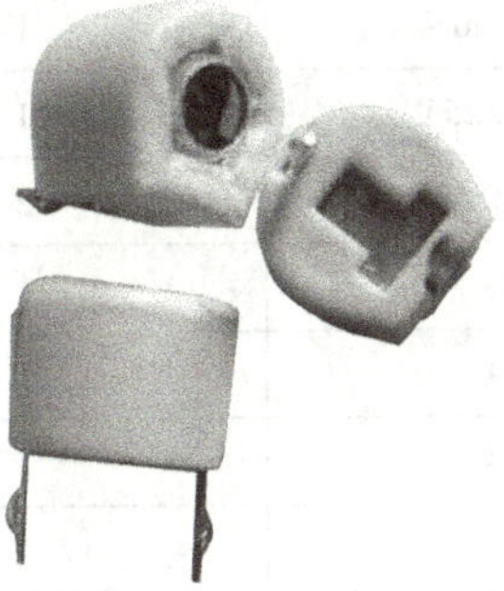

图 3-13 预调电容外形图

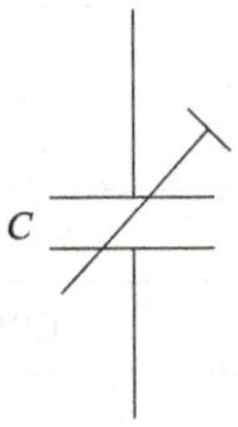

图 3-14 预调电容的电气符号

（5）可变电容 可变电容分为单联、双联可变电容，双联可变电容通常用于收音机调谐电路中，图 3-15 所示为双联可变电容的外形图，图 3-16 为单联可变电容电气符号，图 3-17 为双联可变电容电气符号。

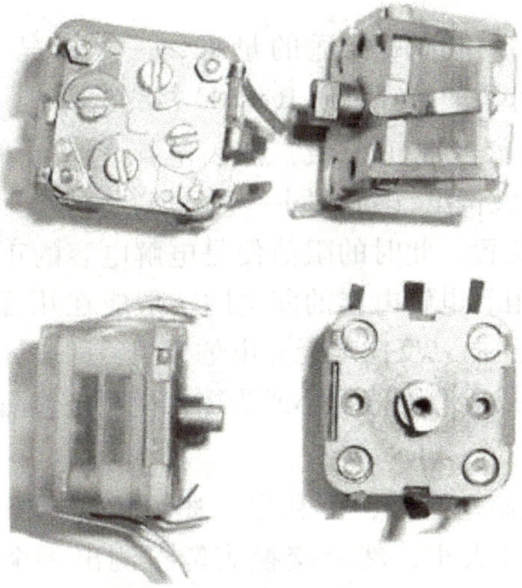

图 3-15 双联可变电容外形图

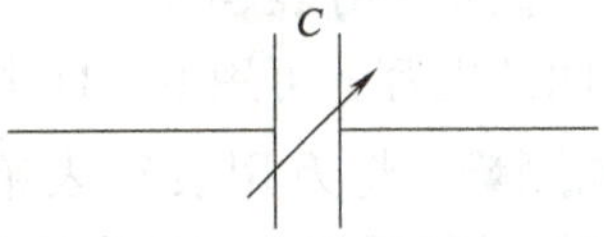

图 3-16 单联可变电容电气符号

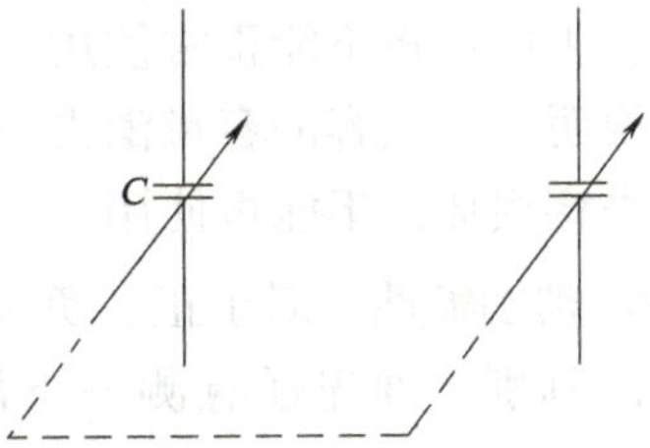

图 3-17 双联可变电容电气符号

任务二 测量电容器

工作任务

1）用指针式万用表测量电容。
2）用数字式万用表测量电容。

工作指引

1）准备元器件：清单见表 3-2。

表 3-2 元器件清单

序号	元器件名称	规 格	数 量
C_1	电解电容	10μF/50V	1
C_2	电解电容	100μF/25V	1
C_3	瓷介电容	33pF	2
C_4	独石电容	225	1
C_5	涤纶电容	104	1
C_6	CBB 电容(聚丙烯电容)	104	1
C_7	预调电容		1
C_8	双联可调电容		1

2）准备工具、仪表与耗材：指针式万用表和数字式万用表各一块。

工作步骤

1. 用指针式万用表测量电解电容

（1）选择万用表档位 针对电容的不同容量选用合适的量程。一般情况下，1～47μF间的电容，可用 R×1k 档测量，大于 47μF 的电容可用 R×100 档测量。

（2）测量 将万用表红表笔接电解电容的负（或正）极，黑表笔接正（或负）极，在刚接触的瞬间，万用表指针即向右偏转较大偏度（对于同一电阻档，容量越大，摆幅越大），接着逐渐向左回转，直到停在某一位置。此时的阻值便是电解电容的正向（或反向）漏电阻，正向漏电阻略大于反向漏电阻。电解电容的漏电阻一般应在几百千欧以上，否则，将不能正常使用。在测试中，若正向、反向均无充电的现象，即表针不动，则说明电解电容的容量消失或内部断路；如果所测阻值很小或为零，说明电容漏电大或已击穿损坏，不能再使用。

（3）判别极性 对于正、负极标志不明的电解电容器，可利用上述测量漏电阻的方法加以判别，即先任意测一下漏电阻，记住其大小，然后交换表笔再测出一个阻值。两次测量中阻值大的那一次便是正向接法，即黑表笔接的是正极，红表笔接的是负极。

（4）估测容量 使用万用表电阻档，采用给电解电容进行正、反向充电的方法，根据指针向右摆动幅度的大小，可估测出电解电容的容量。

2. 用指针式万用表测量无极性电容

无极性电容的容量一般比较小，用指针式万用表进行测量时，只能定性地检查其是否有漏电、内部短路或击穿现象。测量时，选用万用表 R×10k 档，将两表笔分别任意接电容的两个引脚，阻值应为无穷大。若测出阻值（指针向右摆动）为零，则说明电容漏电损坏或内部击穿。若无极性电容的容量较大（0.01μF 以上），则指针会发生轻微的偏转，可用万用表的 R×10k 档直接测试电容器有无充电过程以及有无内部短路或漏电，并根据指针向右摆动的幅度大小可估计出电容器容量的大小。

3. 用指针式万用表测量双联可变电容

1）用手轻轻旋动转轴，应感觉十分平滑，不应有时松时紧甚至卡滞的现象。将转轴向前、后、上、下、左、右等各个方向推动时，不应有松动的现象。

2）用一只手旋动转轴，另一只手轻摸动片组的外缘，不应有任何松脱现象。转轴与动片组接触不良的可变电容器，是不能再继续使用的。

3）将万用表置于 R×10k 档，一只手将两个表笔分别接可变电容器的动片和定片的引出端，另一只手将转轴缓缓旋动几个来回，万用表指针都应在无穷大位置不动。在旋动转轴的过程中，如果指针有时指向零，说明动片和定片之间存在短路点。

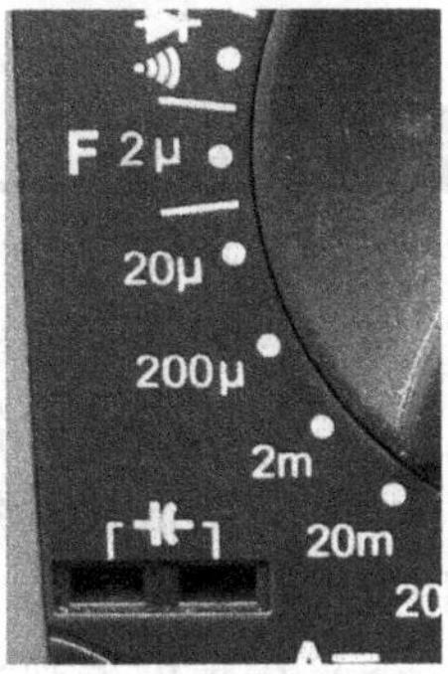

图 3-18　数字式万用表的电容档

4. 用数字式万用表检测电容

某些数字式万用表具有测量电容容量的档位，如图 3-18 所示，其量程分为 2μF、20μF 和 200μF 三档。测量时可将已放电的电容两引脚直接插入面板上的电容测量插孔中，选取适当的量程后就可读取并显示数据。

动手做

1）识别并检测元件盒中的电容，测量电容的漏电阻，并将读取参数及测量结果填入表 3-3 中。

表 3-3　电容测量结果

元器件	识别及检测内容					
	电容名称	电容标识	标称容量	耐压	电容漏电阻阻值	所用档位
C_1						
C_2						
C_3						
C_4						
C_5						
C_6						

2）用数字式万用表测量元器件盒中的电容容量，将测量结果填入表 3-4 中。

表 3-4　数字式万用表测量结果

元器件	标称容量	实测容量	所用档位
C_1			
C_2			
C_3			
C_4			
C_5			
C_6			

任务三 用示波器检测电容滤波电路

工作任务

1）根据所示测试原理图绘制电路安装图。

2）在通用印制电路板上搭接单相桥式整流电路。

3）说明电路中各元器件作用，并检测元器件。

4）用示波器观察单相桥式整流电路的输入、输出波形，并测定其输入、输出电压间的量值关系。

5）用示波器观测电容滤波的工作效果，测定其输出电压的量值关系。

工作指引

1）准备元器件：电源变压器（或用学生电源代替）、二极管、拨动开关、电容、电阻、发光二极管。

2）准备工具、仪表与耗材：电烙铁一把，万能板一块，焊锡丝、松香若干；数字式万用表、双踪示波器各一台。

工作步骤

1. 装调流程

绘制安装布线图→清点元器件→元器件检测→插装和焊接→通电前检查→通电测量→数据记录。

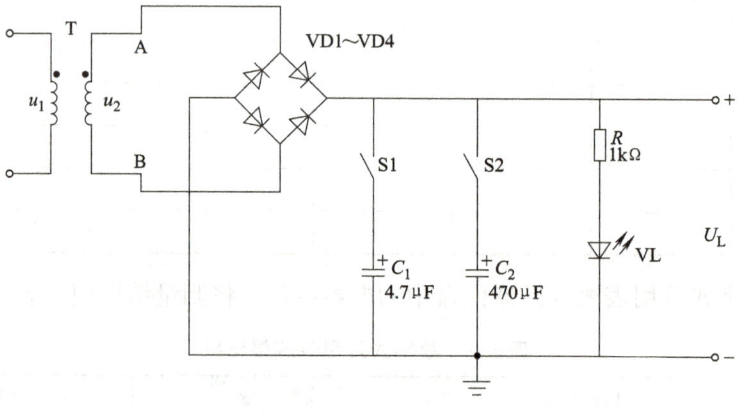

图 3-19 整流滤波电路图

2. 装调步骤

1）先安装单相桥式整流电路，电路图如图 3-19 所示。

2）在桥式整流电路工作正常的情况下，接入滤波电容。

注意：电源变压器一次绕组的两个接线端与电源插头线的连接处应用套管套上，然后再用绝缘胶布包住，以防止短路或触电。

3. 测试

检查元器件安装正确无误后，接通电源。

（1）整流电路测量（断开开关 S1、S2） 用数字式万用表交流电压档测量图 3-19 中的 A、B 端电压 u_2，用直流电压档测量直流输出电压 U_L，记录在表 3-3 中。用示波器观察 u_2 和 U_L 的波形，并绘制在表 3-5 中。

（2）整流、滤波电路的测量 将开关 S1 闭合，S2 断开，接滤波电容 C_1，用数字式万用表测量输出电压，并用示波器观察其波形，绘制在表 3-5 中。将开关 S1 断开，S2 闭合，接滤波电容 C_2，用数字式万用表测量输出电压，并用示波器观察其波形，也绘制在表 3-5 中。

表 3-5 桥式整流、电容滤波电路测试记录表

测试条件	变压器二次电压 u_2		输出电压 U_L	
	有效值/V	波形	有效值/V	波形
S1、S2 断开		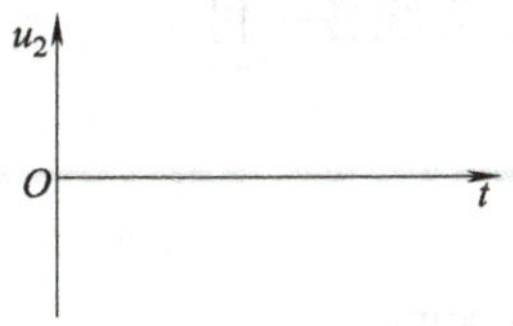		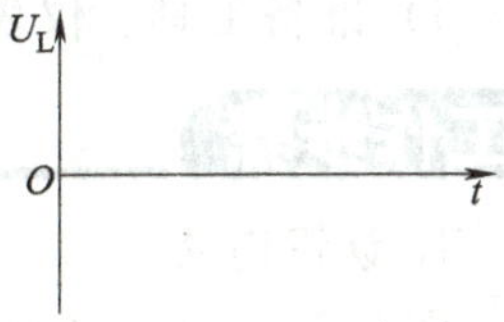
S1 闭合、S2 断开		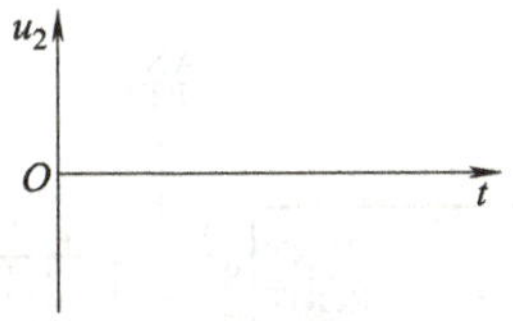		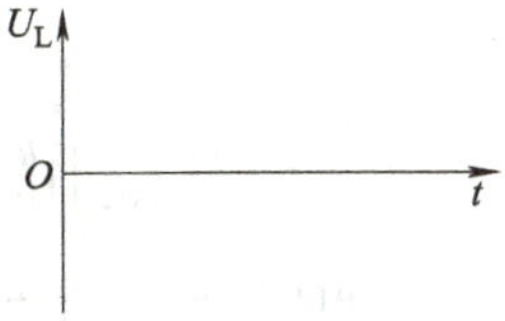
S1 断开、S2 闭合		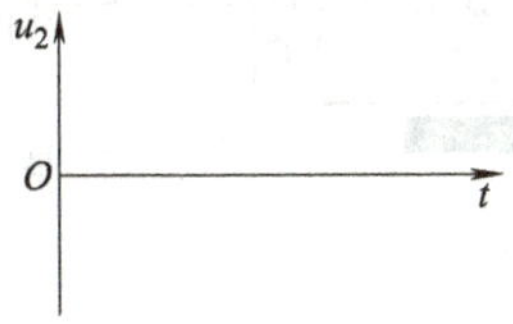		

任务四 制作一个调频收音机

工作任务

1）利用 YL291 模块搭接电路。

2）加电收听效果。

3）提交一份测量报告。

工作指引

1）准备 YL291 模块：EDM304 FM 接收模块、EDM001 单片机主机模块、EDM403-8

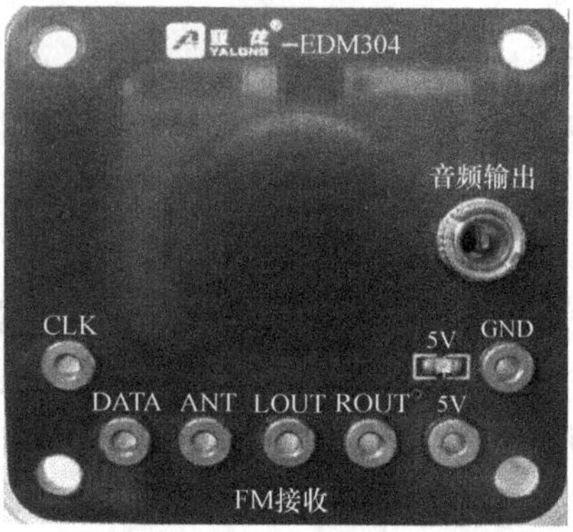

图 3-20 EDM304 调频收音模块

按键模块。

2）准备各种连接导线。

3）准备工具、仪表与耗材：耳机、天线各一付。

工作步骤

1. 认识电路

图 3-21 所示为 FM 收音模块电路原理图。

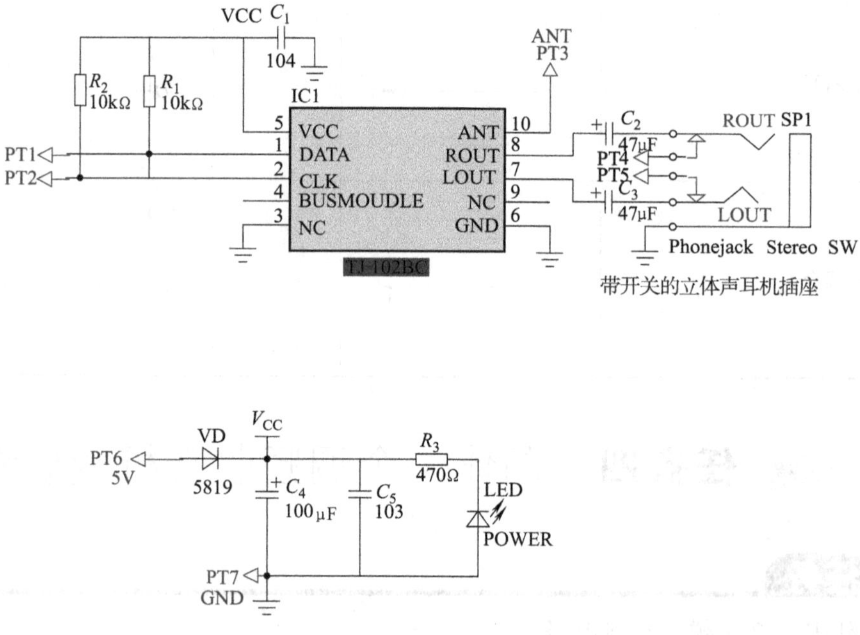

图 3-21 FM 收音模块电路原理图

TJ-102BC 是 FM 收音芯片，内部包含高放、混频，中放、鉴频、立体声解码、功放电路，组成了一个完整的 FM 收音电路，收音频率范围为 76～108MHz，自动数字调谐。图中 C_2 和 C_3 为耦合电容，C_4 为滤波电容，C_5 为退耦电容。

实物电路接口说明：

ANT：天线接口；

DATA：数据端口；

CLK：时钟端口；

LOUT：左声道输出；

ROUT：右声道输出。

2. 利用 YL291 模块搭接电路

1）将所有模块的 GND、5V 分别相连，然后接到实验台的稳压电源上。

2）EDM304 模块的数据端口 DATA 接单片机的 P1.0 端口，时钟端口接单片机的 P1.1 接口。

3）用软导线作为天线，接 EDM304 模块的 ANT 端口。

4）将 EDM403 模块的前 4 个按键接到单片机的 P1.2～P1.5 端口上，作为 FM 搜索电台的控制按键。

5）在音频输出端接上一个立体声耳机。

3. 加电

接通电源，用 EDM403 模块中的按键搜台，收听调频电台广播。

相关知识

1. 电容的容量标称法

电容的容量单位为法拉，用 F 表示。在实际使用中法拉这个单位太大，常用毫法（mF）、微法（μF）、纳法（nF）和皮法（pF）作单位，其换算公式如下：

$$1\text{mF}=10^{-3}\text{F}$$

$$1\mu\text{F}=10^{-6}\text{F}$$

$$1\text{nF}=10^{-9}\text{F}$$

$$1\text{pF}=10^{-12}\text{F}$$

2. 电容器型号命名法

电容器型号命名法见表 3-6。

表 3-6 电容器型号命名法

第一部分:主称		第二部分:材料		第三部分:特征、分类						第四部分:序号
符号	意义	符号	意义	符号	意义					
					瓷介	云母	玻璃	电解	其他	
	电容器	C	瓷介	1	圆片	非密封	—	箔式	非密封	对主称、材料相同,仅尺寸、性能指标略有不同,但基本不影响互换使用的产品,给予同一序号;若尺寸性能指标的差别明显,影响互换使用时,则在序号后面用大写字母作为区别代号
		Y	云母	2	管形	非密封	—	箔式	非密封	
		I	玻璃釉	3	叠片	密封	—	烧结粉固体	密封	
		O	玻璃膜	4	独石	密封	—	烧结粉固体	密封	
		Z	纸介	5	穿心	—	—	—	穿心	
		J	金属化纸	6	支柱	—	—	—	—	
		B	聚苯乙烯	7	—	—	—	无极性	—	
		L	涤纶	8	高压	高压	—	—	高压	
		Q	漆膜	9	—	—	—	特殊	特殊	

（续）

第一部分:主称		第二部分:材料		第三部分:特征、分类						第四部分:序号
符号	意义	符号	意义	符号	意义					
					瓷介	云母	玻璃	电解	其他	
	电容器	S	聚碳酸酯	J	金属膜					对主称、材料相同，仅尺寸、性能指标略有不同，但基本不影响互换使用的产品，给予同一序号；若尺寸性能指标的差别明显，影响互换使用时，则在序号后面用大写字母作为区别代号
		H	复合介质	W	微调					
		D	铝							
		A	钽							
		N	铌							
		G	合金							
		T	钛							
		E	其他							

示例：

(1) 铝电解电容器 铝电解电容器型号含义如图 3-22 所示。

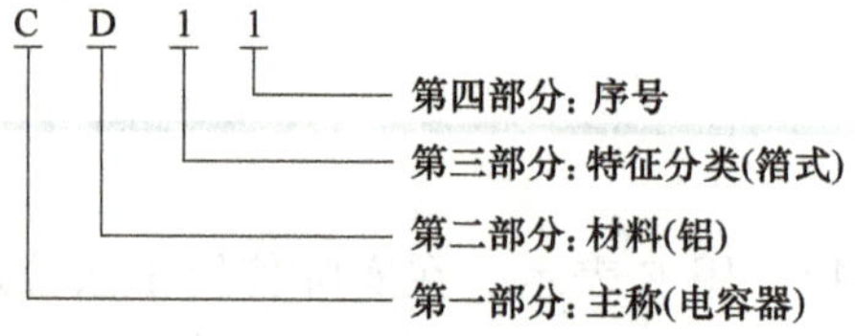

图 3-22 铝电解电容器型号含义

(2) 圆片形瓷介电容器 圆片形瓷介电容器型号含义如图 3-23 所示。

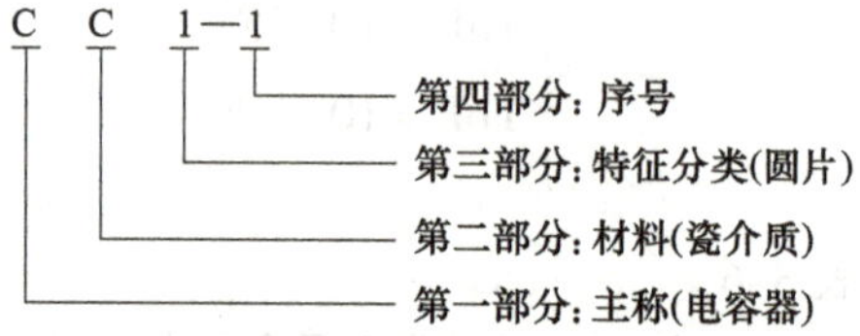

图 3-23 圆片形瓷介电容器型号含义

(3) 纸介金属膜电容器 纸介金属膜电容器型号含义如图 3-24 所示。

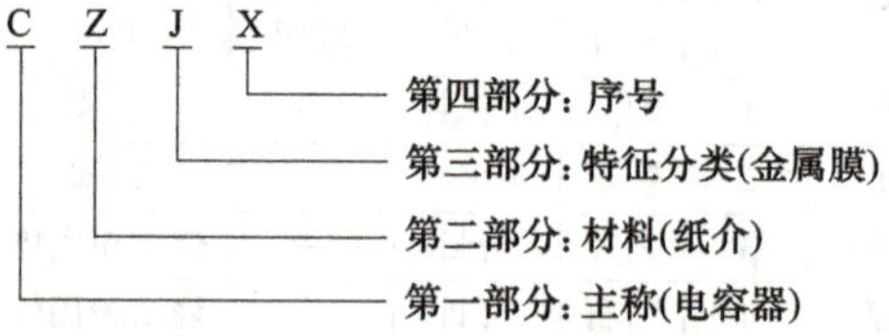

图 3-24 纸介金属膜电容器型号含义

3. 电容器的主要技术指标

(1) 电容器的耐压 常用固定式电容的直流工作电压系列为 6.3V、10V、16V、25V、40V、63V、100V、160V、250V、400V。

(2) 电容器允许误差等级 常见的有七个等级见表3-7。

表3-7 电容器允许误差等级

允许误差	±2%	±5%	±10%	±20%	20% -30%	50% -20%	100% -10%
级别	0.2	Ⅰ	Ⅱ	Ⅲ	Ⅳ	Ⅴ	Ⅵ

注：电容常用字母代表误差，例如，B：±0.1%，C：±0.25%，D：±0.5%，F：±1%，G：±2%，J：±5%，K：±10%，M：±20%，N：±30%，Z：80%、-20%等。

(3) 标称电容量 固定式电容器标称容量系列和允许误差见表3-8。

表3-8 固定式电容器标称容量系列和允许误差

系列代号	E24	E12	E6
允许误差	±5%(Ⅰ)或(J)	±10%(Ⅱ)或(K)	±20%(Ⅲ)或(M)
标称容量对应值	10,11,12,13,15,16,18,20,22,24,27,30,33,36,39,43,47,51,56,62,68,75,82,90	10,12,15,18,22,27,33,39,47,56,68,82	10,15,22,23,47,68

注：标称电容量为表中数值或表中数值再乘以10^n，其中n为正整数或负整数，单位为pF。

4. 电容器的标识方法

(1) 直标法 容量单位：F（法拉）、μF（微法）、nF（纳法）、pF（皮法或微微法）。

1法拉$=10^6$微法$=10^{12}$皮法， 1微法$=10^3$纳法$=10^6$皮法

1纳法$=10^3$皮法

例如：4n7表示4.7nF或4700pF，0.22表示0.22μF，51表示51pF。

有时用大于1的两位以上的数字表示单位为pF的电容，例如101表示100pF；用小于1的数字表示单位为μF的电容，例如0.1表示0.1μF。

(2) 数码表示法 一般用三位数字来表示容量的大小，单位为pF。前两位为有效数字，后一位表示倍率，即乘以10^i，i为第三位数字，若第三位数字9，则乘10^{-1}。如223J代表22×10^3pF = 22000pF = 0.022μF，允许误差为±5%；又如，479K代表47×10^{-1}pF，允许误差为±5%。这种表示方法最为常见。

(3) 色码表示法 这种表示法与电阻器的色环表示法类似，颜色涂于电容器的一端或从顶端向引线排列。色码一般只有三种颜色，前两环为有效数字，第三环为位率，单位为pF。有时色环较宽，如红红橙，两个红色环涂成一个宽的，表示22000pF。

5. 电容的分类、特点及应用

电容的分类、特点及应用见表3-9。

表3-9 电容的分类、特点及应用

电容名称	容量范围	额定电压/V	特　点	应　用
铝电解电容器	0.47~10000μF	6.3~450	体积小，容量大，损耗大，漏电大	电源滤波、低频耦合、去耦、旁路等
钽电解电容器(CA) 铌电解电容(CN)	0.1~1000μF	6.3~125	损耗、漏电小于铝电解电容	在要求高的电路中代替铝电解电容

（续）

电容名称		容量范围	额定电压/V	特　　点	应　　用
薄膜电容器	聚酯（涤纶）电容（CL）	40pF～4μF	63～630	体积小，容量大，耐热耐湿，稳定性差	对稳定性和损耗要求不高的低频电路
	聚苯乙烯电容（CB）	10pF～1μF	100～3×10^4	稳定，低损耗，体积较大	对稳定性和损耗要求较高的电路
	聚丙烯电容（CBB）	1000pF～10μF	63～2000	性能与聚苯乙烯电容相似，但体积小，稳定性略差	代替大部分聚苯或云母电容，用于要求较高的电路
瓷介电容器	高频瓷介电容（CC）	1～6800pF	63～500	高频损耗小，稳定性好	高频电路
	低频瓷介电容（CT）	10pF～4.7μF	50～100	体积小，价廉，损耗大，稳定性差	要求不高的低频电路
独石电容器（多层陶瓷电容器）		0.5pF～1μF	两倍额定电压	电容量大、体积小、可靠性高、电容量稳定，耐高温耐湿性好等	谐振、耦合、滤波、旁路
微调电容器	薄膜介质	可变电容量：1～29pF		损耗较大，体积小	收录机、电子仪器等电路中作电路补偿
	陶瓷介质	可变电容量：0.3～22pF		损耗较小，体积较小	精密调谐的高频振荡回路
可变电容器		可变电容量：100～1500pF		损耗小，效率高	电子仪器、广播电视设备等
玻璃釉电容器（CI）		10pF～0.1μF	63～400	稳定性较好，损耗小，耐高温（200℃）	作脉冲、耦合、旁路等电路

6. 贴片电容

(1) 贴片电容的分类　与普通电容一样，贴片电容也有多层陶瓷电容、高频圆柱状电容、铝电解电容、钽电解电容和微调电容等类型。表3-10列出了各种贴片电容的外形特征。

表3-10　贴片电容的外形特征

名　　称	外 形 特 征
多层陶瓷电容	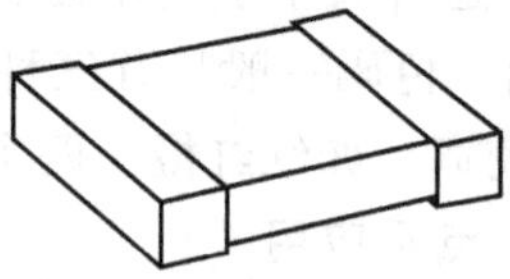
高频圆柱状电容	
铝电解电容	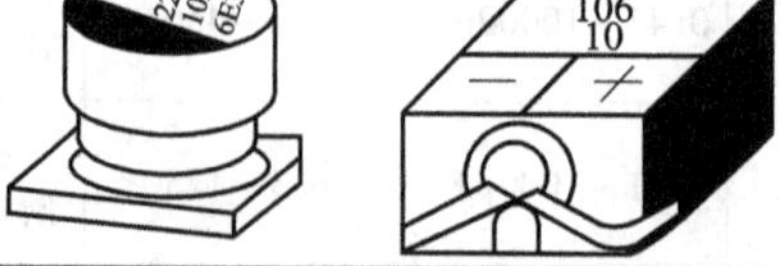

（续）

名　　称	外 形 特 征
钽电解电容	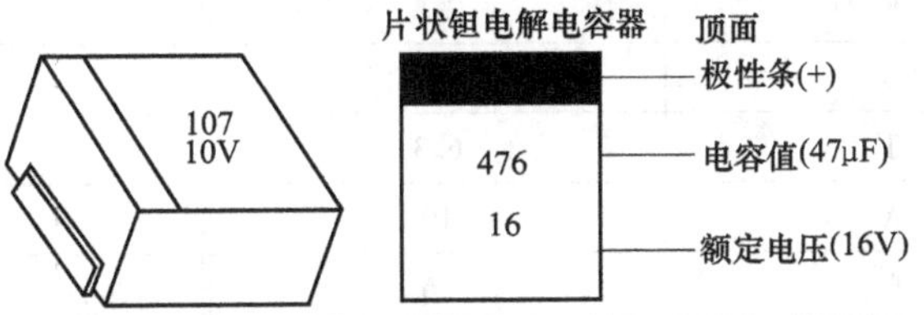
微调电容	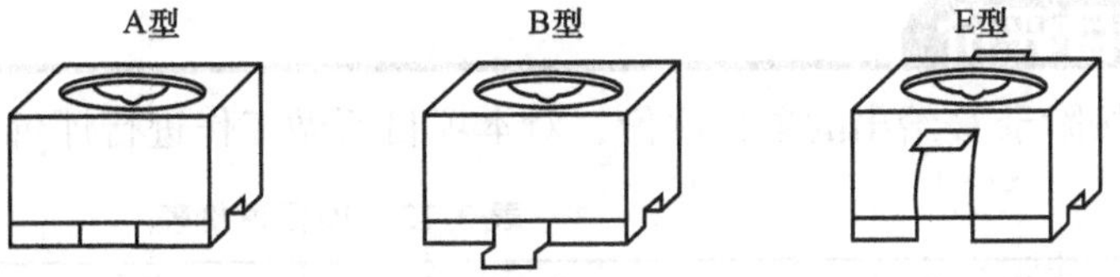

（2）贴片电容的标识方法

1）多层陶瓷贴片电容。贴片陶瓷电容的标识码通常由三位代码（厂商代码、有效数字、倍率）组成，有时厂商代码可以省略。表3-11列出了贴片电容的标识字母与有效数字的对应关系。

例如：S3表示此电容的容量为4.7×10^3pF，KA2表示此电容由Kamet公司生产，A2表示容量为1.0×10^2pF，即100pF。

表3-11　标识字母与有效数字的对应关系

字母	有效数字	字母	有效数字	字母	有效数字	字母	有效数字
A	1.0	J	2.2	S	4.7	a	2.5
B	1.1	K	2.4	T	5.1	b	3.5
C	1.2	L	2.7	U	5.6	d	4.0
D	1.3	M	3.0	V	6.2	e	4.5
E	1.5	N	3.3	W	6.8	ef	5.0
F	1.6	P	3.6	X	7.5	m	6.0
G	1.8	Q	3.9	Y	8.2	n	7.0
H	2.0	R	4.3	Z	9.1	t	8.0
						y	9.0

2）贴片电解电容。贴片电解电容需要标注出的参数主要有容量和耐压值。比如10V6代表电解电容的容量为10μF，耐压值为6V。有时贴片电解电容不使用这种直接标注法，而使用代码法标注。表3-12中列出了贴片电解电容代码与耐压值之间的对应关系。

例如，若某一贴片电解电容标识代码为A475，则A表示耐压值为10V，47表示电容容量的有效数字为47，代码5表示10^5，则此贴片电解电容的容量为$47\times10^5\text{pF}=4.7\mu\text{F}$。

表 3-12 贴片电解电容代码与耐压值之间的对应关系

字　母	代表的耐压值/V	字　母	代表的耐压值/V
E	2.5	D	20
G	4	E	25
J	6.3	V	35
A	10	H	50
C	16		

项目评价

按附录 C 给出的项目评价，对本项目所做工作进行评价，并填入表 3-13 中。

表 3-13 项目评价表

评价项目	自我评价	小组评价	教师评价
元器件的识别			
元器件的测量			
模块搭建			
仪器仪表的使用			
知识点的掌握			
小组成员的合作			
安全文明操作			

项目四 电感器与变压器

电感器也叫电感，也是构成电路的基本元件，在电路中可阻碍交流电的通过，其基本特性是通低频、阻高频，在交流电路中可实现扼流、降压、谐振等作用。

电阻和电容都是标准元件，而电感除了少数可采用的现成标准元件外，通常为非标准元件，需要根据电路要求自行设计、制作或要求厂家定制。

变压器是将两组或两组以上的线圈绕在同一个线圈骨架上，或绕在同一铁心上制成的。若线圈是空心的，就是空心变压器；若在绕制的线圈中插入了铁氧体磁心的便称为铁氧体磁心变压器；如果在线圈中插入铁心，则称为铁心变压器。

任务一 电感器的识别

工作任务

1）认识常用的电感外形特征。

2）会识读电感上的标识和电气符号。

工作指引

准备元器件：清单见表4-1。

表4-1 元器件清单

序　　号	元器件名称	数　　量
L_1	色码电感	1
L_2	贴片电感	1
L_3	磁心线圈电感	1
L_4	磁心线圈可调电感	1
L_5	铁心线圈电感（扼流圈）	1
L_6	空心线圈电感	1
L_7	小型固定电感	1
T	中频变压器（中周）	1

工作步骤

(1) 电感的电气符号 图4-1所示为常见电感的电气符号。

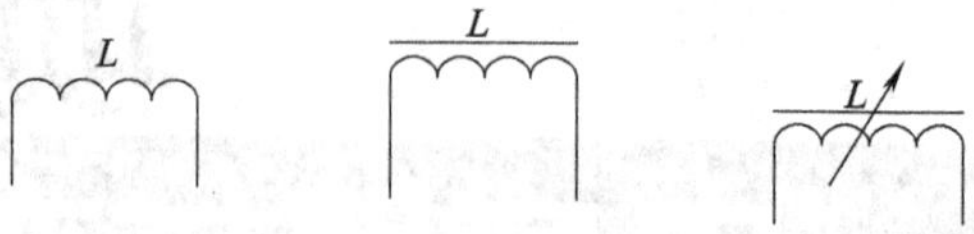

a) 空心线圈电感　b) 带磁心的电感　c) 带磁心的可调电感

图4-1　常见电感的电气符号

(2) 认识常用电感的外形 常用电感实物图及其应用特点见表4-2。

表4-2　常用电感实物图及其应用特点

名　称	外　形	应用特点
空心线圈电感	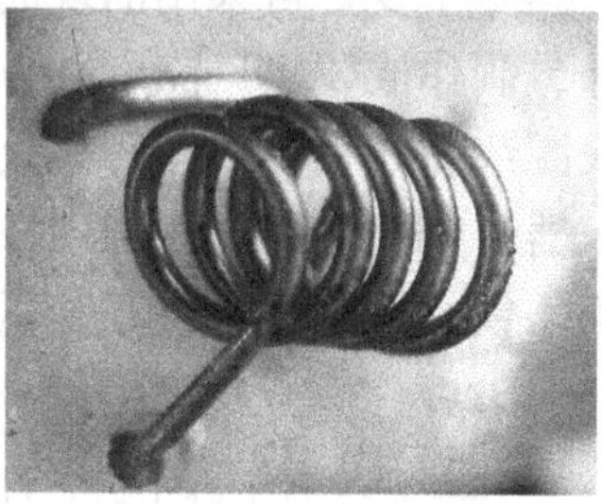	常用于高频电路中,调整其线圈的形状与间距就可以调整其电感量的大小
带磁环的电感		通常用作滤波器,适用于各种电源的抑噪、滤波电路
色码电感	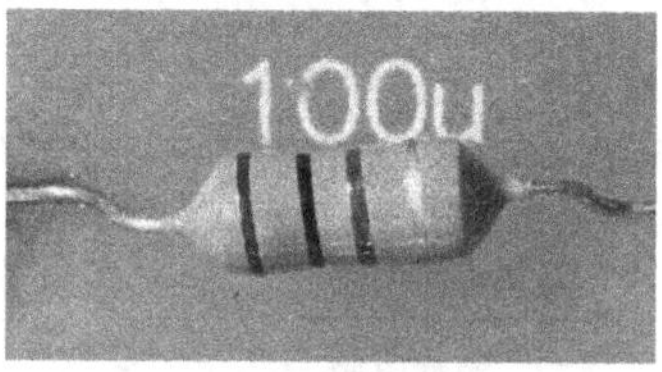	外形与电阻相似,区别是电感两端呈圆锥状,色码电感适用于频率范围为10kHz～200MHz的各种电路中
立式电感		主要用于电源、通信设备等电子电路中

（续）

名　称	外　形	应用特点
铁心线圈电感		常与电容器组成滤波电路
贴片电感		主要用于手机、MP3 等集成度要求较高的电路中
带磁心的可调电感		常用于收音机、电视机、无线电设备等高频电路中

任务二　检 测 电 感

工作任务

1）通过外观判断电感好坏。

2）用万用表电阻档检测电感。

3）检查电感线圈的绝缘。

4）检查磁心可调电感是否可调。

工作指引

1）准备元器件：清单见表 4-1。

2）工具、仪表与耗材：指针式万用表一块、无感螺钉旋具一把。

工作步骤

1. 外观检查

观察电感线圈引线是否断裂、脱焊，绝缘材料是否烧焦，表面是否破损。

2. 使用万用表检查

通过指针式万用表测量电感线圈的阻值来判断其好坏，即检测电感是否有短路、断路或绝缘不良等情况。一般电感线圈的直流阻值很小（零点几欧姆），由于低频扼流圈的电感量大，其线圈的圈数相对较多，因此直流电阻相对较大（几百至几千欧姆）。当测得的电阻为无穷大时，表明线圈内部或引出端已经断线；如果测得的电阻为零，则说明电感内部短路。

3. 绝缘检查

对低频扼流圈，应检查线圈和铁心之间的绝缘电阻，即检查线圈引出线与铁心或金属屏蔽罩之间的电阻，阻值应该为无穷大，否则说明该电感绝缘不良。

4. 检查磁心可调电感

可调磁心应不松动、未断裂，且应能够使用无感螺钉旋具进行伸缩调整。

5. 电感量的测量

测量电感量时需要使用万用电桥或电感测试仪，因使用较少，这里不作详述。

动手做

识别并检测元器件盒中的电感，测量电感的阻值，并将读取的标称值和测量数据填入表4-3中。

表4-3 读取的标称值与实际测量结果

序号	电感名称	标称电感量	电感实测阻值	所用万用表档位
1				
2				
3				
4				
5				
6				

相关知识

1. 电感的命名和标注方法

电感的名称由主称、特征、形式和区别代号四部分组成，如图4-2所示。

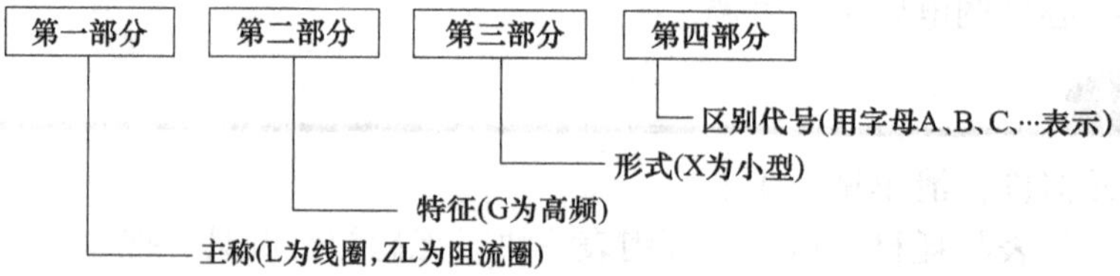

图4-2 电感的名称

例如，LGX的含义是小型高频电感线圈。

电感的标注方法目前有直标法和色标法两种。

（1）直标法 小型固定电感通常采用直标法来标注，直标法是指将电感的主要参数，如电感量、误差值、最大直流工作电流等参数用文字直接标注在电感器的外壳上。其中，最大工作电流常用字母 A、B、C、D、E 等标注，标志字母和电流的对应关系见表 4-4。

表 4-4 标志字母

标志字母	A	B	C	D	E
最大工作电流/mA	50	150	300	700	1600

小型固定电感的误差等级有Ⅰ、Ⅱ、Ⅲ三级，Ⅰ级为 ±5%，Ⅱ级为 ±10%，Ⅲ级为 ±20%。对体积较大的电感线圈，其电感量、误差等级及标称电流一般在外壳上直接标注。

例如，电感外壳上标有 22μH、A、Ⅱ等字样，如图 4-3 所示，表示这个电感的电感量为 22μH，误差为Ⅱ级（±10%），最大工作电流为 A 档（50mA）。

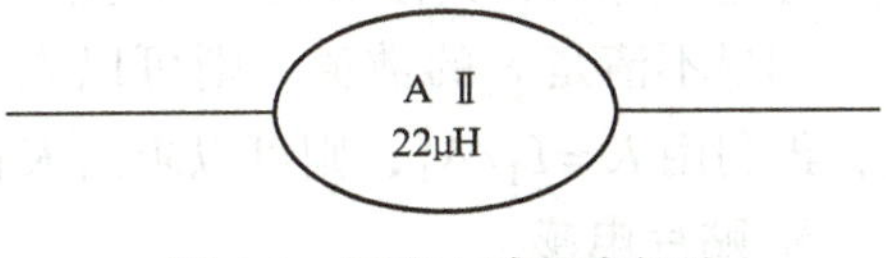

图 4-3 固定电感的直标法

（2）色标法 色标法是指在电感的外壳涂上各种不同颜色的环，用来标注其主要参数，主要有四色环电感和五色环电感两种。识读色环时，最靠近某一端的第一条色环表示电感量的第一位有效数字；第二条色环表示第二位有效数字；第三条色环表示 10^n 倍乘数；第四条表示误差。其数字与颜色的对应关系和色环电阻标注法相同，单位为微亨（μH）。图 4-4 为电感色标的含义。

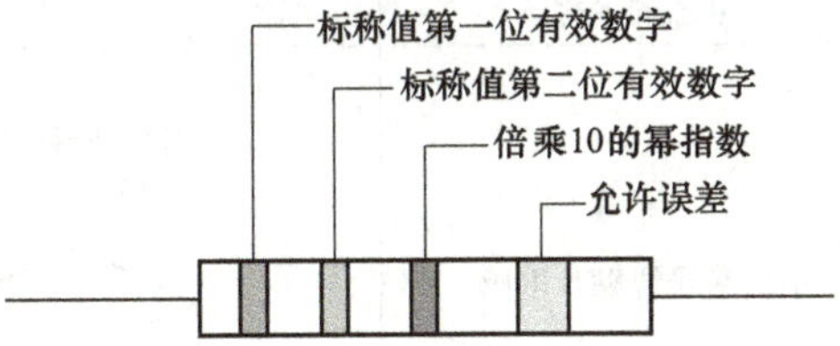

图 4-4 电感色标的含义

例如，某一电感的色环标志依次为：棕、红、红、银，则表示其电感量为 12×10^2μH，允许误差为 ±10%。

注意读取标称值时应先找出第四道色环，第四道色环一般离其他三道色环的距离较远一些，颜色也只有金和银两种，或者没有第四道色环即无色。

五色环电感与四色环电感之间的不同之处：前三色环是有效数值，第四色环是倍乘 10 的幂指数，第五色环是误差。

色环表示法规则见表 4-5。

表 4-5 色环表示法规则

颜色	无	银	金	黑	棕	红	橙	黄	绿	蓝	紫	灰	白
第一位有效值	—	—	—	0	1	2	3	4	5	6	7	8	9
第二位有效值	—	—	—	0	1	2	3	4	5	6	7	8	9
第三位有效值	—	—	—	0	1	2	3	4	5	6	7	8	9
倍乘 10 的幂指数	—	-2	-1	0	1	2	3	4	5	6	7	8	9
误差(%)	±20	±10	±5	—	±1	±2	—	—	±0.5	±0.25	±0.1	±0.05	—

2. 自制小电感线圈

带磁心的线圈，其电感量与磁心的磁导率有关。根据推测，当线圈的尺寸、长度、直径以及采用的磁心材料选定后，则其相应参数就可以认为是一个确定值，即可以看成常数。此时线圈的电感值仅仅和其绕组匝数的平方成正比，即

$$L = KN^2$$

式中，N 为线圈的匝数；K 为电感系数，一般应该由厂家提供，其单位为 H/匝^2。

例如：在一个磁心上绕制一个电感线圈，已知 $L = 2\text{mH}$，$\phi = 0.2\text{mm}$，漆包线 $K = 2200\mu\text{H}/\text{匝}^2$，求其线圈的匝数 N。

经过计算可得其匝数约为 30 匝。

如果不清楚 K 的数值，则可以先在磁心上面绕 N_1 圈，用万用电桥测出其电感量 L_1，再利用 $K = L_1/N_1^2$，则可以求出 K 的值。

3. 贴片电感

(1) 分类 贴片电感有功率大小之分，小功率贴片电感器通常有三种结构：线绕贴片电感、多层贴片电感和高频贴片电感。表 4-6 中列出了部分贴片电感的外形特征示意图。

表 4-6 贴片电感的外形特征示意图

电感的名称	外形特征示意图
小功率线绕贴片电感	
大功率贴片电感	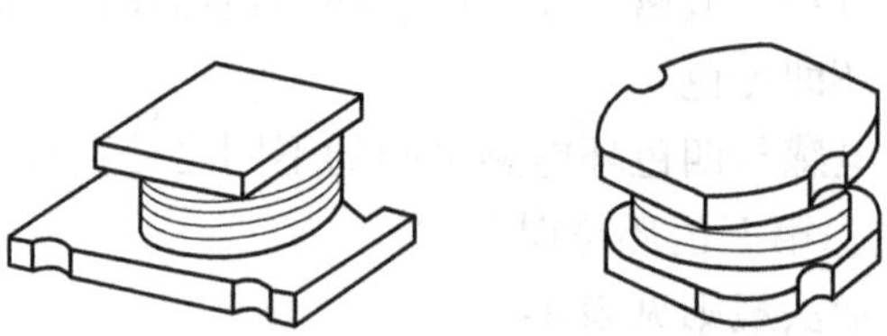

(2) 标识方法 小电感的单位有 nH 及 μH 两种，并分别用 N 或 R 表示小数点。例如：4N7 表示 4.7nH，4R7 表示 4.7μH；10N 表示 10nH，而 10μH 则用 100 来表示。

动手做

1）制作一个小电感，然后用万用电桥或电感测试仪测量其电感量。

2）在表 4-7 中填写所示电感的电感量标称值、误差等级和最大工作电流。

表 4-7　电感标称值

电感标注	电感量 L	误差等级	最大工作电流
D、Ⅱ 33μH			
B、Ⅰ 10μH			
棕棕红金(四色环)			
红棕棕黑银(五色环)			

任务三　认知变压器

工作任务

1）认识常用的变压器外形特征。

2）识读变压器上的标识和电气符号。

工作指引

准备元器件：清单见表 4-8。

表 4-8　元器件清单

序号	元器件名称	数量	序号	元器件名称	数量
1	电源变压器	1	3	低频变压器	1
2	中频变压器(中周)	1			

工作步骤

(1) 认识变压器的电气符号　图 4-5 所示为变压器的电气符号。

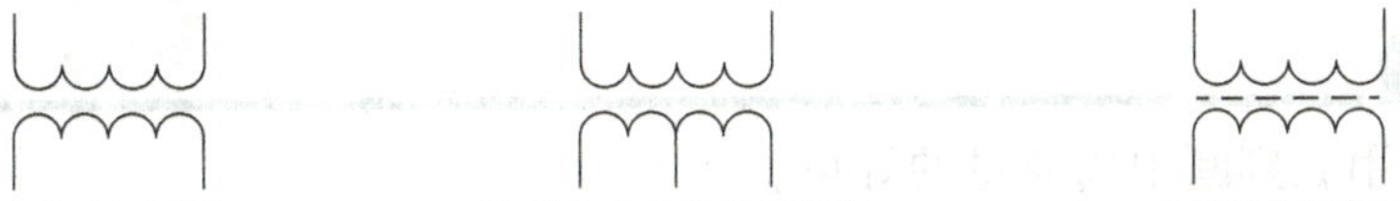

a) 空心变压器　b) 带中心抽头的变压器　c) 带磁心的变压器

图 4-5　变压器的电气符号

(2) 认识变压器的外形　表 4-9 列出了常用变压器的名称、实物图及其作用。

表 4-9　常用变压器的名称、实物图及其作用

变压器的名称	变压器的实物图	作　用
电源变压器		将 220V 交流电变换成低压交流电

（续）

变压器的名称	变压器的实物图	作　用
中频变压器(中周)		常用于无线电设备的中频放大器中,如收音机、电视机、手机的中频放大电路
低频变压器		实现阻抗匹配和最大功率传输
磁性天线		在收音机的输入回路中,起信号耦合的作用

任务四　中周的检测

工作任务

1）使用万用表判断中周质量的好坏。

2）提交一份测量报告。

工作指引

1）准备元器件：收音机中周一个。

2）准备工具、仪表与耗材：指针式万用表一块。

工作步骤

1. 中周的检测

将万用表拨至 R×1 档，按照中周的各绕组引脚排列规律，逐一检查各绕组的通断情况，进而判断其是否正常。

2. 检测绝缘性能

将万用表置于 R×10k 档，测量如下几个参数：

1）一次绕组与二次绕组之间的电阻值；

2）一次绕组与外壳之间的电阻值；

3）二次绕组与外壳之间的电阻值。

3. 记录测量数据

分别记录上述几个参数的测量值，填入表 4-10 中，并判断通断情况。

表 4-10　中周各引脚之间的阻值实测结果

引　脚	实 测 阻 值	所用万用表档位
1 脚与 2 脚		
3 脚与 5 脚		
4 脚与 5 脚		
1 脚与铁心		
4 脚与铁心		
3 脚与 4 脚		
1 脚与 3 脚		
1 脚与外壳		
4 脚与外壳		

任务五　电源变压器的检测

工作任务

1）识别并检测电源变压器。

2）提交一份测量报告。

工作指引

1）准备元器件：带中心抽头的电源变压器 1 个。

2）准备工具、仪表与耗材：指针式万用表 1 块。

工作步骤

1. 检测电源变压器

通过观察变压器的外貌来检查其是否有明显异常现象。如线圈引线是否断裂、脱焊，绝缘材料是否有烧焦痕迹，铁心紧固螺栓是否松动，硅钢片是否锈蚀，绕组线圈是否外露等。

2. 绝缘性能测试

用万用表 R×10k 档分别测量铁心与一次绕组、一次绕组与各二次绕组、铁心与各二次绕组、静电屏蔽层与二次绕组间的电阻值，万用表指针均应指在无穷大位置不动。否则，说明变压器绝缘性能不良。

3. 线圈通断的检测

将万用表置于 R×1 档，测试各绕组电阻值。若某个绕组的电阻值为无穷大，则说明此绕组有断路故障。

4. 判别一、二次绕组

电源变压器一次绕组引脚和二次绕组引脚一般是分别从两侧引出的，且一次绕组多标有“220V”字样，二次绕组则标出额定电压值，如 15V、24V、35V 等。可根据这些标记进行识别。

5. 空载电压的测量

在电源变压器的一次绕组接 220V 市电，用万用表交流电压档依次测出各绕组的空载电压值。

动手做

用万用表测量变压器各引脚之间的阻值及绝缘性能，并填入表 4-11 中。(其中 1 脚与 2 脚为一次绕组，3、4、5 脚为二次绕组，4 脚为中心抽头)

表 4-11 变压器各引脚之间的阻值实测结果

引　脚	实 测 阻 值	所用万用表档位
1 脚与 2 脚		
3 脚与 4 脚		
3 脚与 5 脚		
4 脚与 5 脚		
1 脚与铁心		
4 脚与铁心		

动手做

在电源变压器的一次绕组接 220V 市电，用万用表测量变压器空载电压值，将测得数据填入表 4-12 中。

表 4-12 变压器输出空载电压值实测结果

引　脚	实测输出空载电压值	所用万用表档位
3 脚与 4 脚		
3 脚与 5 脚		
4 脚与 5 脚		

相关知识

1. 变压器的命名方法

变压器的型号是根据变压器的用途来命名的，常见的变压器命名方法如图 4-6 所示。

(1) 低频变压器的型号命名 低频变压器的型号命名由下列三部分组成，如图 4-6 所示。

第一部分：主称，用字母表示，表 4-13 列出了低频变压器型号主称字母及其代表的意义。

表 4-13 低频变压器型号主称字母及其代表的含义

主称字母	含义	主称字母	含义
DB	电源变压器	HB	灯丝变压器
CB	音频输出变压器	SB 或 ZB	音频(定阻式)输送变压器
RB	音频输入变压器	SB 或 EB	音频(定压式或自耦式)输送变压器
GB	高压变压器		

第二部分：功率，用数字表示，单位是 W。

第三部分：序号，用数字表示，用来区别不同的产品。

(2) 调幅收音机中频变压器的型号命名 中频变压器型号命名由下列三部分组成，如图 4-7 所示。

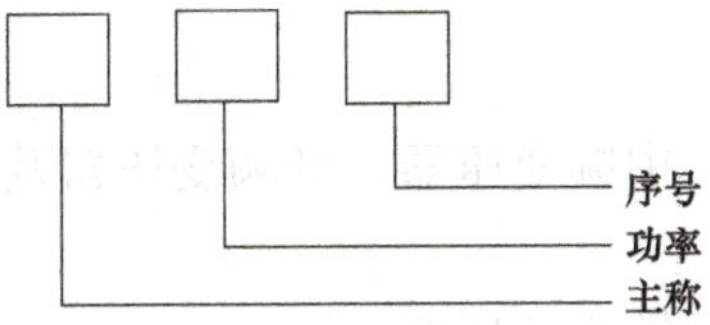

图 4-6 低频变压器的型号命名

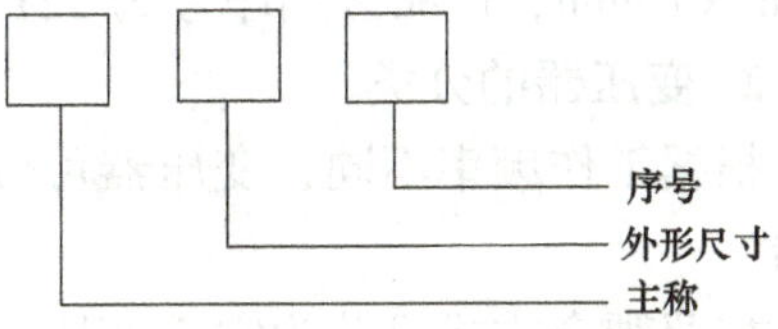

图 4-7 中频变压器型号命名

第一部分：主称，由字母的组合表示名称、用途及特征。

第二部分：外形尺寸，由数字表示。

第三部分：序号，用数字表示，代表级数。1 表示第一级中频变压器，2 表示第二级中频变压器，3 表示第三级中频变压器。表 4-14 列出了调幅收音机中频变压器主称代号及外形尺寸数字代号。

表 4-14 调幅收音机中频变压器主称代号及外形尺寸数字代号

主称代号		外形尺寸代号	
字母	名称、用途、特征	数字	代表尺寸/(mm×mm×mm)
T	中频变压器	1	7×7×12
L	线圈或振荡线圈	2	10×10×14
T	磁心式	3	12×12×16
F	调幅收音机用	4	20×25×36
S	短波用		

例如，TTF-2-2 中周变压器的型号表示调幅式收音机用的磁心式中频变压器，其外形尺寸为 10mm×10mm×14mm，为第二级中频放大器用的中频变压器。

(3) 电视机中频变压器的命名 电视机中频变压器由下列四部分组成：

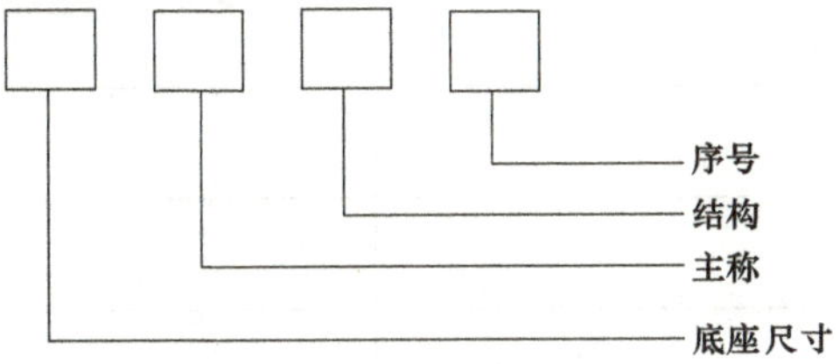

图 4-8 电视机中频变压器的命名

第一部分：底座尺寸，用数字表示，例如，10 表示 10mm×10mm。

第二部分：主称，用字母表示名称及用途，见表 4-15。

表 4-15 电视机中频变压器主称代号及意义

主称字母	代表意义	主称字母	代表意义
T	中频变压器	V	图像回路
L	线圈	S	伴音回路

第三部分：结构，用数字表示，2 为磁帽调节式，3 为螺杆调节式。

第四部分：序号，用数字表示。

例如，10TS2221 型中频变压器，表示磁帽调节式伴音中频变压器，底座尺寸为 10mm×10mm，产品区别序号为 221。

2. 变压器的分类

根据工作频率不同，变压器可分为高频变压器、中频变压器、低频变压器及脉冲变压器。

按照耦合方式可分为空心变压器、磁心变压器及铁心变压器。

3. 变压器的作用

变压器具有交流信号的耦合、电压变换、阻抗变换、电源隔离、倒相、多路输出等作用。

动手做

1）测量多抽头电源变压器的各路输出电压值。

2）测量音频变压器，找出其输入和输出端。

项目评价

根据附录 C 中给出的项目评价标准，对本项目工作进行评价，并填入表 4-16 中。

表 4-16 项目评价表

评价项目	自我评价	小组评价	教师评价
元器件的识别			
元器件的测量			
模块搭建			
仪器仪表的使用			
知识点的掌握			
小组成员的合作			
安全文明操作			

项目五
二极管

二极管是用半导体材料制成的，因此称为半导体二极管，因其化学结构为晶状体，又称为晶体二极管，其核心是一个 PN 结，基本特性是单向导电性。二极管广泛应用于各种电子设备中。

任务一　二极管识别与测量

工作任务

1）认识二极管的外形特征。

2）认识各种二极管的电气符号。

工作指引

1）准备元器件：清单见表 5-1。

表 5-1　元器件清单

序号	元器件名称	规　格	数　量
1	检波二极管	2AP9、2CP10	4
2	整流二极管	1N4001、1N4007	2
3	开关二极管	1N4148	2
4	稳压二极管	1N4742	1
5	发光二极管	单色、双色发光二极管	6
6	红外发射二极管		1
7	红外接收二极管		1
8	贴片二极管	1N4148	2
9	贴片发光二极管	贴片 LED	2

2）准备工具、仪表与耗材：数字式万用表和指针式万用表各一块。

工作步骤

1. 普通二极管的识别

普通二极管按照作用可以分为检波、整流、开关三大类，其电气符号如图 5-1 所示，三角一端为二极管的正极，竖线一端为二极管的负极。

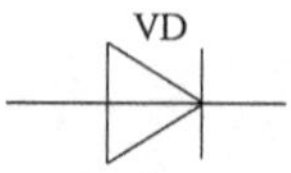

图 5-1 普通二极管的电气符号

(1) 检波二极管 图 5-2 为检波二极管 2AP9 实物图，带黑色条纹标志的一脚为二极管的负极，无标志的引脚为二极管的正极。

(2) 整流二极管 图 5-3 为整流二极管 1N4007，封装形式为 DO-41，有灰色带标记的引脚为二极管的负极，另外无标记的引脚为正极。

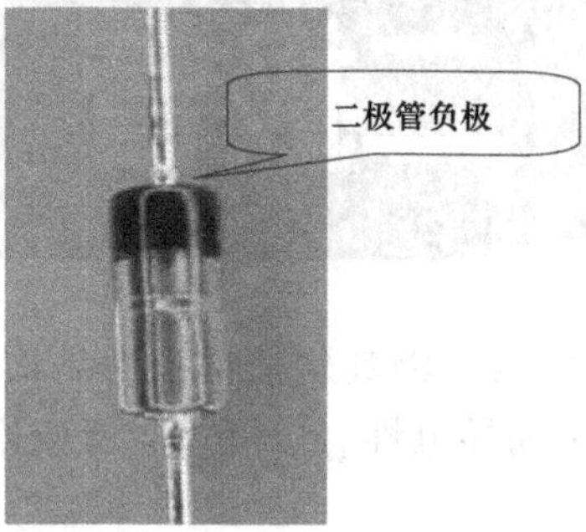

图 5-2 检波二极管（2AP9）实物图

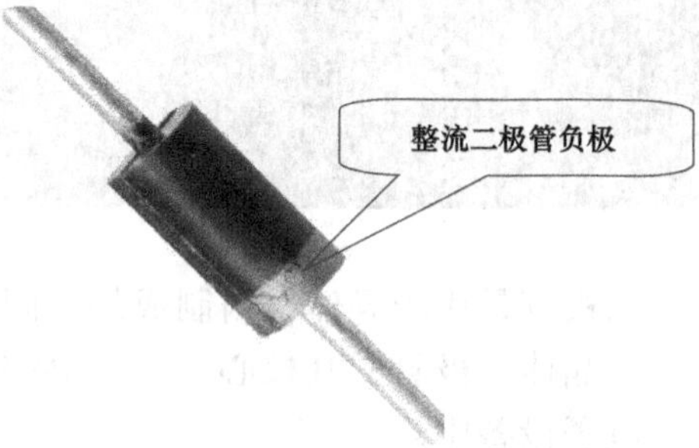

图 5-3 整流二极管（1N4007）实物图

(3) 开关二极管 图 5-4 为开关二极管 1N4148，有黑色带标记的引脚为二极管的负极，另外无标记的引脚为正极。

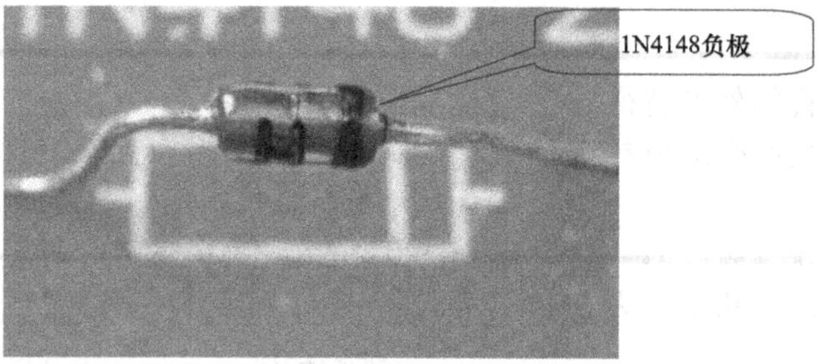

图 5-4 开关二极管（1N4148）实物图

2. 特殊二极管的识别

(1) 稳压二极管

1）单向稳压二极管。图 5-5、图 5-6 分别为单向稳压二极管的实物图和电气符号。

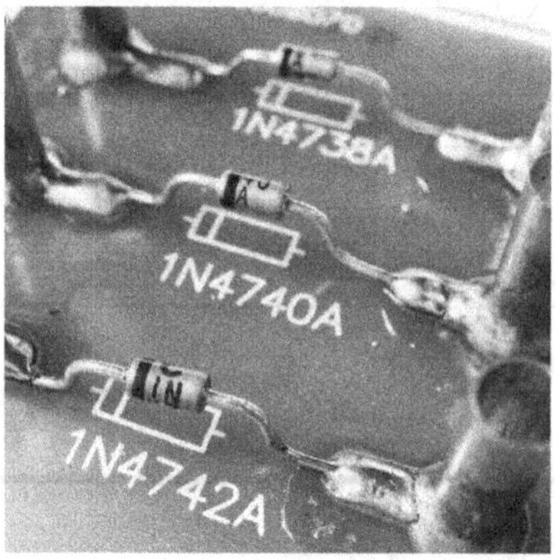

图 5-5 单向稳压二极管的实物图

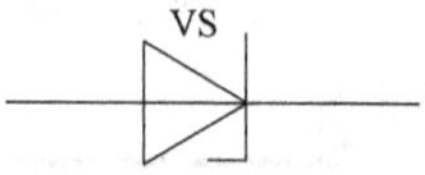

图 5-6 单向稳压二极管的电气符号

从外形上看，金属封装稳压二极管管体的正极一端为平面形，负极一端为半圆面形。塑封稳压二极管管体上印有彩色标记的一端为负极，另一端为正极。

2）双向稳压二极管。图 5-7 所示为双向稳压二极管，它由两个稳压二极管对接而成，从外形上看不出极性，图 5-8 为双向稳压二极管的电气符号。

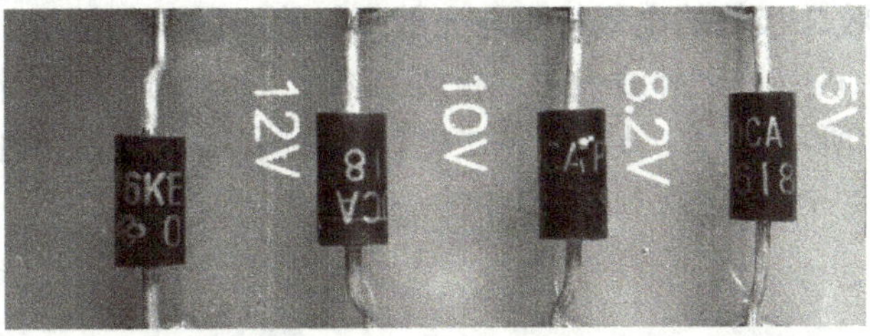

图 5-7 双向稳压二极管的实物图

(2) 发光二极管 发光二极管可以简称为 LED，可以发出白、红、黄、绿和蓝五种颜色的光，按照发光颜色数多少不同可分为单色和双色发光二极管两大类，如图 5-9 所示，三个引脚的发光二极管为双色发光二极管，其中一脚为公共端，另外两个引脚加不同的电压可以显示不同的颜色。图 5-10为发光二极管的电气符号。

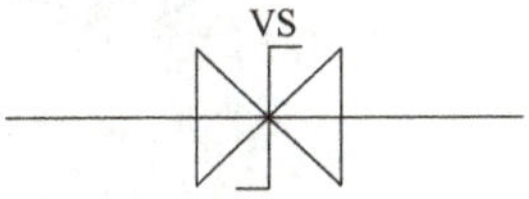

图 5-8 双向稳压二极管的电气符号

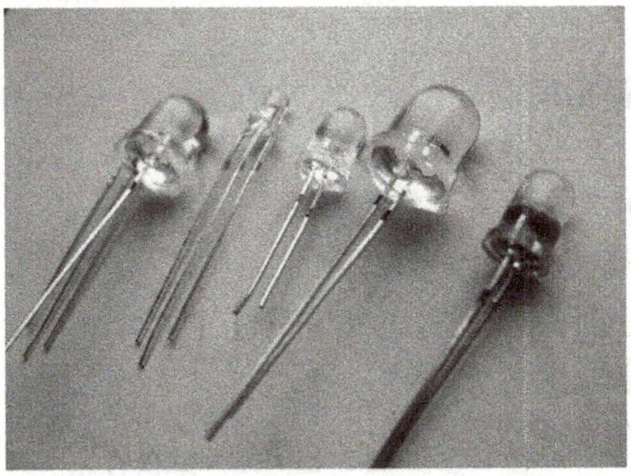

图 5-9 各种发光二极管的实物图

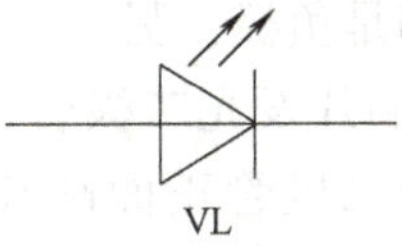

图 5-10 发光二极管的电气符号

(3) 光敏二极管 光敏二极管与发光二极管的封装类似，引脚为一长脚和一短脚，从外观上很难区分。如果是金属外壳的光敏二极管，如图 5-11 所示，则很容易辨别，其特点是在其顶部有一个透明的小凸透镜，用于会聚外界光线。图 5-12 为光敏二极管的电气符号。

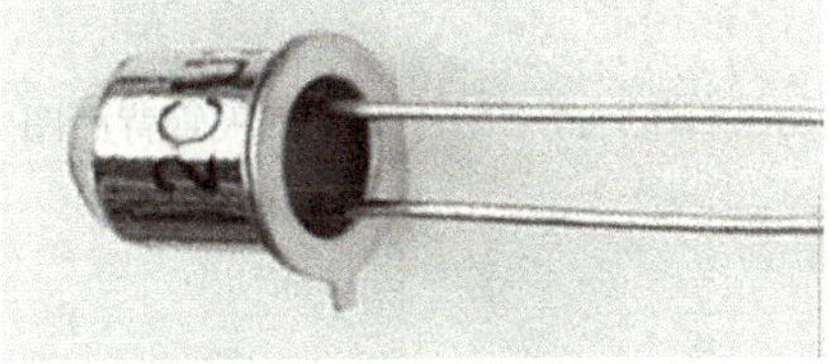

图 5-11 光敏二极管（2CU2B）的实物图

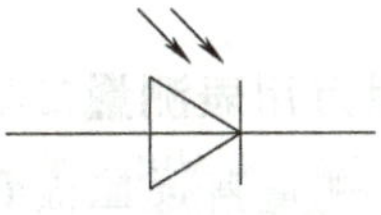

图 5-12 光敏二极管的电气符号

(4) 红外发射与接收二极管

1) 红外接收二极管。常见的红外线接收二极管的颜色通常呈黑色，如图 5-13 所示。识别引脚时，面对受光视窗，从左至右，分别为正极和负极。另外，在红外线接收二极管的管体顶端有一个小斜切平面，通常带有此斜切平面一端的引脚为负极，另一端为正极。**红外线接收二极管的电气符号与光敏二极管相同。**

2) 红外发射二极管。红外线发射二极管有两个引脚，通常长引脚为正极，短引脚为负极，如图 5-14 所示。因红外线发光二极管呈透明状，所以管壳内的电极清晰可见，内部电极较宽大的一个为负极，而较窄小的一个为正极。

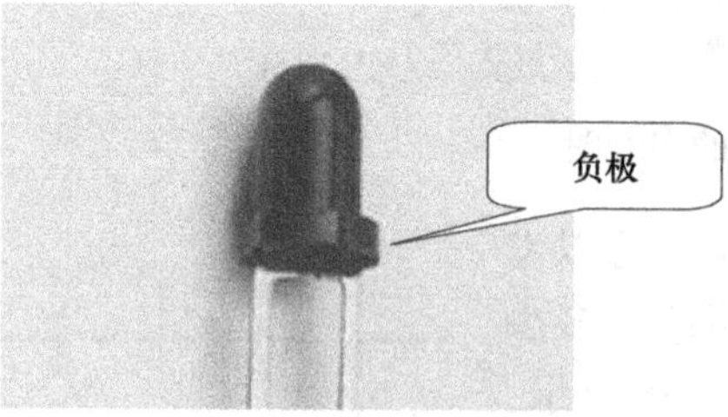

图 5-13 红外接收二极管的实物图

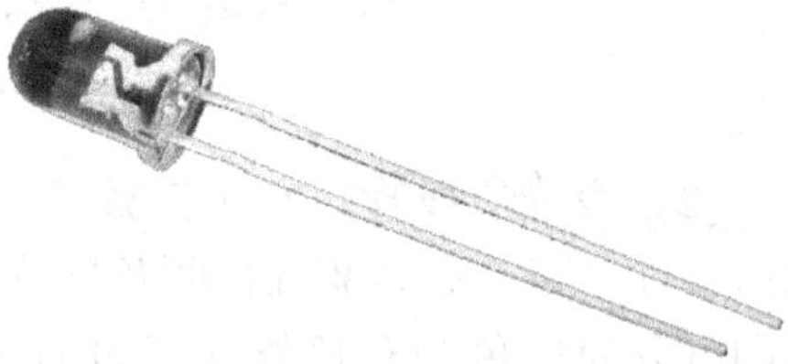

图 5-14 红外发射二极管的实物图

将万用表置于 R×1k 档，测量红外发射二极管的正、反向电阻。通常，正向电阻应在 30kΩ 左右，反向电阻要在 500kΩ 以上，这样的管子才可正常使用。红外发射二极管的反向电阻越大越好。

红外线发射二极管的电气符号与发光二极管相同。

(5) 贴片二极管

1) 普通贴片二极管。俯视贴片二极管，带彩色线的管脚是负极，另一个是正极，如图 5-15 所示。

图 5-15 贴片二极管

2) 贴片发光二极管。图 5-16 和图 5-17 分别为贴片发光二极管正面图和背面图，正面发光部分由透明材料制成，上有极性标志，正面有色点的为发光二极管的负极。

图 5-16 贴片发光二极管正面图

图 5-17 贴片发光二极管背面图

3. 用万用表测量二极管

(1) 测量普通二极管

1) 判断二极管的好坏。如图 5-18 所示，将万用表置于 R×100 档，将表笔接二极管的任意两极，先读出一阻值，然后交换表笔再测一次，又测得一电阻值，其中阻值小的一次为正向电阻，阻值大的一次为反向电阻。

注意：锗材料二极管的正向电阻应为几百欧～几千欧，反向电阻应为几百千欧以上。硅材料二极管的正向阻值应为几千欧，反向电阻接近∞。不论何种材料的二极管，正、反向阻值相差越大表明二极管的性能越好，如果正、反向阻值相差不大，此二极管不宜选用。如果测得的正向电阻太大，表明二极管性能变差，若正向阻值为∞，表明二极管已经开路。若测得的反向电阻很小，甚至为零，说明二极管已击穿。

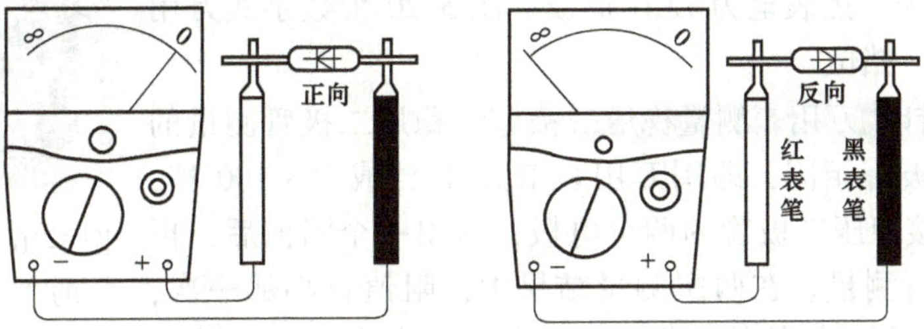

图 5-18　二极管正反向电阻测量示意图

2）判断二极管的正、负极。将万用表置于 R×1k 档或 R×100 档，测量二极管的阻值，如果测得的阻值较小，表明所测为正向电阻，此时黑表笔接触的一端为二极管的正极，红表笔接触的一端为负极。如测得的阻值很大，则表明所测为反向电阻，此时红表笔所接触的一端为正极，另一端为负极。

动手做

在 5-2 表中填写实际测得的二极管正反向电阻阻值。

表 5-2　各二极管的正反向电阻

元器件标号	正 向 电 阻	反 向 电 阻
2AP9		
1N4001		
1N4007		
1N4148		

3）标出图 5-19 所示的二极管的引脚极性。

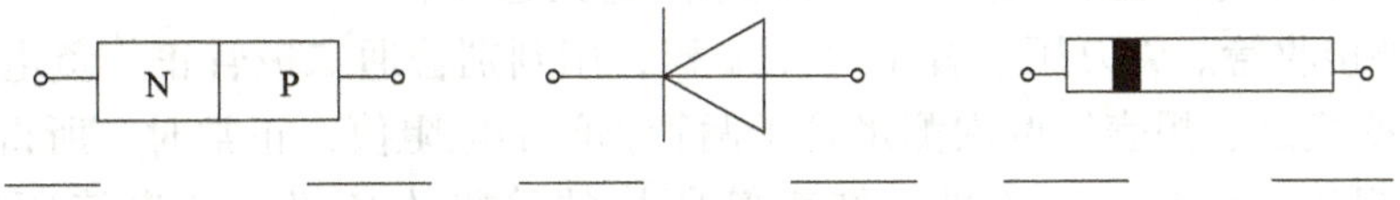

图 5-19　二极管的引脚极性

（2）测量发光二极管

1）用指针式万用表测量。发光二极管的正向电阻比普通二极管正向电阻大，一般为 10kΩ 数量级，反向电阻在 500kΩ 以上，并且发光二极管的正向压降比较大，如果用万用表 R×1k 以下各档，因表内电池仅为 1.5V，不能使发光二极管正向导通并发光。

一般用 R×10k 档（内部电池是 9V）进行测试，这样可测出正向电阻，同时可看到发光二极管发出微弱的光。若测得正、反向电阻都很小，说明内部击穿短路；若测得正、反电阻都是无穷大，说明内部开路。

2）用数字式万用表测量。数字式万用表的“二极管”档能够提供 3V、1mA 的电源，所以可直接测 LED 的正向导通压降（一般在 2V 以下），此时管子会发微光。

将数字式万用表置于“二极管”档，用两只表笔互换测量两次，正常的 LED 测量时应有一次可发出微光，此时红表笔所接的为 LED 正极，黑表笔为 LED 负极。图 5-20 为数字式万用表的“二极管”档位。

图 5-20　数字式万用表的“二极管”档位

(3) 用指针式万用表测量稳压二极管　稳压二极管测量的方法与普通二极管相同，即用万用表 R×1k 档或 R×100 档，将两表笔分别接稳压二极管的两个电极，测出一个阻值后，再对调两表笔进行测量。在两次测量结果中，阻值较小那一次，黑表笔接的是稳压二极管的正极，红表笔接的是稳压二极管的负极。若测得稳压二极管的正、反向电阻均很小或均为无穷大，则说明该二极管已击穿或开路损坏。

(4) 用指针式万用表测量光敏二极管

1）电阻测量法。用万用表 R×1k 档，测正向电阻约 10kΩ。在无光照情况下，反向电阻应为∞，反向电阻不是∞，说明漏电流大；有光照时，反向电阻应随光照增强而减小，阻值小至几千欧或 1kΩ 以下。

2）电压测量法。用万用表 1V 档（无 1V 档可用 1.5V 或 3V 档），红表笔接光敏二极管的正极，黑表笔接负极，在光照情况下，其电压应与光照度成比例，一般可达 0.2～0.4V。

3）短路电流测量法。用万用表 50mA 或 500mA 电流档，红表笔接光敏二极管的正极，黑表笔接负极，在白炽灯下（不能用荧光灯），电流应随光照的增强而增加，短路电流一般可达数十毫安～数百毫安。

(5) 用指针式万用表测量红外发射与接收二极管

1）红外发射管。测量的方法与普通二极管相同，将万用表置于 R×1k 档，测量红外发光二极管的正、反向电阻，通常，正向电阻应在 30kΩ 左右，反向电阻要在 500kΩ 以上，这样的管子才可正常使用，且反向电阻越大越好。

2）红外接收管。将万用表置于 R×1k 档，用判别普通二极管正、负电极的方法进行检查，即交换红、黑表笔两次测量管子两管脚间的电阻值，正常时，所得阻值应为一大一小。以阻值较小的一次为准，红表笔所接的管脚为负极，黑表笔所接的管脚为正极。

动手做

在元器件盒中准备 10 个贴有标号的二极管，请识别并测量这些二极管（无法写出标称值的，在表格中划斜杠），将填入表 5-3 中。

表 5-3 元器件识别与测量结果

序号	名称	标称值	正向电阻	反向电阻	绘制其实物图，并标出极性
1					
2					
3					
4					
5					
6					
7					
8					
9					
10					

动手做

分组查阅元器件手册或者上网查阅相关资料文档，找出表 5-4 中对应型号元器件的名称、电气符号和主要参数，将查找到的信息填入表 5-4 中。

表 5-4 元器件资料表

型号	名称	电气符号	绘制实物图形，并标出其正负极性	主要参数	封装名称
2CP10					
1N4002					
1N4148					
2CU1A					
PD204					
IR204					

任务二 用发光二极管制作流水彩灯

工作任务

1）识读“流水彩灯”电路原理图。
2）根据电路原理图，利用 YL291 模块搭接电路。
3）加电观察效果。
4）测量发光二极管正常工作时的压降。

工作指引

1）准备 YL291 模块：EDM001-MCS51 主机模块，如图 5-21 所示。
2）准备连接导线。

图 5-21 EDM001-MCS51 主机模块

3）准备工具、仪表与耗材：数字式和指针式万用表各一块。

工作步骤

1. 识读“流水彩灯”电路原理图

图 5-22 为流水彩灯电路原理图，LED9～LED16 为 8 个发光二极管，由单片机控制依次循环点亮，就出现了流水彩灯的效果。

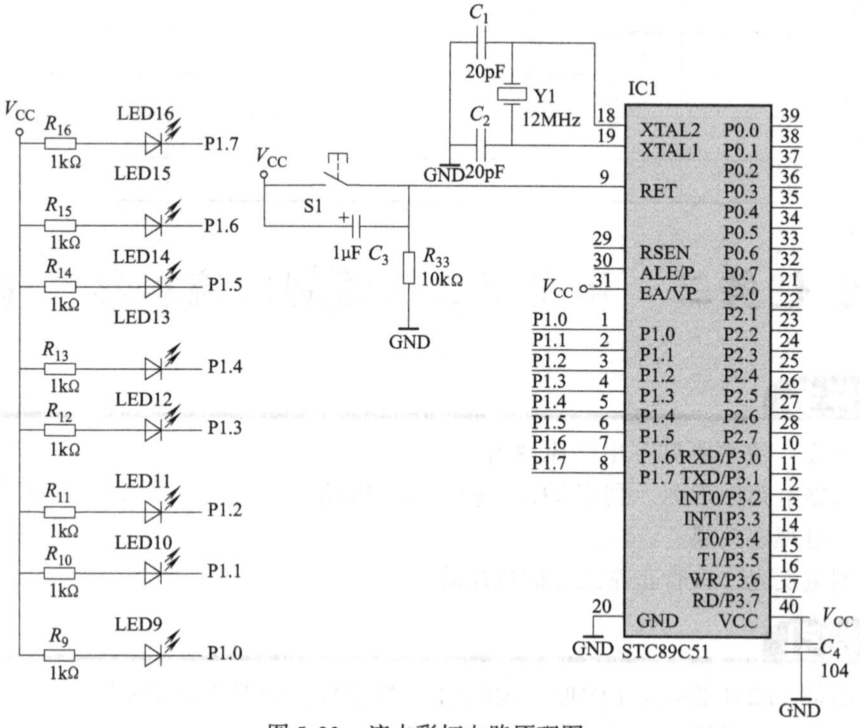

图 5-22 流水彩灯电路原理图

2. 利用YL291模块搭接电路

1）在ZIF插座上插好STC89S51单片机芯片（已编好流水彩灯程序）；

2）连接电源线（5V）和地线（GND），YL135实训台提供直流稳压电源。

3. 加电观察效果

按下模块中的“电源”按钮，开启电源，可观察流水彩灯效果。

4. 测量发光二极管的压降

用万用表测量二极管发光时两端的正向电降和反向电降，并填入表5-5中。

表5-5 二极管发光时两端的正向电降和反向电降值

发光二极管标号	正向压降	反向压降
LED9		
LED10		
LED11		
LED12		
LED13		
LED14		
LED15		
LED16		

相关知识

1. 二极管的特性

二极管最重要的特性就是单向导电性。下面说明二极管的正向特性和反向特性。

（1）正向特性 在电子电路中，将二极管的正极接在高电位端，负极接在低电位端，二极管就会导通，这种连接方式，称为正向偏置。必须说明，当加在二极管两端的正向电压很小时，二极管仍然不能导通，流过二极管的正向电流十分微弱。只有当正向电压达到某一数值（这一数值称为“门槛电压”，锗管约为0.2V，硅管约为0.5V）以后，二极管才能真正导通。导通后二极管两端的电压基本上保持不变（锗管约为0.3V，硅管约为0.7V），这个电压称为二极管的正向压降。

（2）反向特性 在电子电路中，二极管的正极接在低电位端，负极接在高电位端，此时二极管中几乎没有电流流过，二极管处于截止状态，这种连接方式，称为反向偏置。二极管处于反向偏置时，仍然会有微弱的反向电流流过，这个电流称为漏电流。当二极管两端的反向电压增大到某一数值，反向电流会急剧增大，二极管将失去单方向导电特性，这种状态称为二极管的击穿。

2. 二极管的参数

（1）最大整流电流 I_F 最大整流电流是指二极管长期正常工作时，能通过二极管的最大正向电流值。因为二极管有电流通过则会发热，电流过大就会使二极管因发热过度而烧毁，所以**应用时要特别注意工作电流不能超过二极管的最大整流电流。**

（2）反向电流 I_R 在给定的反向偏压下，通过二极管的电流称为反向电流。理想情况下，二极管具有单向导电性，但实际上二极管在反向电压作用下总有一点微弱的电流，通常硅管的反向电流为 1μA 或更小，锗管的反向电流有几百微安。反向电流的大小，反映了二极管单向导电性的好坏，反向电流的数值越小越好。

（3）最大反向工作电压 U_R 二极管正常工作时所能承受的反向电压最大值，称为其最大反向工作电压。二极管反向连接时，如果把反向电压加到某一数值，管子的反向电流就会急剧增大，呈现出击穿的状态。这时的电压称为二极管的反向击穿电压。一般规定二极管的正常反向工作电压为击穿电压的 1/2，最高反向工作电压则定为反向击穿电压的 2/3。使用中一定要保证二极管所加反向电压不超过最大反向工作电压。

（4）最大整流电流下的正向电压降 U_F 当正向电流流过二极管时，二极管两端就会产生正向压降。在一定的正向电流下，二极管的正向压降越小越好。通常情况下，锗二极管正向压降一般为 0.3V，硅二极管的正向压降一般为 0.7V。

3. 二极管的命名方法

（1）国产二极管的命名方法 见表 5-6。

表 5-6 国产二极管的命名方法

第一部分		第二部分		第三部分				第四部分	第五部分
用数字表示器件电极的数目		用汉语拼音字母表示器件的材料和极性		用汉语拼音字母表示器件的类型					
符号	意义	符号	意义	符号	意义	符号	意义		
2	二极管	A	N 型，锗材料	P	普通管	D	低频大功率管（f_α < 3MHz，P_C ≥ 1W）	用数字表示器件序号	用汉语拼音表示规格的区别代号
		B	P 型，锗材料	V	微波管	A	高频大功率管（f_α ≥ 3MHz，P_C ≥ 1W）		
		C	N 型，硅材料	W	稳压管	T	晶闸管		
		D	P 型，硅材料	C	参量管	Y	体效应器件		
				Z	整流管	B	雪崩管		
				L	整流堆	J	阶跃恢复管		
				S	隧道管	CS	场效应器件		
				N	阻尼管	BT	半导体特殊器件		
				U	光电器件	FH	复合管		
				K	开关管	PIN	PIN 型管		
				X	低频小功率管（f_α < 3MHz，P_C < 1W）	JG	激光器件		
				G	高频小功率管（f_α ≥ 3MHz，P_C < 1W）				

现举例如下：

2AP9A 锗材料 N 型普通二极管的型号含义如图 5-23 所示。

2CW10B 硅材料 N 型稳压二极管的型号含义如图 5-24 所示。

2CU2 N 型硅材料光敏二极管型号含义如图 5-25 所示。

2CZ3E N 型硅材料整流二极管型号含义如图 5-26 所示。

（2）美国二极管的命名方法 美国电子工业协会半导体器件型号命名方法（二极管部分）见表 5-7。

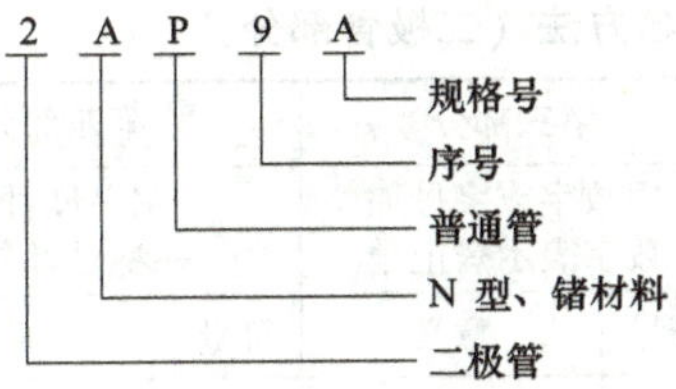

图 5-23 2AP9A 锗材料 N 型
普通二极管的型号含义

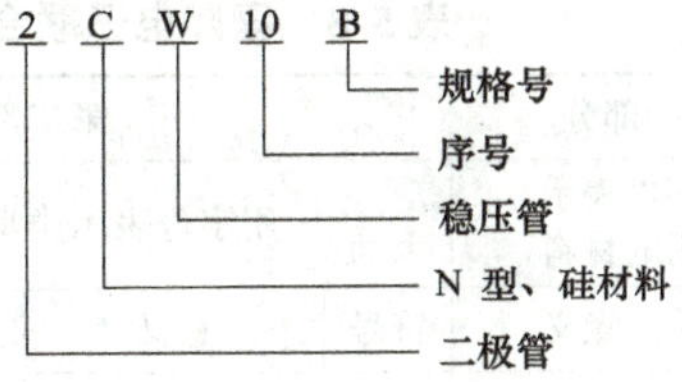

图 5-24 2CW10B 硅材料
N 型稳压二极管的型号含义

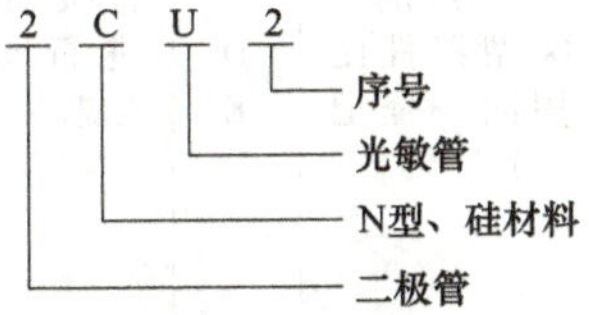

图 5-25 2CU2N 型硅材料
光敏二极管的型号含义

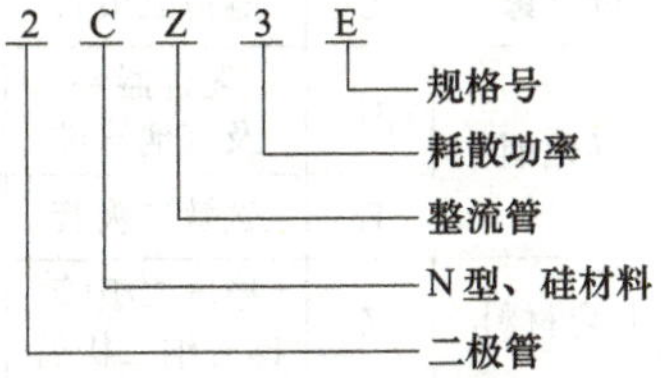

图 5-26 2CZ3EN 型硅材料
整流二极管的型号含义

表 5-7 美国电子工业协会半导体器件型号命名方法（二极管部分）

第一部分		第三部分		第四部分		第五部分	
用符号表示用途的类型		美国电子工业协会（EIA）注册标志		美国电子工业协会（EIA）登记顺序号		用字母表示器件分档	
符号	意义	符号	意义	符号	意义	符号	意义
JAN 或 J	军用品	N	该器件已在美国电子工业协会注册登记	多位数字	该器件在美国电子工业协会登记的顺序号	A B C D …	同一型号的不同档别
无	非军用品						

注：第二部分是 PN 结的个数，二极管的 PN 结个数为固定值 1，表中没有列出。

例：1）1N4001 的含义如图 5-27 所示。

2）J1N4007 的含义如图 5-28 所示。

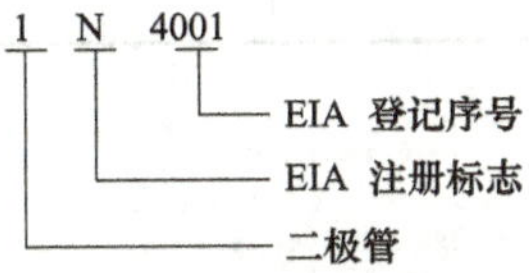

图 5-27 1N4001 的含义

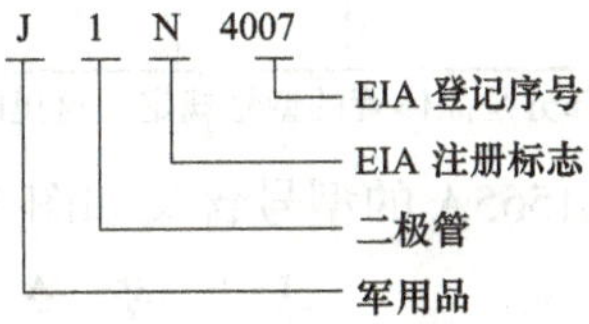

图 5-28 J1N4007 的含义

（3）国际电子联合会二极管命名方法 国际电子联合会半导体器件型号命名方法（二极管部分）见表 5-8。

例：AY239S 的含义如图 5-29 所示。

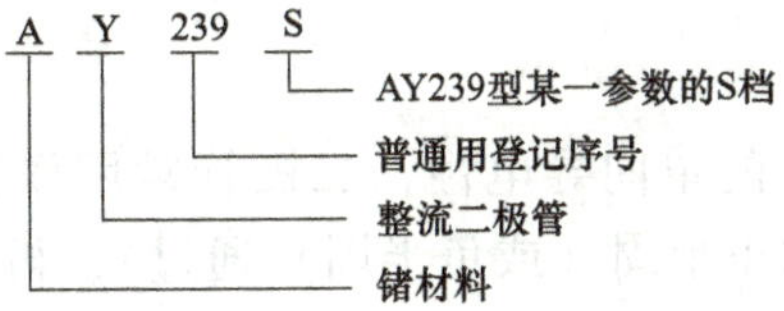

图 5-29 AY239S 的含义

表 5-8 国际电子联合会半导体器件型号命名方法（二极管部分）

第一部分		第二部分				第三部分		第四部分	
用字母表示使用的材料		用字母表示类型及主要特性				用数字或字母加数字表示登记号		用字母对同一型号者分档	
符号	意义	符号	意义	符号	意义	符号	意义	符号	意义
A	锗材料	A	检波、开关和混频二极管	P	光敏元件	三位数字	通用半导体器件的登记序号(同一类型器件使用同一登记号)	A B C D E …	同一型号器件按某一参数进行分档的标志
B	硅材料	B	变容二极管	Q	发光器件				
C	砷化镓	E	隧道二极管	S	小功率开关管				
D	锑化铟	G	复合器件及其他器件	U	大功率开关管				
		H	磁敏二极管	X	倍增二极管				
R	复合材料	Z	稳压二极管即齐纳二极管	Y	整流二极管				

(4) 日本二极管的命名方法 日本半导体器件型号命名方法见表 5-9。

表 5-9 日本半导体器件型号命名方法（二极管部分）

第一部分		第二部分		第四部分		第五部分	
用数字表示类型或有效电极数		S 表示日本电子工业协会(EIAJ)的注册产品		用数字表示在日本电子工业协会登记的顺序号		用字母表示对原来型号的改进产品	
符号	意义	符号	意义	符号	意义	符号	意义
0	光电（即光敏）二极管、晶体管及其组合管	S	已在日本电子工业协会(EIAJ)注册登记的半导体分立器件	四位以上的数字	从 11 开始，表示在日本电子工业协会注册登记的顺序号，不同公司性能相同的器件可以使用同一顺序号，其数字越大越是近期产品	A B C D E F ⋮	用字母表示对原来型号的改进产品
1	二极管						

注：第三部分是晶体管的型号规定，这里略去。

例：1S1555A 的型号含义如图 5-30 所示。

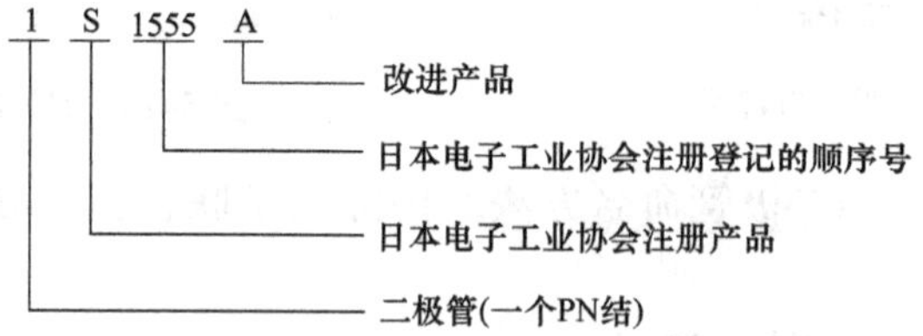

图 5-30 1S1555A 的型号含义

4. 二极管的应用

(1) 整流 利用二极管的单向导电性，二极管常用作整流器，把交流电变为脉动的直流电（即只让交流电的正半周（或负半周）通过），再用电容器滤波形成平滑的直流电。

整流桥是由四个二极管组成的一个全桥，如图 5-31 所示，共有四个引脚，标有正负（+、-）极的引脚为整流桥的直流侧，标有交流符号的为整流桥的交流侧。图 5-32为整流桥的电气符号。

图 5-31 整流桥实物图

（2）稳压 稳压二极管又称为齐纳二极管，简称稳压管，是一种用于稳压、工作于反向击穿状态的特殊二极管。表 5-10 列出了常用稳压二极管的型号及其稳压值。

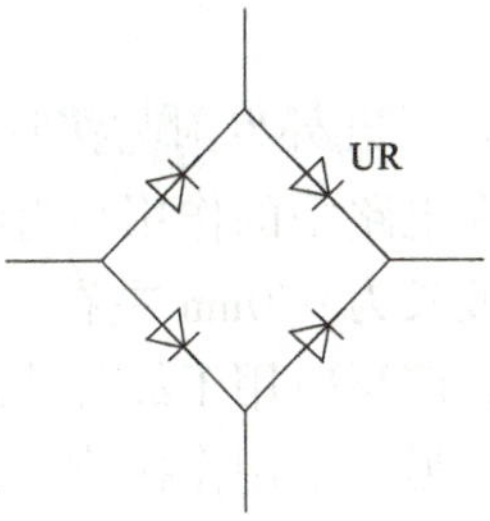

图 5-32 整流桥的电气符号

图 5-33 所示为常用整流滤波及稳压电路，VD1 ~ VD4 是整流二极管（也可以用整流桥代替），VS 是稳压二极管。

表 5-10 常用稳压二极管的型号及稳压值

稳压二极管型号	稳压值/V	稳压二极管型号	稳压值/V
1N4728	3.3	1N4738	8.2
1N4729	3.6	1N4740	10
1N4730	3.9	1N4742	12
1N4732	4.7	1N4744	15
1N4733	5.1	1N4750	27
1N4734	5.6	1N4751	30
1N4735	6.2	1N4761	75

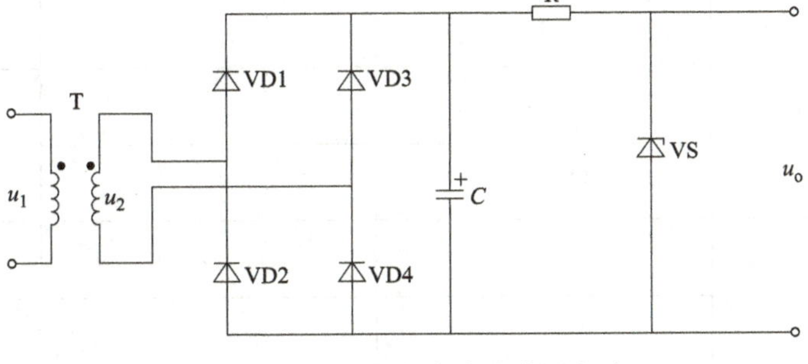

图 5-33 常用整流滤波及稳压电路

(3) 发光 发光二极管（简称 LED）内部结构也是一个 PN 结，与普通二极管相似，只是导通电压要比普通二极管大，大约为 2V。它除了具有普通二极管的单向导电性之外，还具有发光能力。当加上一定正向电压后，LED 中就会有电流流过，同时向外发光。半导体材料不同，发出光的颜色不同。一般 LED 的正向电流为 10～20mA。当电流超过 25mA 后，亮度几乎不随电流的增加而增加，但是超过 30mA 后，就有可能烧坏 LED。现在 LED 应用于我们生活中的各个领域，图 5-34 所示是 LED 组成的发光字。

图 5-34　LED 组成的发光字

(4) 红外发射与接收 红外二极管是一种能把电能直接转换成红外光能的发光器件，在电路中的作用是将红外光辐射到空间去，所以也成为红外发射二极管。红外发光峰值波长为 950nm 左右，属于红外波段，适合于在短距离、小容量和模拟调试系统中使用，广泛应用于红外线遥控系统中的发射系统。一般红外二极管都是配对使用，一个发射，另一个用作接收。

(5) 检波 检波二极管的作用是把原来调制在高频无线电波中的低频信号取出来，因此检波也叫解调。检波一般是对高频小信号而言的，也是利用了二极管的单向导电特性。检波二极管广泛应用于收音机、电视机、收录机等无线通信设备中。

项目评价

根据附录 C 给出的项目评价标准，对本项目工作进行评价，并填入表 5-11 中。

表 5-11　项目评价表

评价项目	自我评价	小组评价	教师评价
元器件的识别			
元器件的测量			
模块搭建			
仪器仪表的使用			
知识点的掌握			
小组成员的合作			
安全文明操作			

项目六 晶体管

晶体管可分为两大类：一类是双极型晶体管，另一类是场效应晶体管。双极型晶体管由两个 PN 结组成，有 PNP 和 NPN 两种结构，这类晶体管工作时，半导体中的电子和空穴两种载流子同时都起主要的作用，所以称做双极型晶体管；场效应晶体管有结栅场效应晶体管、金属氧化物半导体（MOS）场效应晶体管及肖特基势垒场效应晶体管等结构。这类晶体管工作时，只有半导体中的多数载流子起主要作用，所以又称单极型晶体管。本项目主要介绍双极型晶体管，并简称晶体管。

晶体管在电路中的电气符号如图 6-1 和图 6-2 所示，图 6-1 为 NPN 型晶体管电气符号，图 6-2 为 PNP 型晶体管电气符号。

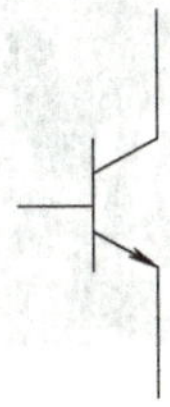

图 6-1　NPN 型晶体管电气符号

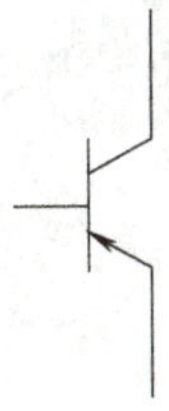

图 6-2　PNP 型晶体管电气符号

任务一　普通晶体管的识别与检测

工作任务

1）识别不同类别的晶体管。

2）测量晶体管。

3）提交一份测量报告。

工作指引

1）准备元器件：清单见表 6-1。

2）准备工具、仪表与耗材：数字式万用表、指针式万用表各一块。

表 6-1 元器件清单

标　　号	型　　号	数　　量
VT1	9012	1
VT2	9013	1
VT3	8550	1
VT4	8050	1
VT5	TIP41	1

工作步骤

1. 识别各种晶体管

（1）普通小功率晶体管 普通小功率晶体管通常采用 TO—92 封装，图 6-3 所示为 9013 型晶体管实物图，其管脚顺序从左到右为 E、B、C（管脚向下，器件型号向外）。

（2）中功率晶体管 图 6-4 所示为 NPN 型中功率晶体管 TIP41，其管脚顺序从左到右，为 B、C、E（管脚向下，器件型号向外），中功率晶体管通常采用 TO—220 封装。

图 6-3 9013 型晶体管实物图

图 6-4 TIP41 型晶体管实物图

（3）金属外壳晶体管 图 6-5 所示为晶体管 2N2222A，该晶体管为 NPN 型，采用金属外壳封装 TO—18 或 TO—39，其管脚顺序如图 6-6 所示，管脚向下，1、2、3 依次为 B、E、C。

图 6-5 晶体管 2N2222A 实物图

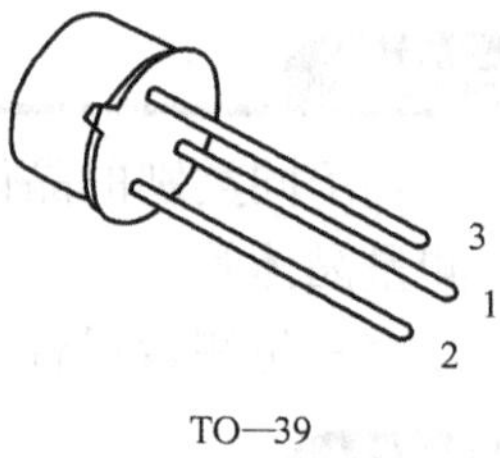

图 6-6 2N2222A 的封装（TO—39）及引脚顺序

(4) 大功率金属外壳晶体管 图 6-7 所示为大功率金属外壳晶体管实物图，其封装形式通常为 TO—3，其外壳通常为集电极（C），另外两个管脚分别为基极（B）和发射极（E）。

a) 正面图

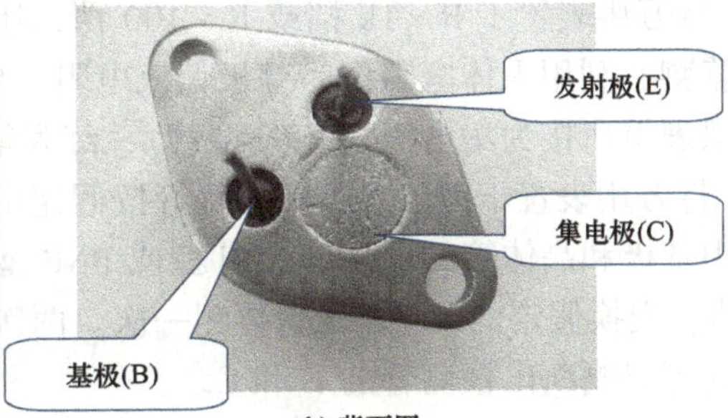

b) 背面图

图 6-7 大功率金属外壳晶体管实物图

(5) 贴片晶体管 图 6-8 为贴片晶体管 8550，8550 为小功率 PNP 型晶体管，其贴片型号为 2TY，管脚顺序如图 6-8 所示。

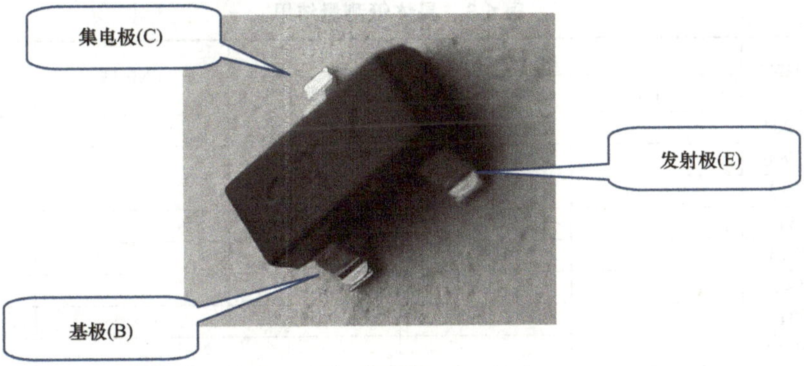

图 6-8 贴片晶体管（8550）

2. 用指针式万用表测量晶体管

(1) 判断晶体管的基极（B），初步检测晶体管性能好坏 用万用表 R×1k 档或 R×100档依次测量晶体管各极之间的正反向阻值，并将测得阻值填入表 6-2 中。然后分析表 6-2 中测得数据，观察哪一个引脚与其他两个引脚之间的阻值均较小，这个引脚就是晶体管的基极（B）。

表 6-2 各引脚间的阻值

引 脚	正向阻值/Ω	反向阻值/Ω
1—2		
2—3		
1—3		

(2) 判断晶体管的管型（PNP 型还是 NPN 型） 将万用表置于 R×1k 档或 R×100 档，黑表笔接晶体管的基极，红表笔接其他极，如果阻值均较小，则表明这是一个

NPN 型晶体管。如果是阻值很大，改用红表笔接晶体管的基极，黑表笔接其他极，若阻值均较小，则表明这是一个 PNP 型晶体管。

（3）辨别晶体管的集电极（C）和发射极（E）

1）将万用表置于 R×1k 档或 R×100 档，用鳄鱼夹夹持管脚，或用两手分别捏住表笔和管脚，利用人体电阻作为基极偏流电阻，也可进行测量。这时指针偏转较大的那一次，黑表笔所接为集电极（NPN 型管），红表笔所接为发射极。PNP 型管正好相反。

2）将万用表置于 H_{FE}档，将晶体管按假定的 E、C 插入万用表的晶体管测量插座中，其中基极和晶体管的极性（NPN 型或 PNP 型）必须正确，观察并记录显示的被测管 H_{FE}值；交换假定的 C、E 之后再测一次。两次测量中指针偏转较大的一次为正确插入，由此可以判断出被测管的 E 和 C。

注意：指针式万用表黑表笔连接内部电池的正极，红表笔连接内部电池的负极。

动手做

用万用表测量表 6-3 中的晶体管，判断其管脚和极性，将测量结果填入表 6-3 中。

表 6-3　晶体管测量结果

序号	型号	管脚(E、B、C)			PNP 型	NPN 型
		1	2	3		
1	2N3904					
2	2N3906					
3	C9012					
4	BC547					
5	C9013					
6	C542					
7	TIP31C					
8	TIP112					
9	TIP32B					

任务二　晶体管驱动电路

工作任务

1）识读晶体管驱动电路原理图。

2）根据电路原理图，利用 YL291 模块搭接电路。

3）加电观察效果。

4）测量晶体管正常工作时的压降。

工作指引

1）准备 YL291 模块：EDM404 NPN 型晶体管驱动模块或 PNP 型晶体管驱动模块。

2）准备连接导线。

3）准备工具、仪表与耗材：数字万用表或指针式万用表各一块，信号发生器、示波器各一台。

工作步骤

1. 识读晶体管驱动电路原理图

晶体管驱动电路原理图如图6-9所示。VT1和VT2组成NPN型达林顿复合管，当PT3输入高电平时，VD1、VT1和VT2导通，信号输出端OUT（PT4）输出低电平；当PT3输入低电平时，VD1、VT1和VT2截止，信号输出端OUT（PT4）输出高电平。

2. 利用模块，连接电路

利用亚龙公司YL291模块（EDM404 NPN型晶体管驱动模块，见图6-10）连接电路。

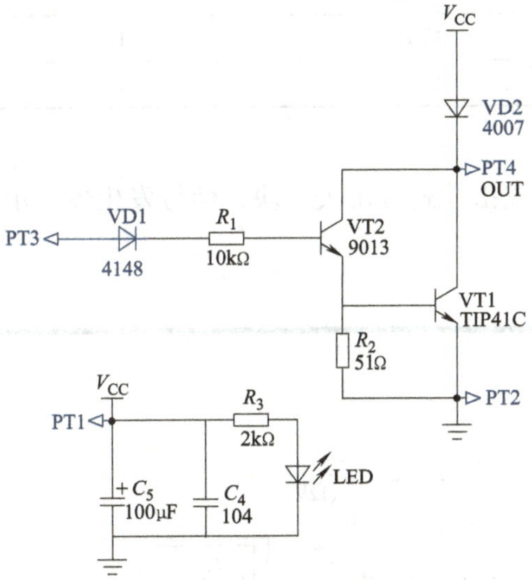

图6-9 晶体管驱动电路原理图

图6-10 EDM404 NPN型晶体管驱动模块实物图

连接电源线（5V）和地线（GND），由YL135实训台提供直流稳压电源。

3. 加电，输入信号

接通电源，用信号发生器在IN（PT3）端输入频率为1Hz的方波信号。

4. 测量晶体管的压降和PT4（OUT）的输出波形

1）用万用表测量晶体管U_{BE}、U_{CE}，判断其工作状态。

2）用示波器测量OUT（PT4）端输出信号波形。

任务三 单管放大电路

工作任务

1）识读晶体管驱动放大电路原理图。

2）根据电路原理图，利用所需元器件搭接电路。

3）加电观察效果。

4）测量晶体管正常工作时输出波形及 U_{BE}、U_{CE} 电压。

工作指引

1）准备元器件：清单见表 6-4。

表 6-4 元器件清单

名　称	标　号	规　格	数　量
晶体管	VT	9014	1
电阻	R_B	20kΩ，470kΩ（可变）	1
	R_C	5.1kΩ	1
	R_L	5.1kΩ	1
电容	C_1	10μF	1
	C_2	10μF	1

2）准备连接导线。

3）准备工具、仪表与耗材：数字万用表或指针式万用表一块，信号发生器、示波器各一台。

工作步骤

1. 识读晶体管放大电路原理图

晶体管单管放大电路如图 6-11 所示。

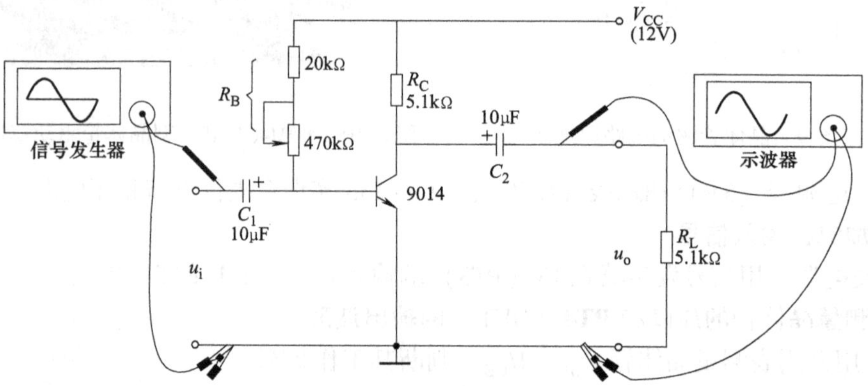

图 6-11 晶体管单管放大电路

2. 连接电路

利用所需元器件连接电路，注意导线的连接应牢固可靠。

3. 加电观察效果

用信号发生器在输入端加上 1kHz 的正弦波信号，给放大电路加 12V 电源。

4. 测量晶体管的压降 U_{BE}、U_{CE} 及输出波形

用万用表测量晶体管的压降 U_{BE}、U_{CE}，判断其工作状态；示波器在输出端测量被放大信号波形。

任务四　用晶体管驱动风扇旋转

工作任务

1）识读晶体管驱动直流风机电路原理图。

2）根据电路原理图，利用 YL291 模块搭接电路。

3）加电观察效果。

4）测量晶体管正常工作时的压降。

工作指引

1）准备 YL291 相关模块：EDM001 MCS51 主机模块；EDM405 PNP 型晶体管驱动模块；EDM501 直流风机模块；EDM403 8 位独立按键模块。

其中直流风机模块与 8 位独立按键模块如图 6-12 所示。

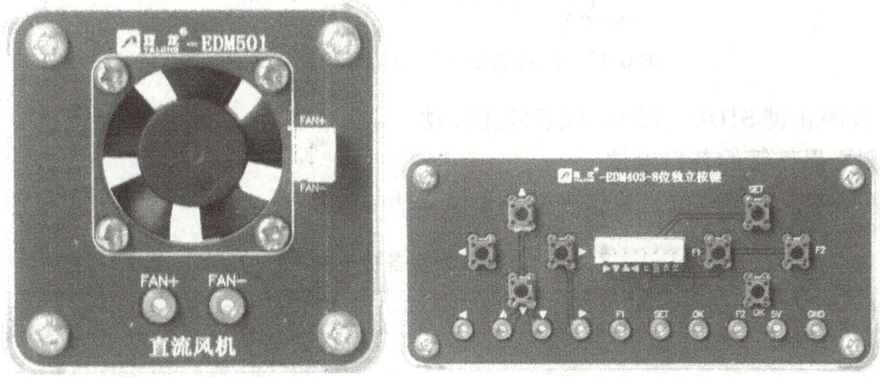

a) EDM501直流风机模块　　b) EDM403 8位独立按键模块

图 6-12　直流风机模块与 8 位独立按键模块

2）准备连接导线。

3）准备工具、仪表与耗材：数字式万用表或指针式万用表一块。

工作步骤

1. 识读晶体管驱动风扇旋转电路原理图

2. 利用 YL291 模块搭接电路

1）各模块均连接 5V 电源，GND。

2）EDM403-8（按键模块）中的 F1（起动）和 F2（停止）接 EDM001（主机模块）的 P1.6 和 P1.7；

3）EDM405（PNP 型晶体管驱动模块）的 IN 接 EDM001 的 P3.6；

4）EDM405 的 OUT 接 EDM501（风扇模块）的 FAN－；

5）EDM501（风扇模块）的 FAN＋接 5V 电源。

3. 加电观察效果

1）按起动键 START（F1），风扇转动；

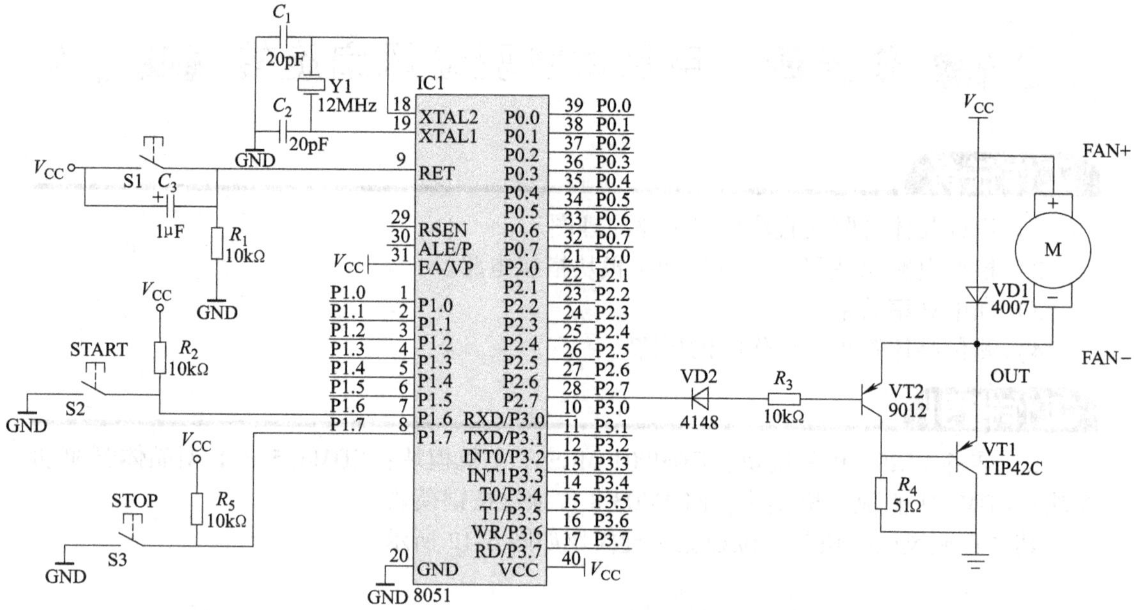

图 6-13 晶体管驱动风扇旋转电路原理图

2）按停止键 STOP（F2），风扇停止转动。

4. 测量晶体管的各极电位

测量晶体管各极电位，并将测量结果填入表 6-5 中。

表 6-5 晶体管各极电位

标号	风扇工作状态	E	B	C
VT1	转动			
	停止			
VT2	转动			
	停止			

相关知识

1. 晶体管的主要参数

（1）电流放大系数（简称放大倍数） 共发射极电路中，集电极电流和基极输入电流的变化量之比称为共发射极交流放大倍数 β。当晶体管工作在放大区且输入为交流小信号时，$H_{FE}=\beta$。晶体管的放大倍数 β 一般在 10～200 倍，β 越小，表明晶体管的放大能力越差，但 β 越大的管子往往工作稳定性越差。

（2）极间反向电流 管子的极间反向电流有两个：一个是集电结反向饱和电流 I_{cbo}，另一个是穿透电流 I_{ceo}，二者的关系是

$$I_{ceo}=(1+\beta)I_{cbo}$$

（3）特征频率 晶体管的放大倍数 β 会随着工作信号频率的升高而下降，频率越高，β 下降越严重。特征频率就是 β 下降到 1 时的频率。也就是说，当工作信号的频率

升高到特征频率时，晶体管就失去了交流电流的放大能力，特征频率一般比电路工作频率至少要高3倍以上。特征频率的大小反映了晶体管频率特性的好坏，在高频电路中，要选用特征频率较高的管子。

（4）击穿电压　击穿电压有以下几个：

$U_{(BR)EBO}$：集电极开路时，发射极-基极间的反向击穿电压。

$U_{(BR)CEO}$：基极开路时，集电极-发射极间的反向击穿电压。

$U_{(BR)CBO}$：发射极开路时，集电极-基极间的反向击穿电压。

（5）集电极最大允许耗散功率　晶体管工作时，集电极电流通过集电结要耗散功率，耗散功率越大，集电结的温升就越高，根据晶体管允许的最高温度，可定出集电极最大允许耗散功率。小功率管的集电极最大允许耗散功率在几十毫瓦至几百毫瓦之间，大功率管却在1W以上。

2. 晶体管的分类

（1）按半导体材料和极性分类　按晶体管使用的半导体材料可分为硅材料晶体管和锗材料晶体管；按晶体管的极性可分为锗NPN型晶体管、锗PNP型晶体管、硅NPN型晶体管和硅PNP型晶体管。

（2）按结构及制造工艺分类　晶体管按其结构及制造工艺可分为扩散型晶体管、合金型晶体管和平面型晶体管。

（3）按功率分类　晶体管按功率可分为小功率晶体管、中功率晶体管和大功率晶体管。

（4）按工作频率分类　晶体管按工作频率可分为低频晶体管、高频晶体管和超高频晶体管等。

（5）按封装结构分类　晶体管按封装结构可分为金属封装晶体管、塑料封装晶体管、玻璃壳封装晶体管、表面封装（片状）晶体管和陶瓷封装晶体管等，封装外形多种多样。

（6）按功能和用途分类　晶体管按功能和用途可分为低噪声放大晶体管、中高频放大晶体管、低频晶体管、开关晶体管、达林顿晶体管、高反压晶体管、带阻晶体管、带阻尼晶体管、微波晶体管、光敏晶体管和磁敏晶体管等多种类型。

3. 晶体管使用注意事项

1）焊接时应选用20~35W电烙铁，每个管脚焊接时间应小于4s，并保证焊接部分与管壳间散热良好。

2）管子引出线弯曲处离管壳的距离不得小于2mm。

3）大功率管的散热器和管子底部接触应平整光滑，在散热器上用螺钉固定，要保证每个螺钉的松紧一致，结合紧密。

4）管子应安装牢固，避免靠近电路中的发热元件。

4. 晶体管外形与封装

晶体管的常用封装形式有很多种，各种类型的晶体管外形与封装名称如图6-14所示。

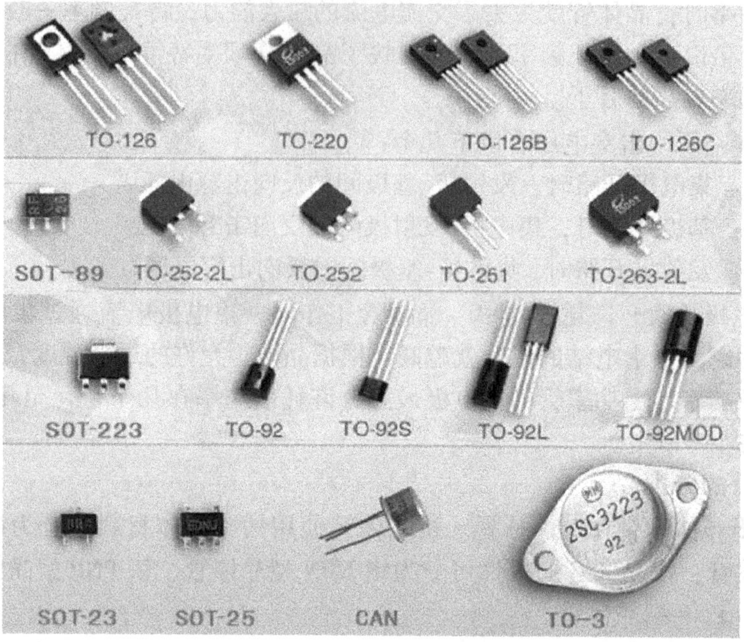

图 6-14　晶体管的外形与封装名称

5. 常用晶体管的命名方法与参数

详见附录 A 的第四部分半导体分立器件的命名方法。

6. 常用小功率晶体管的极性、材料和用途（见表 6-6）

表 6-6　常用小功率晶体管的极性、材料和用途

型号	极性与材料	主 要 用 途
9012	PNP 型硅材料	低频放大
9013	NPN 型硅材料	低频放大
9014	NPN 型硅材料	低噪放大
9015	PNP 型硅材料	低噪放大
9018	NPN 型硅材料	高频放大
C8050	NPN 型硅材料	低压大电流，高频放大，开关
C8550	PNP 型硅材料	低压大电流，高频放大，开关

7. 贴片晶体管

（1）贴片晶体管的外形与引脚排列　图 6-15 为普通贴片晶体管常见的外形与管脚排列示意图，其中第一种最为常见。

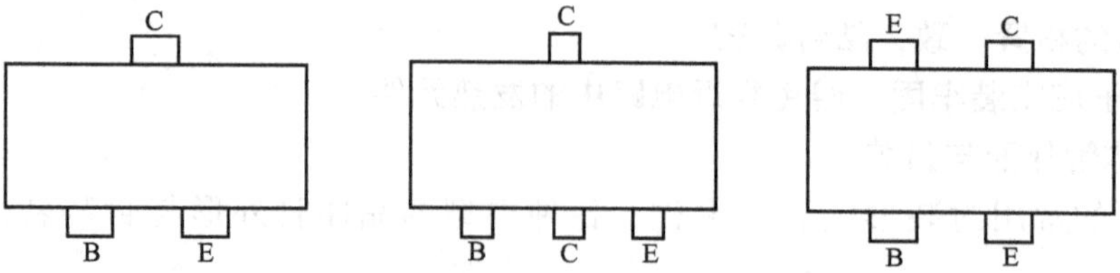

图 6-15　普通贴片晶体管的外形与管脚排列示意图

（2）部分常用晶体管直插封装型号与贴片封装型号对照 见表6-7。

表6-7 部分常用晶体管直插封装型号与贴片封装型号对照表

直插式晶体管型号	贴片晶体管型号	直插式晶体管型号	贴片晶体管型号
9011	1T	S8050	J3Y
9012	2T	S8550	2TY
9013	J3	8050	Y1
9014	J6	8550	Y2
9015	M6	2SA1015	BA
9016	Y6	2SC1815	HF
9018	J8	2SC945	CR

项目评价

根据附录C给出的项目评价标准，对本项目工作进行评价，并填入表6-8中。

表6-8 项目评价表

评 价 项 目	自 我 评 价	小 组 评 价	教 师 评 价
元器件的识别			
元器件的测量			
模块搭建			
仪器仪表的使用			
知识点的掌握			
小组成员的合作			
安全文明操作			

项目七 集成电路

集成电路简称“IC”，它是一种采用特殊工艺，将晶体管、电阻、电容等元器件集成在硅基片上而形成的具有特定功能的器件。集成电路能执行某些特定的功能，如放大信号或储存信息，也可以通过软件改变整个电路的功能（最典型的是单片机）。

集成电路的体积小、重量轻、成本低、功耗小，电路工作的可靠性很高，组装和调试方便，已经被广泛应用于计算机、电子设备和家用电器等各个领域。集成电路的种类繁多，本项目主要介绍555时基电路、运算放大器、基本数字电路等常用集成电路。

学习集成电路时，主要掌握其功能、器件参数和查找资料的方法，而对其内部结构仅需了解即可。

任务一 认识集成电路

工作任务

认识IC的常见封装形式。

工作指引

1）准备元器件：清单见表7-1。

表7-1 元器件清单

序号	名称	封装	数量
1	LM741	金属外壳（TO—99）	1
2	CD4069	双列直插（DIP—14）	1
3	NE555	双列直插（DIP—8）	1
4	CD4013	贴片（SO—14）	1
5	TDA2616	单列直插（SIP—9）	1
6	音乐芯片	9561	1

2）准备工具、仪表与耗材：数字式万用表或指针式万用表一块、示波器一台、插接线若干。

工作步骤

1. 认识集成电路的引脚及其常见封装形式

表7-2 列出了几种常见的集成电路外形与封装形式。

表7-2　常见的集成电路外形及封装列表

IC 封装	IC 外形	引脚顺序识别
圆形金属外壳封装 IC	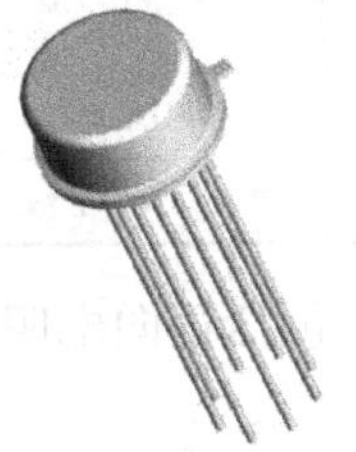 (LM741)	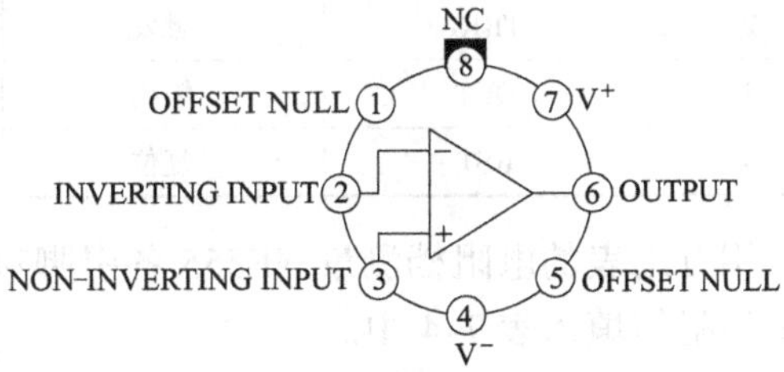 (顶视图)
双列直插(DIP)封装 IC	 (NE555和CD4069)	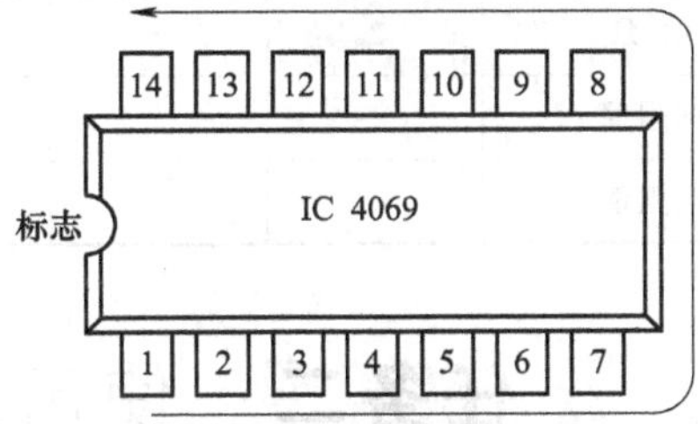
单列直插(SIP)封装 IC	 (TDA2616)	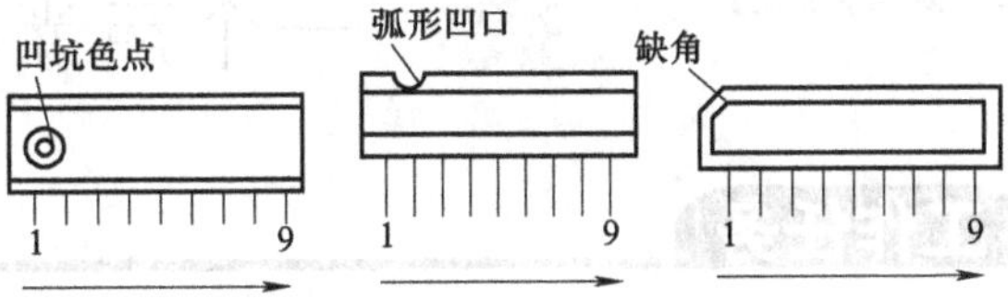 (有型号标志的一面面向观察者)
贴片 IC	 (CD4013)	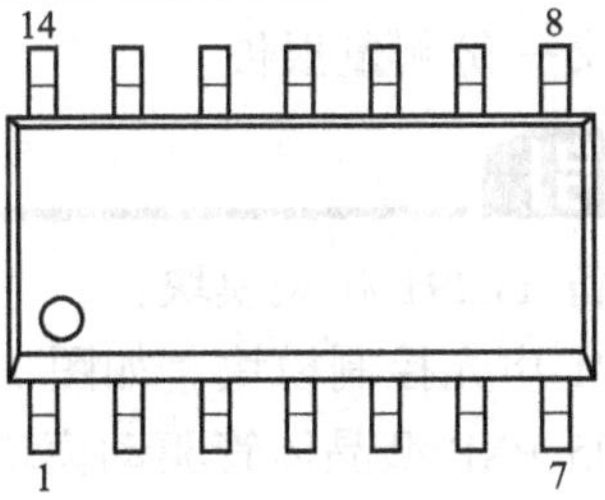 (顶视图)
定制 IC	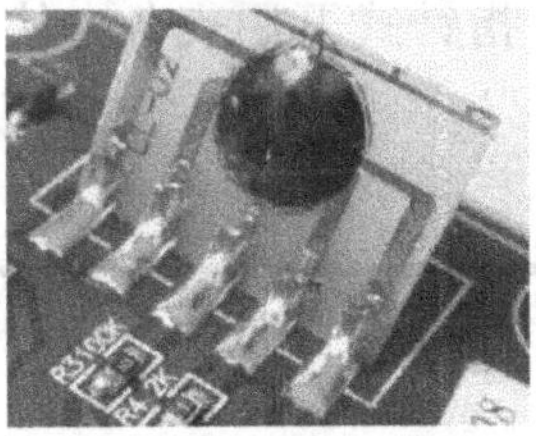	

2. 测量 NE555 集成电路

NE555 是 8 脚时基集成电路（模数混合），应用非常广泛，各引脚功能说明见表 7-3。

表 7-3　NE555 集成电路各引脚功能说明

引脚号	名　称	功　能	引脚号	名　称	功　能
1	GND	接地	5	CVOLT	控制电压
2	TRIG	触发	6	THR	门限（阈值）
3	OUT	输出	7	DISC	放电
4	RST	复位	8	VCC	电压

用万用表的电阻档测量 NE555 各引脚对地阻值（包括正向电阻和反向电阻），并将测得的阻值填入表 7-4 中。

表 7-4　NE555 各引脚对地（1 脚）阻值

阻值/Ω	2	3	4	5	6	7	8
正向阻值							
反向阻值							

任务二　使用集成电路 555 制作一个声光控制灯

工作任务

1）识别 555 集成电路各引脚的功能。

2）测量 555 集成电路各引脚的电位和波形。

3）提交一份测量报告。

工作指引

1）准备 YL291 相关模块：

EDM101 声光控制模块，如图 7-1 所示；

EDM405 PNP 型晶体管驱动模块，如图 7-2 所示；

EDM604 直流灯泡模块，如图 7-3 所示。

2）准备工具、仪表与耗材：数字式万用表、指针式万用表各一块，通用示波器一台，插接线若干。

工作步骤

1. 识读声光控制灯电路原理图

声光控制灯电路原理图如图 7-4 所示。

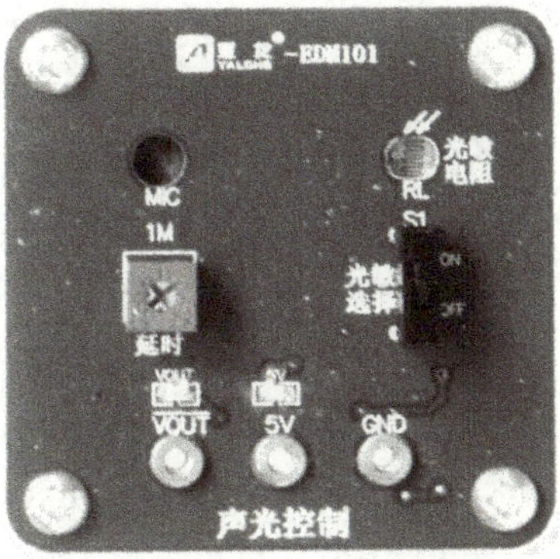

图 7-1　EDM101 声光控制模块

图 7-2　EDM405 PNP 型晶体管驱动模块

图 7-3　EDM604 直流灯泡模块

（1）功能描述　通过声音控制灯的亮暗，光敏选择开关控制光敏电阻是否有效，并通过延时电位器控制小灯亮的时间。

（2）EDM101 声光控制模块　该模块由传声器 MIC、光敏电路、晶体管放大电路、IC555 组成的单稳态触发器和输出反向驱动等部分组成。

（3）EDM405 PNP 型晶体管驱动模块　该模块工作电压为 4.5～15V，采用外部 5V 电源，电源电路见 EDM001 介绍。

VT4 和 VT5 组成 PNP 型复合管，当 PT3 输入低电平时，VD3、VT4 和 VT5 导通，此时，信号输出端 OUT（PT4）输出低电平；当 PT3 输入高电平时，VD3、VT4 和 VT5 截止，此时，信号输出端 OUT（PT4）输出高电平。**（注意：这是共集电极放大电路）**

（4）EDM604 直流灯泡模块　该模块接线端口 LIGHT +，－为灯泡接电源端口。两端加入额定电压时，灯泡会发出正常的光。

2. 利用模块连接电路

各模块都连好 5V 电源，同时做如下连接：

EDM101 声光控制的$\overline{\text{VOUT}}$端与 EDM405 PNP 型晶体管驱动的$\overline{\text{IN}}$端相连；

EDM405 PNP 型晶体管驱动的$\overline{\text{OUT}}$端与 EDM604 直流灯泡的 LIGHT－端相连；

EDM604 直流灯泡的 LIGHT＋与 5V 电源相连。

3. 加电观察效果

连好线后，将光敏选择开关 S1 拨至 OFF 档，对 MIC 发声，灯应亮；顺时针调节延时电位器将延长灯泡亮的时间；

若将光敏选择开关 S1 拨到 ON 档，光敏电阻起作用：环境光线较亮时，声音控制不起作用；光线暗时，声音控制起作用。

4. 测量各测试点的电位及波形

将各模块测试点的电位及波形记录下来。

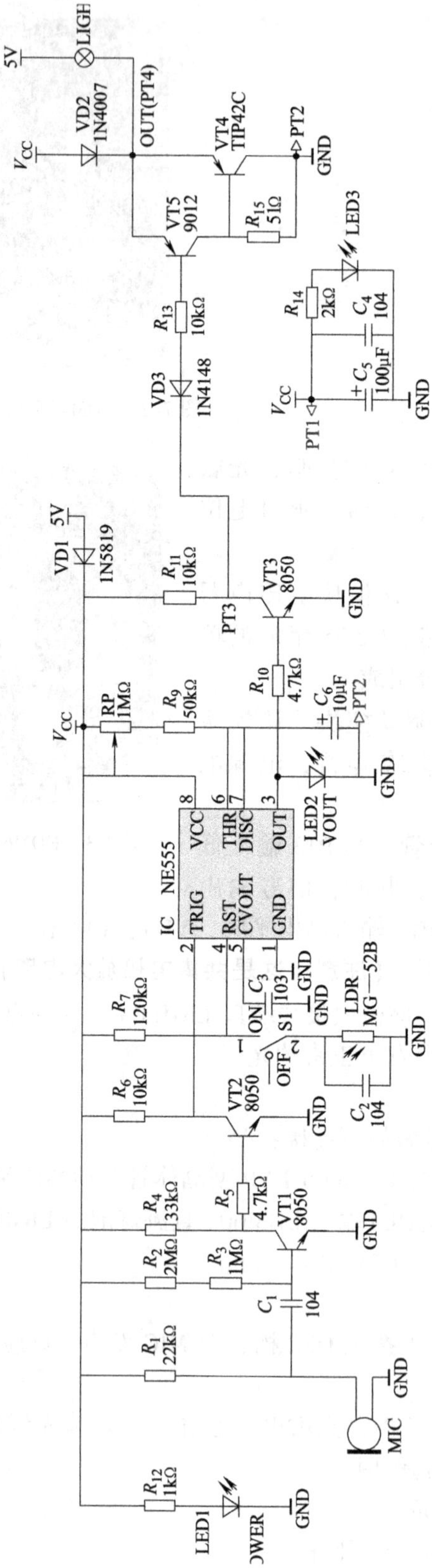

图 7-4 声光控制灯电路图

任务三 用51单片机控制LED发光

工作任务

1）识读单片机51系统板电路原理图。
2）根据电路原理图，利用YL291模块搭接电路。
3）加电观察效果。
4）测量51单片机正常工作时部分引脚的电位和波形。

工作指引

1）准备YL291模块：EDM001 MCS51主机模块，如图7-5所示。

图7-5 EDM001 MCS51主机模块

2）准备连接导线。
3）准备工具、仪表与耗材：数字式万用表或指针式万用表一块。

工作步骤

1. 识读51单片机控制LED发光电路原理图

51单片机控制LED发光电路原理图如图7-6所示。

2. 利用YL291模块搭接电路

1）在ZIF插座上插好STC89S51芯片（已编程）；
2）连接电源线（5V）和地线（GND），由YL135实训台提供直流稳压电源。

3. 加电观察效果

按下电源按钮，开启电源，可观察发光LED的效果。

4. 测量单片机的部分引脚电位，用示波器测量部分引脚的输出波形

将测量结果记录于表7-5中。

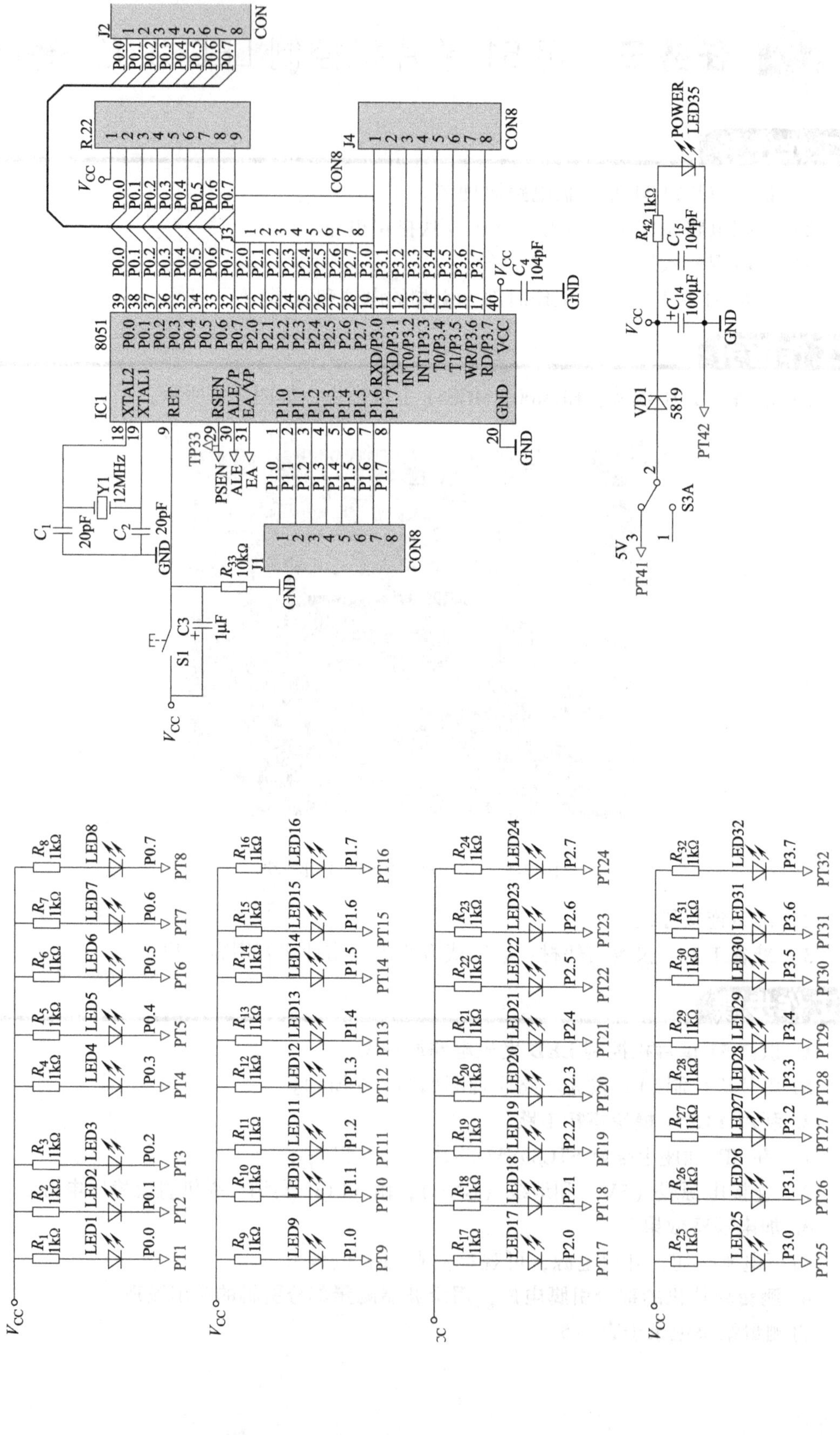

图 7-6 51 单片机控制 LED 发光电路原理图

表 7-5 单片机部分引脚的电位与输出波形

引脚	电位/V	输出波形
9		
18		
19		
30		
31		
40		

相关知识

1. 常用运算放大器

（1）分类 运算放大器（简称运放）种类繁多，常用运算放大器分类见表 7-6。

表 7-6　常用运算放大器分类

分类方法	类　型	典型型号	应用场合
按电路结构分类	双极型集成运算放大器	μA741	输入阻抗低，工作稳定，参数随温度变化小
	结场效应晶体管输入集成运算放大器	2N5460	输入阻抗高，工作不稳定，参数随温度变化大
	MOS 管输入集成运算放大器	ICL7650	输入阻抗高，工作不稳定，参数随温度变化大
	CMOS 管集成运算放大器	LF356	输入阻抗高，工作不稳定，参数随温度变化大
按性能分类	通用型	μA 741、LM358、LM324、LF356	是以通用为目的而设计的，主要特点是价格低廉、产品量大面广，其性能指标能适用于一般性使用
	高精度型	OP—07、OP—27、AD508、ICL7650	应用于精密仪器、弱信号检测等自动控制仪表中
	高速型	LM318、μA715	应用于高速 A/D 和 D/A 转换器、视频放大器中
	高输入阻抗型	LF356、LF355、LF347（四运放）及更高输入阻抗的 CA3130、CA3140 等	应用于仪器仪表中
	低功耗	TL-022C、TL-060C、ICL7600	应用于便携式仪器中
	宽频带	OPA678	应用于无线通信系统中
	高压功率型	D41、μA791	应用于音响电路的功率放大器中

（2）通用运算放大器的引脚说明及其作用　见表 7-7。

表 7-7　通用运算放大器的引脚说明及其作用

通用运算放大器的型号	引脚排列	引脚作用
LM324（四运放）	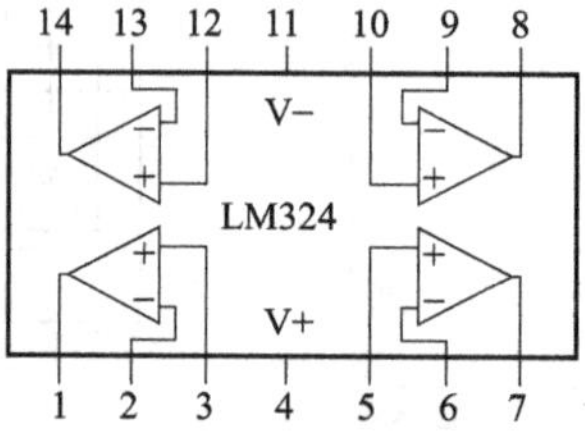	内部包含四组完全相同的运算放大器（简称运放），除电源共用外，四组运放相互独立。11 脚接负电源，4 脚接正电源
μA 741（单运放）	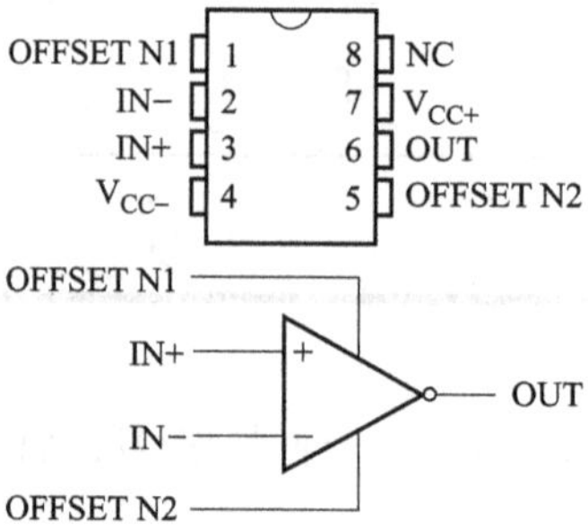	2 脚：反相输入端 3 脚：同相输入端 7 脚：电源电压正端 4 脚：电源电压负端 6 脚：输出端 1、5 脚：调零端

（续）

通用运算放大器的型号	引 脚 排 列	引 脚 作 用
LM358（双运放）	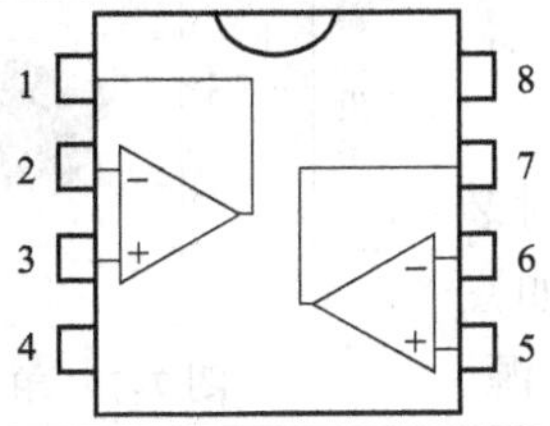	2、6 脚：反相输入端 3、5 脚：同相输入端 8 脚：电源电压正端 4 脚：电源电压负端 1、7 脚：输出端

2. 常用的数字集成电路

常用的数字集成电路（IC）见表 7-8。

表 7-8　常用的数字集成电路（IC）

IC 的型号	电气符号	外形及引脚	说　　明
74LS00 （与非门）	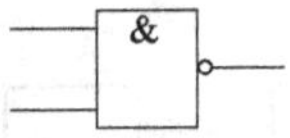国标 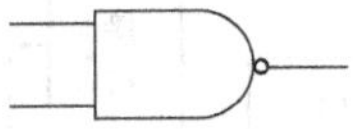（外国标准）	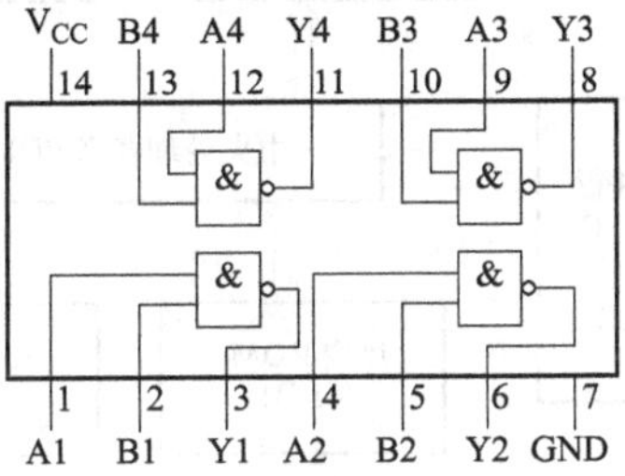	芯片内含 4 组与非门，7 脚接地，14 脚为电源端
74LS04 （非门）	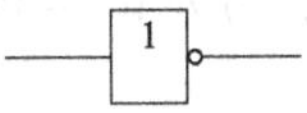	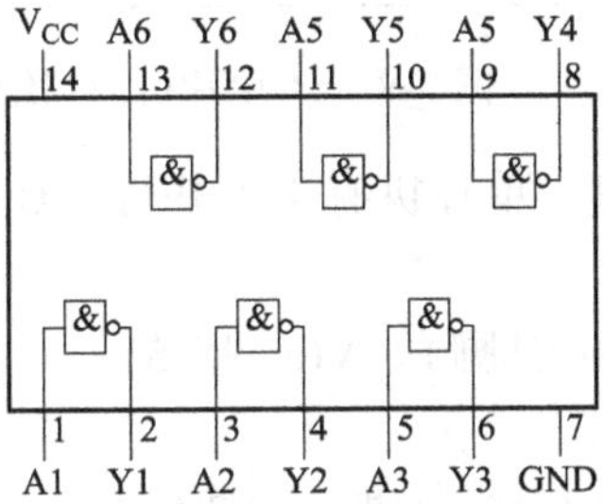	芯片内含 6 组非门，7 脚接地，14 脚为电源端
NE555	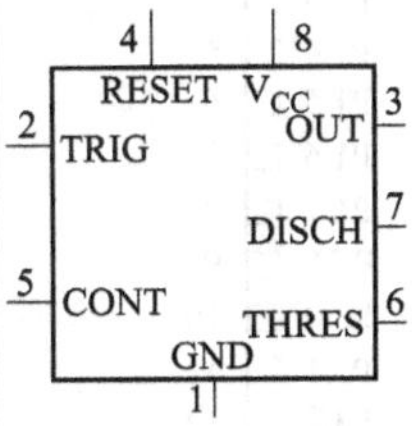	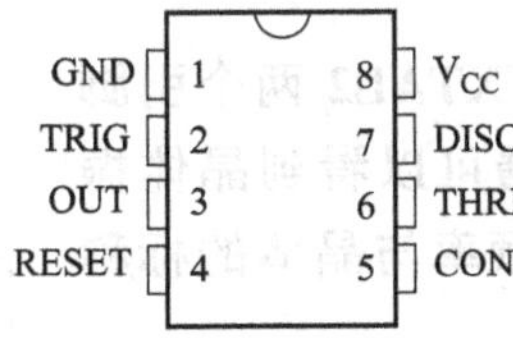	共有 8 个引脚，其中 1 脚为接地端，2 脚触发端，3 脚输出端，4 复位端

3. 单片机介绍

（1）什么是单片机　单片机是“单片微型计算机”（Single Chip Microcomputer）的简称，属于微型计算机的一个分支，它是一块集成电路芯片，其内部基本部件有 CPU（运算器、控制器）、存储器、输入和输出接口电路，因为缺少了输入和输出设备，所以单片机并不是真正意义上的计算机。因为单片机在控制方面具有重要的作用，所以又被称为“微型控制器”（MicroController Unit，MCU）。图 7-7 为单片机应用系统示意图。

（2）51 单片机的内部结构 图 7-8 所示为单片机内部结构框图，它由 CPU、RAM、ROM、中断系统、定时和计数器、时钟电路、串并行接口等组成。

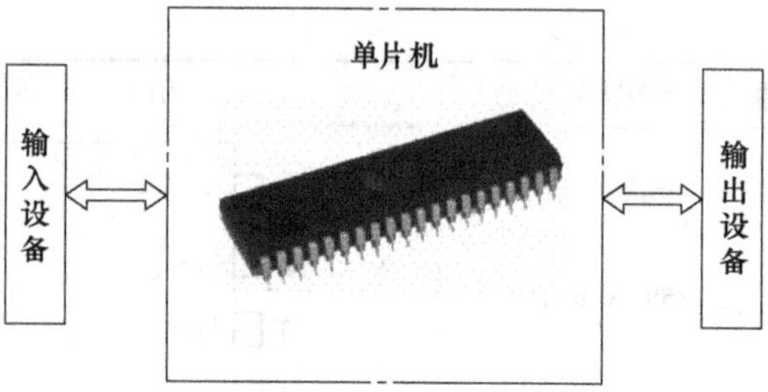

图 7-7 单片机应用系统示意图

（3）AT89S51 单片机引脚 DIP 封装的 AT89S51 单片机共有 40 个引脚，如图 7-9 所示，引脚可分为 I/O 端口、电源、控制、晶振四部分。

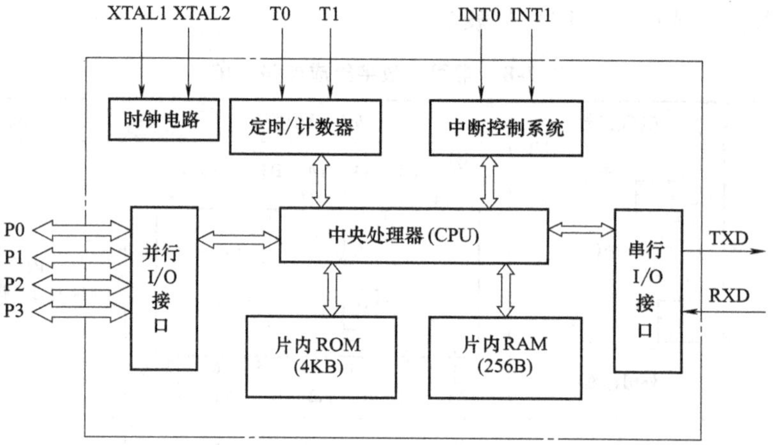

图 7-8 51 单片机内部结构框图

1）8 位并行 I/O 端口。单片机有 4 个并行 I/O 端口，分别记作 P0 ~ P3，共有 32 根口线。

2）电源端（20 和 40 引脚）。VCC 接 5V 直流稳压电源，VSS 接地。

3）外接晶体端（18 和 19 引脚），XTAL1 和 XTAL2。

正常工作时，XTAL1 和 XTAL2 两个引脚的电位为 2V 左右，用示波器可以看到晶体振荡器输出的正弦波波形，其频率与晶体的标称值相同。

4）控制线。包括 RST（9 脚）、ALE（30 脚）、$\overline{\text{PSEN}}$（29 脚）、$\overline{\text{EA}}$（30 脚）等。

RST（9 脚）：复位信号输入端，高电平有效。当单片机运行时，在此引脚加上持续高电平时，就可以完成复位操作，只有完成复位操作，单片机才能正常工作。在单片机正常工作时，此脚应为低电平。

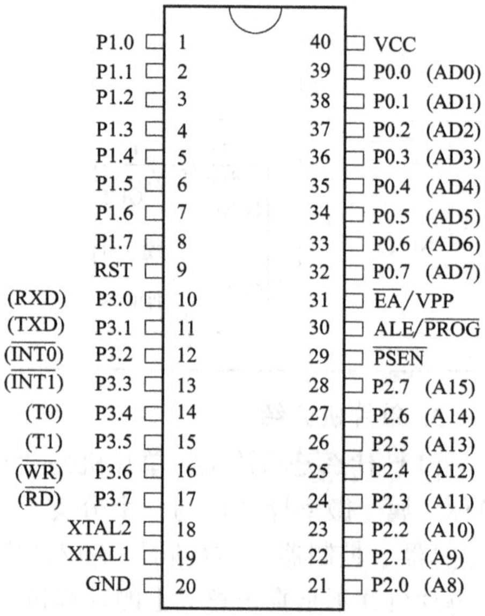

图 7-9 AT89S51 单片机引脚示意图

ALE（30 脚）：ALE 为地址锁存允许信号，当单片机上电正常工作后，ALE 引脚不断输出正脉冲信号，此脉冲信号的频率为时钟频率的 1/6。

如果想判断单片机硬件部分是否正常工作，可用示波器查看 ALE 端是否有脉冲信号输出。

$\overline{PSEN}$（29 脚）：$\overline{PSEN}$为程序存储器允许输出控制端，低电平有效。

$\overline{EA}$（31 脚）：此引脚功能为内外程序存储器选择控制端。当$\overline{EA}$端为高电平时，单片机访问内部程序存储器；当$\overline{EA}$保持低电平时，则只访问外部程序存储器，不论是否有片内程序存储器。

当前 51 系列单片机均使用片内存储器，此时要将$\overline{EA}$端接 5V。

项目评价

根据附录 C 中给出的项目评价标准，对本项目所做工作进行评价，并填入表 7-9中。

表 7-9 项目评价表

评价项目	自我评价	小组评价	教师评价
元器件的识别			
元器件的测量			
模块搭建			
仪器仪表的使用			
知识点的掌握			
小组成员的合作			
安全文明操作			

项目八 显示器件

家电与各种工业控制设备通常带有 LED 数码显示屏，数码显示制作成本低、显示亮度高、直观醒目、应用广泛，图 8-1 和图 8-2 分别为电磁炉和热水器的 LED 数码显示屏。日常生活中，液晶显示（LCD）的家电产品也越来越多，如微波炉、电饭煲、电子手表、手机、电视机等。与数码管显示相比，液晶显示的优点很多：显示分辨率高，可以显示多行数字、字符、汉字，也可以显示各种图像。图 8-3 为电饭煲的 LCD 显示屏，图 8-4 是采用 LED 点阵制作的银行叫号显示屏。

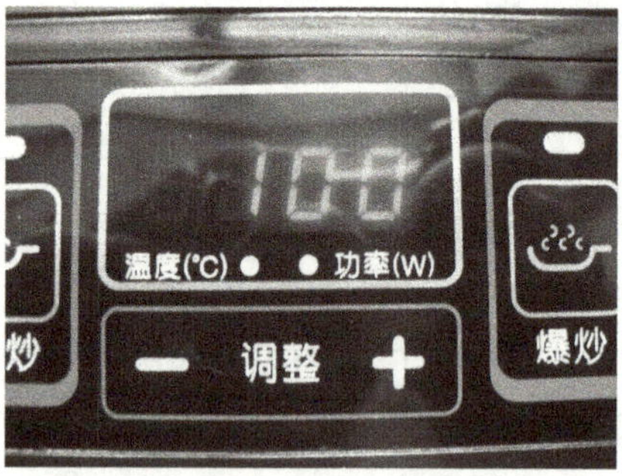

图 8-1　电磁炉的 LED 数码显示屏

图 8-2　热水器的 LED 数码显示屏

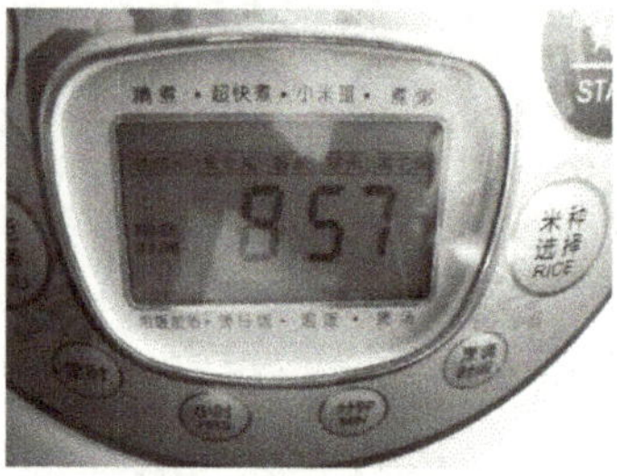

图 8-3　电饭煲的 LCD 显示屏

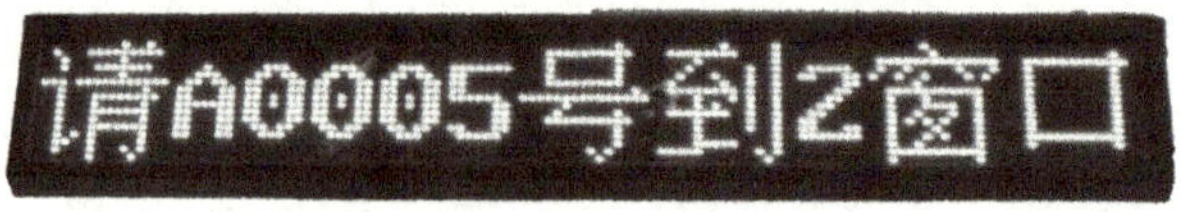

图 8-4　银行叫号显示屏

任务一　LED 数码管的识别与测量

工作任务

1）认识一位、二位和四位 LED 数码管。

2）用万用表测量 LED 数码管。

3）绘制一位、二位和四位 LED 数码管的引脚排列图。

工作指引

1）准备元器件：清单见表 8-1。

表 8-1 元器件清单

名 称	规 格	数 量
一位 LED 数码管	共阴极	1
	共阳极	1
二位 LED 数码管	共阴极	1
	共阳极	1
四位 LED 数码管	共阴极	1
	共阳极	1

2）准备工具、仪表与耗材：数字式和指针式万用表各一块。

工作步骤

1. 认识 LED 数码管

一位 LED 数码管共有 8 个段：a、b、c、d、e、f、g，dp，如图 8-5 所示，其背面有 10 个引脚，8 个段位引脚，另外两个引脚为公共端 COM1 和 COM2（COM1 与 COM2 在内部是连在一起的），用于控制该数码管的亮灭。

图 8-6 所示为二位一体的 LED 数码管，两位 8 段共用，背面共有 10 个引脚，其中有 2 个公共端引脚 COM1 和 COM2，分别用于控制个位与十位数码管的亮灭。要注意的是这两个公共端没有连在一起。

图 8-5 一位 LED 数码管

图 8-6 二位一体 LED 数码管

图 8-7 四位一体 LED 数码管

图 8-7 所示为四位一体 LED 数码管，四位 8 段共用，背面共有 12 个引脚，其中有 4 个公共端引脚 COM1 ~ COM4，分别用于控制四位数码管的亮灭。

2. 测量一位 LED 数码管

(1) 判断 LED 数码管的极性（共阴极、共阳极） 通过判断任意段与公共端连接的二极管极性就可以判断出数码管是共阴极还是共阳极。先假设数码管是共阳极的，那么将指针式万用表的黑表笔（正极）与数码管的公共段（COM1 或 COM2）相接，然后用万用表的红表笔逐个触碰数码管的各段，数码管的各段将被逐个点亮，则说明假设正确，此数码管是共阳极的；如果数码管的各段均不亮，则说明数码管是共阴极的，可以将红黑表笔交换连接后测试。如果数码管只有部分段点亮，而另一部分不亮，则说明数码管损坏。

(2) 判断 LED 数码管的 8 个段位（a ~ dp） 使用数字式万用表二极管档，将黑表笔（或红表笔）固定接在公共端（COM1 或 COM2），然后依次接触其余各引脚时，数码管的各段先后分别发光，据此可找到 8 个段位，并绘出 LED 数码管的引脚排列图，如图 8-8 所示。

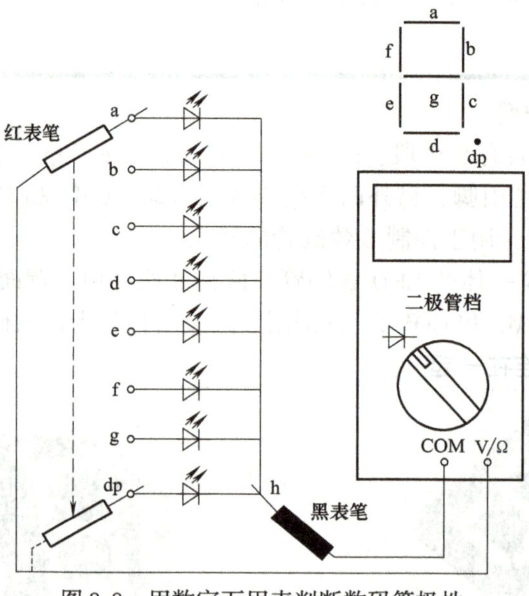

图 8-8 用数字万用表判断数码管极性

动手做

用数字式万用表测量二位及四位 LED 数码管，并绘制其引脚排列图。

任务二 用 LED 数码管制作电子秒表

工作任务

1）识读电子秒表电路原理图。

2）根据电路原理图，利用 YL291 模块搭接电路。

3）加电观察效果。

4）测量 LED 数码管正常工作时各段的电压值。

工作指引

1）准备 YL291 模块：EDM605 四位数码管显示模块、EDM001 MCS51 主机模块。

2）准备连接导线。

3）准备工具、仪表与耗材：数字式万用表一块。

工作步骤

1. 识读电子秒表电路原理图

电子秒表电路原理图如图 8-9 所示。

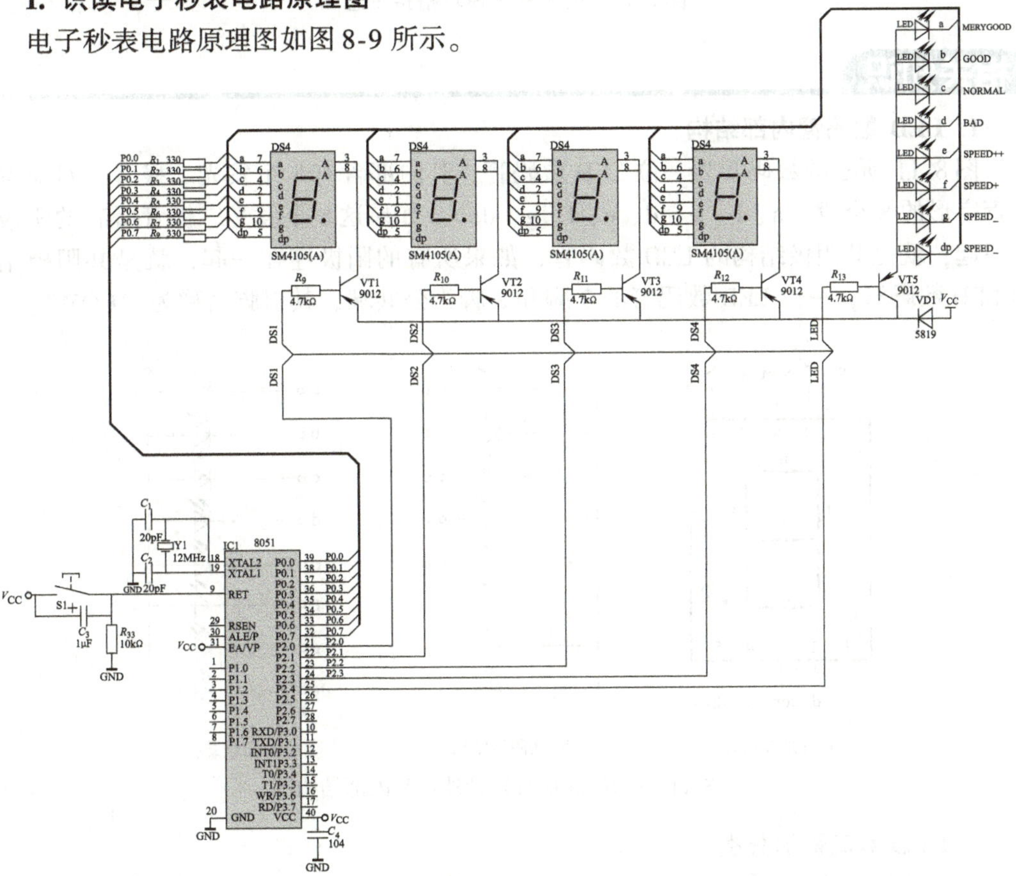

图 8-9 电子秒表电路原理图

2. 搭接电路

EDM001 MCS51 单片机主机模块与 EDM605 四位数码管显示模块接线部分：P0.0 ~ P0.7 接 a ~ dp，P2.0 ~ P2.3 接 DS1 ~ DS4、P2.4 接 LED。

3. 加电测试

4. 测量

用万用表测量 LED 数码管导通时各段电压值和公共端的电压值。

图 8-10 所示为模块搭接的示意图，粗线表示总线连接。

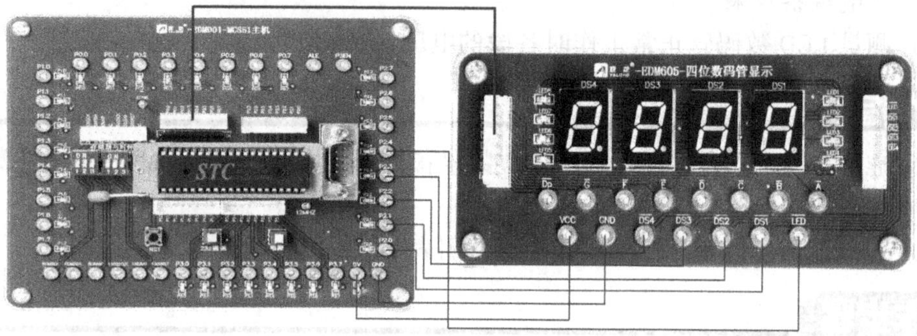

图 8-10　电子秒表模块搭接示意图

相关知识

1. LED 数码管内部结构

图 8-11 所示的数码管为一位 LED 数码管，其内部含有 8 个发光二极管，对应着数码管字形的 8 个段（a、b、c、d、e、f、g、dp）。如果这 8 个发光二极管所有的阴极连在一起，就是共阴极结构的 LED 数码管，如果所有的阳极连在一起，就是共阳极结构的 LED 数码管，一位 LED 数码管的 3 脚和 8 脚为公共端，其引脚名称为“COM”。

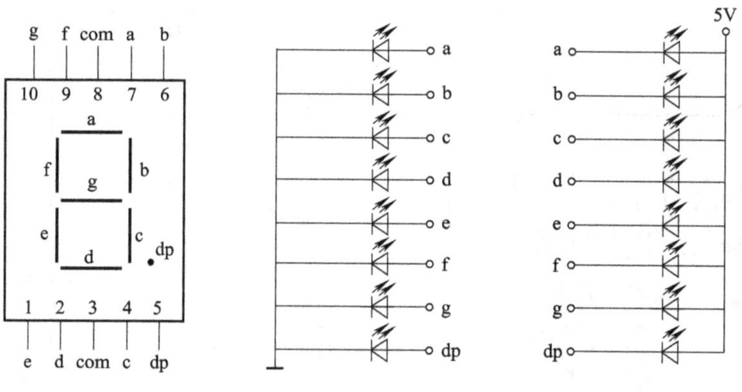

a) 外形和引脚　　b) 共阴极结构　　c) 共阳极结构

图 8-11　一位 LED 数码管外形和内部结构图

2. LED 数码管的分类

LED 数码管的外形尺寸有多种形式，使用较多的是 0.5″和 0.8″，为了使用方便通常将几个 LED 数码管做在一起，组成一个显示模块，常见的有两位、四位、六位或八位 LED 数码显示模块，如图 8-19 所示，多位 LED 数码管的 8 个段共用，*N* 位数码显示模块就有 *N* 个公共端用于控制某位数码管的亮灭；按显示颜色也有多种形式，主要有红色、绿色、黄色和蓝色；按亮度强弱可分为超亮、高亮和普亮。

表 8-2　数码管实物图与引脚排列对照表

	实　物　图	常见引脚排列
一位数码管		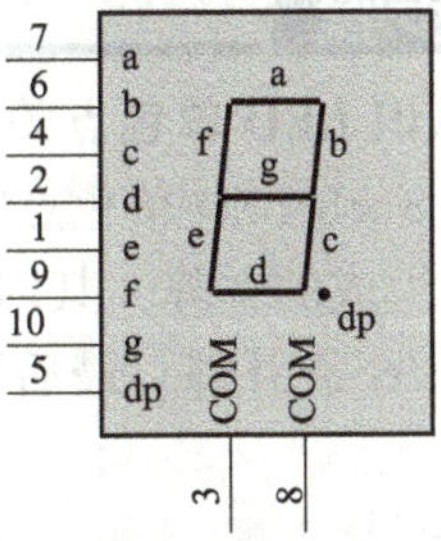
两位数码管		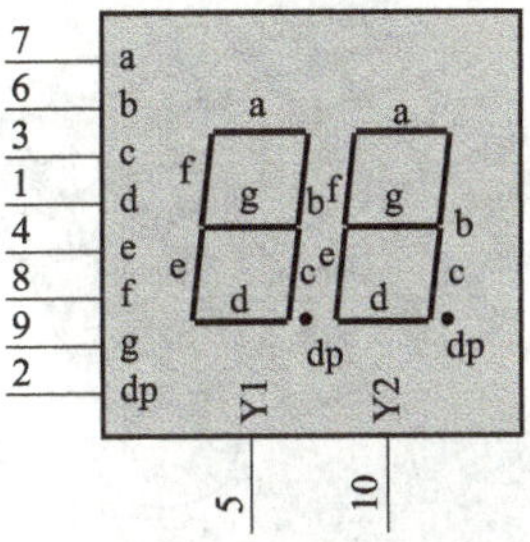
四位数码管		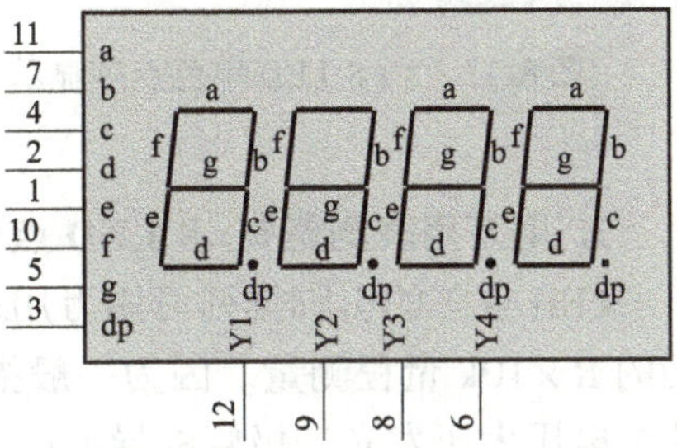

3. LED 数码管的工作参数

LED 数码管的正向压降一般为 1.5～2V，额定电流约为 10mA，最大电流约为 40mA，实际使用时，通常需要串联一个限流电阻（500Ω 左右），使其电流不超过 10mA，防止其烧坏。

任务三　LED 点阵的识别与检测

工作任务

1）认识 LED 点阵。

2）用万用表测量 8×8 LED 点阵。

3）绘制 8×8 LED 点阵的引脚排列图。

工作指引

1）准备元器件：8×8 LED 单色点阵显示模块一个。

2）准备工具、仪表与耗材：指针式万用表（MF47 型）一块。

工作步骤

1. 认识 LED 单色点阵显示模块

一块 8×8 LED 单色点阵显示模块（简称 8×8 LED 点阵）是由 64 只发光二极管按一定规律组成的方阵，其内部各二极管引脚按一定规律连接成 8 条行线和 8 条列线，作为模块的 16 条引脚，最后再封装起来。8×8 LED 正面和焊接面如图 8-12 和图 8-13 所示。

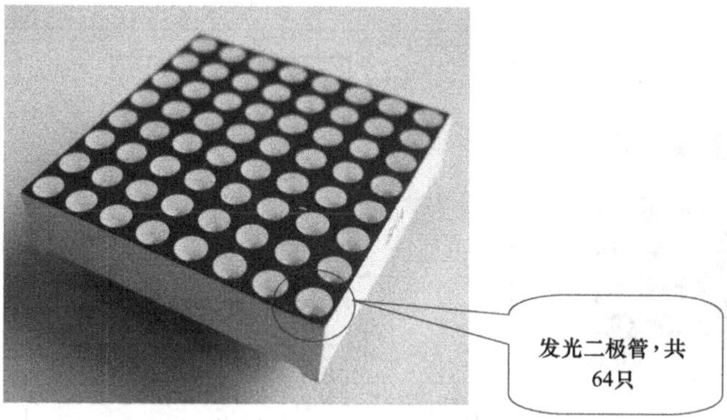

图 8-12 8×8 LED 单色点阵显示模块（正面）

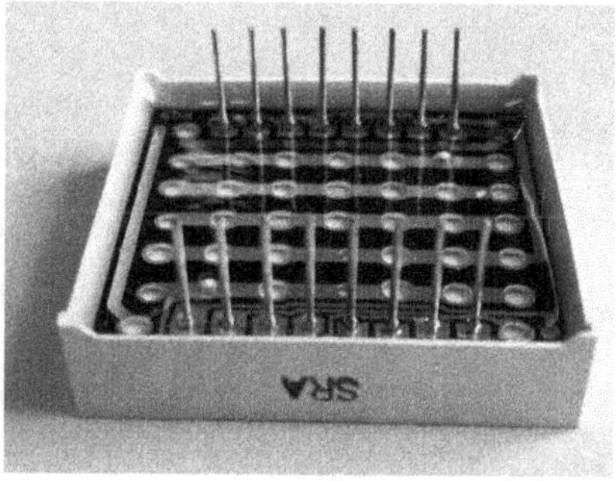

图 8-13 8×8 LED 单色点阵显示模块（焊接面引脚）

2. 用万用表测量 8×8 LED 点阵

LED 点阵的引脚排列可用万用表测量出来，如图 8-14 所示，这里用指针式万用表档的 R×10k 量程测量。因为一般指针式万用表电阻档的 R×10k 量程由 9V 电池供电，这个电压大于发光二极管的导通电压，能够使发光二极管导通而发出微弱的光；电阻档的其他量程使用的是 1.5V 电池供电，达不到发光二极管的开启电压（即正向导通电压），测量效果不明显。

随机找两个引脚测试（其原理与测量发光二极管基本相同），观察前面的 LED 有没有点亮的，没有则换其他引脚再试，有则将引脚位置、点亮的 LED 行、列位置和极性记录下来；如果全没有，则调换表笔，再测一遍。最后将得到一份完整的 LED 点阵列数据表，根据该数据表就可以确定每

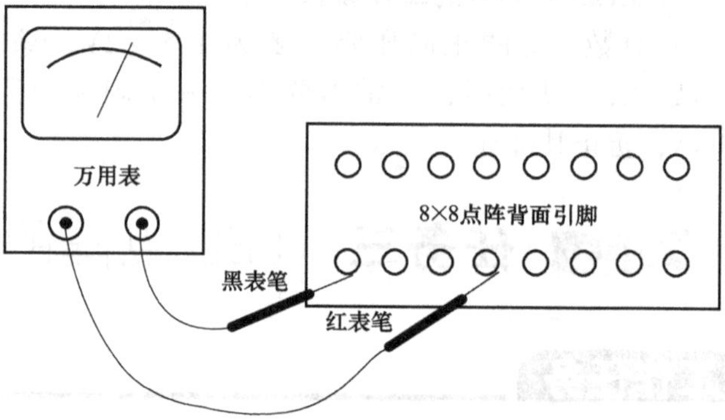

图 8-14 用万用表测量 LED 点阵模块

根列线和行线所对应的引脚。

3. 绘制 8×8 LED 点阵的引脚

根据前面测量的结果，绘制 8×8 LED 点阵的焊接面引脚排列图。

任务四 使用 LED 点阵制作一个广告显示屏

工作任务

1）识读广告显示屏电路原理图。

2）根据电路原理图，利用 YL291 模块搭接电路。

3）加电观察效果。

工作指引

1）准备 YL291 相关模块：

EDM002 AVR 单片机主机模块；

EDM601 64×32 点阵模块；

EDM314 ±5V，±12V 直流电源模块；

EDM315 变压器模块；

EDM403 8 位独立按键模块。

2）准备连接导线。

3）准备工具、仪表与耗材：数字式和指针式万用表各一块。

工作步骤

1. 识读广告显示屏电路原理图

广告显示屏电路原理图如图 8-15（见书后插页）所示。

2. 搭接电路

1）各模块都连接电源 5V，GND；

2）EDM002 AVR 单片机主机模块与 EDM601 64×32 点阵模块的接线方法：PA0～PA7 接 DB0～DB7，PC0～PC7 接 COL0～COL7，PB4～PB7 接 ROW3～ROW0；

3）EDM002 AVR 单片机主机模块的时钟芯片拨码开关打向开状态，即 PB0、PB1、PB2 分别接 1302SCLK、1302I/O、1302RST；

4）EDM002 AVR 单片机主机模块与 EDM403 8 位独立按键模块的接线方法：PD0～PD7 分别接 f2、ok、set、f1、left、up、down、right。

3. 加电调试

1）按产品模块总图连接好接线，（**需要注意的是，EDM002 AVR 单片机主机模块上集成了 DS1302 时钟芯片，使用时务必把其对应的拨动开关向上拨动**）。

2）当广告屏运行到时间界面，按 set 键可设定时间，并按 ok 键退出。

相关知识

1. LED点阵的应用

LED点阵是由发光二极管排列组成的显示器件，在我们日常生活中随处可见，特别是它属于冷光源，效率及发热量是普通发光器件难以比拟的。LED点阵采用低电压扫描驱动，具有耗电少、使用寿命长、成本低、亮度高、故障少、视角大、可视距离远、可靠耐用、应用灵活、安全、响应时间短、绿色环保、控制灵活等诸多优点。目前LED显示屏作为新一代的信息传播媒体，已经成为城市信息现代化建设的标志，其应用领域越来越广。

2. LED点阵的结构

一个LED点阵显示模块一般是由$M \times N$个LED组成的矩阵，有的点阵中的LED是由双色发光二极管组成的，即双色LED点阵模块。由多个LED点阵显示模块可组成点阵数更高的点阵，如4个8×8 LED点阵显示模块可构成16×16点阵。

任务五 液晶显示模块的识别

工作任务

1）认识液晶显示模块（LCD1602与LCD12864）。

2）绘制LCD1602与LCD12864液晶模块的引脚排列图。

工作指引

1）准备元器件：LCD1602与LCD12864液晶模块各一块。

2）准备工具、仪表与耗材：数字式万用表一块。

工作步骤

1. 认识LCD液晶显示模块

（1）LCD1602 图8-16所示为16×2的液晶显示模块，只能显示两行16个字符，不能显示图形。

（2）LCD12864 图8-17为128×64液晶显示模块，可以显示黑白图形与文字。图8-18为其LCD驱动电路。

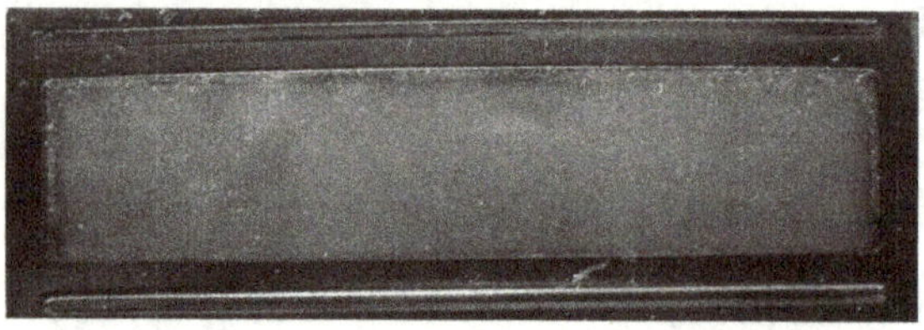

图8-16 液晶显示模块LCD1602正面图

图8-17 液晶显示模块LCD12864正面图

图 8-18 液晶显示模块 LCD12864 的 LCD 驱动电路

2. 绘制液晶显示模块 LCD12864 的引脚排列图

查阅相关资料，绘制其引脚排列图。

相关知识

液晶显示器（LCD）分为段位式、字符式和点阵式。段位式 LCD 和字符式 LCD 只能用于字符和数字的简单显示，不能满足图形曲线和汉字显示的要求。点阵式 LCD 不仅可以显示字符、数字，还可以显示各种图形、曲线及汉字，并且可以实现屏幕上下左右滚动以及动画、分区开窗口、反转、闪烁等功能，用途十分广泛。

（1）LCD12864 简介 LCD12864 是一种图形点阵液晶显示器，它主要由行驱动器/列驱动器及 128×64 全点阵液晶显示器组成，如图 8-19 所示。

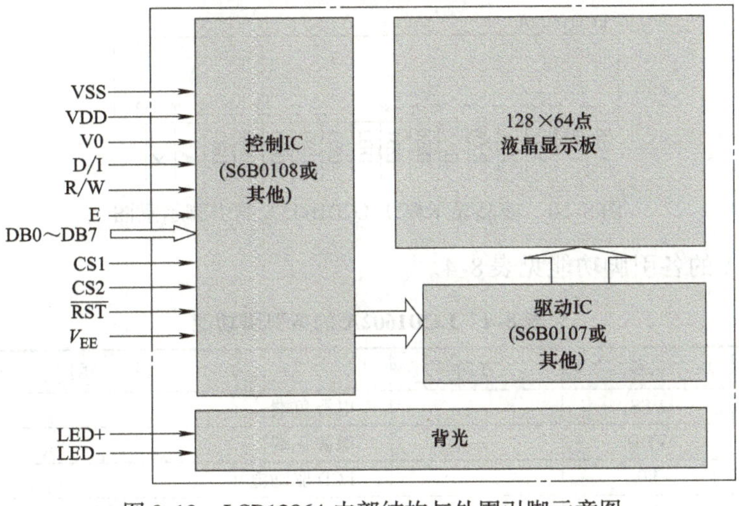

图 8-19 LCD12864 内部结构与外围引脚示意图

表 8-4 是 LCD12864 各引脚的作用。

（2）LCD1602A 简介

LCD1602A 是 16 列、2 行字符式液晶模块，可以显示其 ROM 中存放的各种字形，包括 ASCII 码字符、日文假名和其他一些常用字符（希腊字母，运算符号，计量/货币单位等)。显示时须向它提供字符的编码（如 ASCII）和显示位置。

LCD1602A 的引脚如图 8-20 所示。

表 8-3　LCD12864 各引脚的作用

引脚号	引脚	电平	说　明
1	VSS	0V	逻辑电源地
2	VDD	5V	逻辑电源正
3	V0	—	LCD 驱动电压,应用时在 V_{EE} 与 V0 之间加一 2kΩ 可调电阻
4	D/I	H/L	数据\指令选择,高电平:数据 D0-D7 将送入显示 RAM；　低电平:数据 D0-D7 将送入指令寄存器执行
5	R/W	H/L	读\写选择,高电平:读数据;低电平:写数据
6	E	H/L	读写使能,高电平有效,下降沿锁定数据
7	DB0	H/L	数据总线
8	DB1	H/L	
9	DB2	H/L	
10	DB3	H/L	
11	DB4	H/L	
12	DB5	H/L	
13	DB6	H/L	
14	DB7	H/L	
15	CS1	H/L	片选择信号,高电平有效
16	CS2	H/L	片选择信号,高电平有效
17	$\overline{RST}$	L	复位信号,低电平有效
18	VEE	-10V	LCD 驱动电源
19	LED +	5V	背光电源正极
20	LED -	0V	背光电源负极

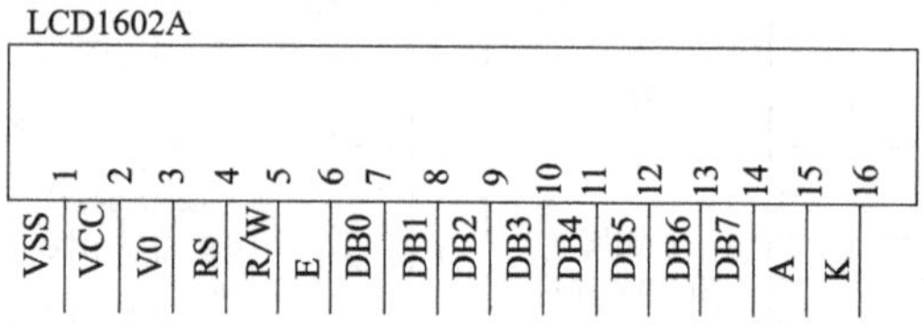

图 8-20　液晶显示模块 LCD1602A 的引脚示意图

LCD1602A 的各引脚功能见表 8-4。

表 8-4　LCD1602A 的各引脚功能

引脚号	名称	方向	说　明
1	VSS	—	电源负端
2	VDD	—	电源正端
3	V0	—	LCD 驱动电压
4	RS	I	RS =0 时输入指令;RS =1 时输入数据
5	R/W	I	R/W =0 时进行写操作;R/W =1 时进行读操作
6	E	I	读操作时,高电平有效;写操作时,下降沿有效
7 ~ 14	DB0 ~ DB7	I/O	单片机与模块之间的数据传送通道,作 4 位总线用时, DB0 ~ DB3 脚断开
15	A	—	背光电源正端接 5V
16	K	—	背光电源负端接 0V

项目评价

根据附录 C 中给出的评价标准，对本项目所做工作进行评价，并填入表 8-5。

表 8-5　项目评价表

评价项目	自我评价	小组评价	教师评价
元器件的识别			
元器件的测量			
模块搭建			
仪器仪表的使用			
知识点的掌握			
小组成员的合作			
安全文明操作			

项目九
电声器件

电声器件可以接收声音信号，也可以发出声音信号，电声设备通过电声器件与用户进行交互，使设备操作更加人性化。在日常生活中，电声器件应用相当广泛，如音箱、耳机中的扬声器，传声器中的拾音器、电话机和手机中的送话器与受话器、各种电器设备中的报警器等都属于电声器件，如图9-1、图9-2和图9-3所示。

电声器件可分为两大类：第一是将电能转换为声音的换能器件，如扬声器、电话机中受话器、蜂鸣器等；第二大类是将声音信号转换为电信号的换能器件，如传声器中的拾音器、电话机的送话器等。

图9-1　音箱

图9-2　扬声器与传声器

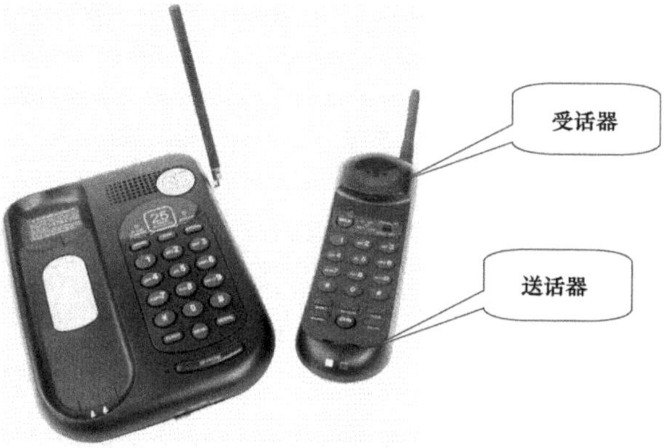

图9-3　电话机的送话器与受话器

任务一　扬声器的识别与检测

工作任务

1）认识扬声器。
2）扬声器的检测。
3）提交一份检测报告。

工作指引

1）准备元器件：清单见表 9-1。

表 9-1　元器件清单

序　　号	名　　称	数　　量
1	动圈式扬声器	2
2	耳机	2

2）准备工具、仪表与耗材：数字式万用表、指针式万用表（MF47 型）各一块。

工作步骤

1. 认识扬声器（动圈式）

图 9-4 所示为动圈式扬声器，其正面是用于发声的纸盆，背面有一块磁铁，侧面有 2 个电极（正极和负极），周围的四个螺钉孔用于固定扬声器。图 9-5 为扬声器在电路中的电气符号。

图 9-4　动圈式扬声器外形

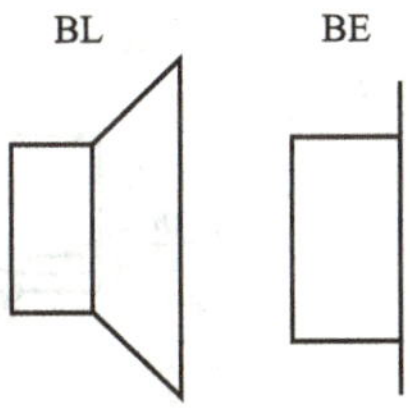

图 9-5　扬声器的电气符号

2. 用万用表（指针式）**测量扬声器的极性与阻抗**

（1）判断动圈式扬声器的正负极性　将万用表（指针式）置于 0.5mA 电流档，两表笔分别接在待测扬声器的两个焊片上，用手指轻按扬声器的纸盆，使与纸盆连接的线圈作切割磁力线运动，这时线圈中就会有感应电流产生，可观察万用表指针偏转的方向：若指针按顺时针方向偏转，则黑表笔所接的一端为正极，反之则为负极。

（2）测量动圈式扬声器线圈的阻抗　将万用表置于 R×1 档，用两表笔（不分正负极）分别接触扬声器的接线端，若听到明显的“咯咯”响声，则表明线圈未断路。再观察万用表读数，若测出来的阻抗与扬声器标称阻抗相近，说明扬声器良好；如果实际阻值比标称阻值小得多，说明扬声器线圈存在匝间短路；若阻值为∞，说明线圈内部断路，或接线端有可能断线、脱焊或虚焊。

相关知识

扬声器俗称喇叭，是一种可以将电能转换为声音信号的换能器件。在日常生活中，扬声器发挥着重要的作用，如在电影院、歌舞厅等场合，还有收音机、电视机、录放机等电器中都离不开扬声器。

1. 扬声器的分类

按换能方式分，扬声器可分为动圈式扬声器、电磁式扬声器、压电式扬声器和电容式（静电式）扬声器等。

按结构形式分，扬声器可分为单纸盆扬声器、复合纸盆扬声器、号筒扬声器、复合号筒扬声器、同轴扬声器等。

按振膜形式分，扬声器可分为锥形扬声器、平板形扬声器、带形扬声器、球顶形扬声器、平膜形扬声器等。

按工作频段分，扬声器可分为低频、中频、高频和全频段扬声器。

按使用的场合分，扬声器可分为高保真用扬声器、扩音用扬声器、监听用扬声器、乐器用扬声器、彩电用扬声器、汽车用扬声器、建筑场房吸顶用扬声器以及防水、防火、防爆等用途的扬声器等。

按外形分，扬声器可分为圆形、椭圆形、薄形、球形扬声器等。

按振膜材料分，扬声器可分为纸盆式扬声器、碳纤维扬声器、PP 盆扬声器、钛膜扬声器、玻纤扬声器等。

2. 扬声器（动圈式）的内部结构和工作原理

动圈式扬声器由三部分组成：磁路系统、振动系统和支撑辅助件，内部结构如图 9-6 所示。

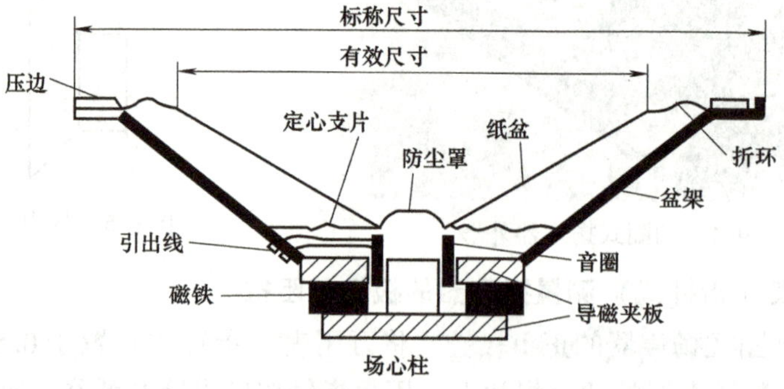

图 9-6　动圈式扬声器的内部结构

（1）磁路系统　扬声器的性能与磁路系统有密切关系，设计合理的磁路可得到较高效率的能量转换，在环形磁隙中应有足够大和均匀的磁通密度，这些与导磁材料的选择、磁铁的质量和磁路形式的选择等有关。磁路系统中的磁铁提供的磁能被音圈利用。

（2）振动系统 扬声器的振动系统包括音圈、振膜和保证音圈在气隙中处于正确位置的定心支片。这些是纸盆扬声器的关键零部件。

（3）支撑及辅助件 它包括盆架、压边、防尘罩、引出线等，是扬声器必不可少的辅助件。

扬声器的音圈与纸盆连成一体，当音圈中输入由放大器输出的电流时，音圈和磁铁之间产生磁场，根据音圈中流过电流的大小不同，音圈带动扬声器的振膜在磁场中作不同垂直方向的运动，扬声器发出不同频率的声音。

3. 扬声器（压电式）的内部结构和工作原理

压电式扬声器的内部结构如图 9-7 所示，压电式扬声器中两片圆形的陶瓷片压在一起，两瓷片中间再夹一片金属片构成双压电片，双压电片经耦合元件与纸盆相连。

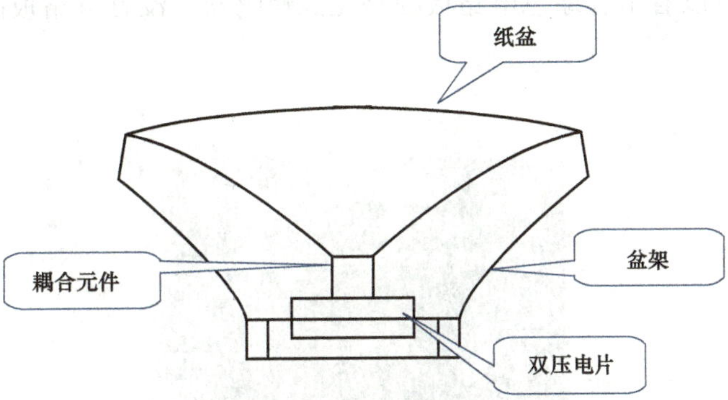

图 9-7 压电式扬声器的内部结构

压电式扬声器是利用压电陶瓷材料的压电效应而做成的。在陶瓷片表面加音频电压，陶瓷片就会产生与音频电压相应的机械振动，然后此振动转为纸盆的振动，使周围的空气发生振动，从而发出声音。

该种扬声器的优点是结构简单，轻薄小巧，价格低廉；缺点是频率特性较差，音质不太好。

任务二 蜂鸣器的识别与检测

工作任务

1）认识蜂鸣器。

2）检测蜂鸣器（有源和无源）。

3）撰写检测报告。

工作指引

1）准备元器件：清单见表 9-2。

2）准备工具、仪表与耗材：数字式万用表与指针式万用表各一块。

表 9-2 元器件清单

序 号	名 称	数 量
1	有源蜂鸣器	2
2	无源蜂鸣器	2

工作步骤

1. 认识蜂鸣器

蜂鸣器分为有源和无源两种，其外观如图 9-8、图 9-9 所示，其电气符号如图 9-10 所示。从外观上看，有源和无源两种蜂鸣器好像一样，但仔细观察，两者的高度略有区别：此处有源蜂鸣器高度为 9mm，而无源蜂鸣器的高度为 8mm。如将两种蜂鸣器的引脚朝上放置时，可以看出有绿色电路板的是无源蜂鸣器，没有电路板而用黑胶封闭的是有源蜂鸣器。

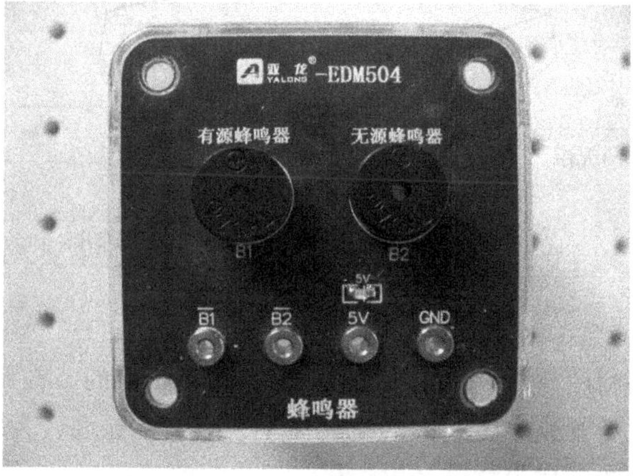

图 9-8 EDM 504 蜂鸣器模块顶视图

图 9-9 EDM 504 蜂鸣器模块侧视图

注意，蜂鸣器底部标有正负极性，使用时需注意不要搞错。

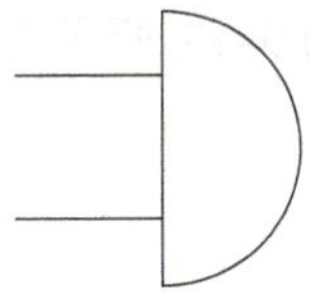

图 9-10 蜂鸣器的电气符号

2. 蜂鸣器检测

判断有源和无源蜂鸣器　将指针式万用表置于电阻档 R×1 档，用黑表笔接蜂鸣器的“+”引脚，红表笔在另一引脚上来回碰触，如果触发出“咔、咔”声且阻值为 8Ω（或 16Ω），则该蜂鸣器为无源蜂鸣器；如果能发出持续声音，且阻值在几百欧以上的，则是有源蜂鸣器。

有源蜂鸣器直接接上额定电源（新的蜂鸣器在标签上都有标识）就可连续发声；而无源蜂鸣器则和电磁扬声器一样，需要接在音频输出电路中才能发声。

相关知识

蜂鸣器是一种一体化结构的电子讯响器，广泛应用于计算机、打印机、复印机、报警器、电子玩具、汽车电子设备、电话机、定时器等电子产品中作发声器件。

（1）蜂鸣器的分类　蜂鸣器按照工作原理可分为压电式蜂鸣器和电磁式蜂鸣器两种类型；按照有无振荡电路可分为有源和无源蜂鸣器。

（2）蜂鸣器的结构和工作原理　压电式蜂鸣器主要由多谐振荡器、压电蜂鸣片、阻抗匹配器及共鸣箱、外壳等组成。当接通电源后（1.5～15V 直流工作电压），多谐振荡器起振，输出 1.5～2.5kHz 的音频信号，阻抗匹配器推动压电蜂鸣片发声。压电蜂鸣片由压电陶瓷材料制成。

电磁式蜂鸣器由振荡器、电磁线圈、磁铁、振动膜片及外壳等组成。接通电源后，振荡器产生的音频信号电流通过电磁线圈，使电磁线圈产生磁场。振动膜片在电磁线圈和磁铁的相互作用下，周期性地振动发声。

任务三　驻极体传声器（MIC）识别与测量

工作任务

1）认识驻极体传声器。
2）检测驻极体传声器。
3）撰写测试报告。

工作指引

1）准备元器件驻极体传声器 2 个。
2）准备工具、仪表与耗材：数字式万用表与指针式万用表各一块。

工作步骤

1. 认识驻极体传声器

驻极体传声器实物图（正面）如图 9-11 所示。

图 9-12 所示为声光控制模块（背面）中的驻极体传声器。

图 9-11　驻极体传声器实物图（正面）

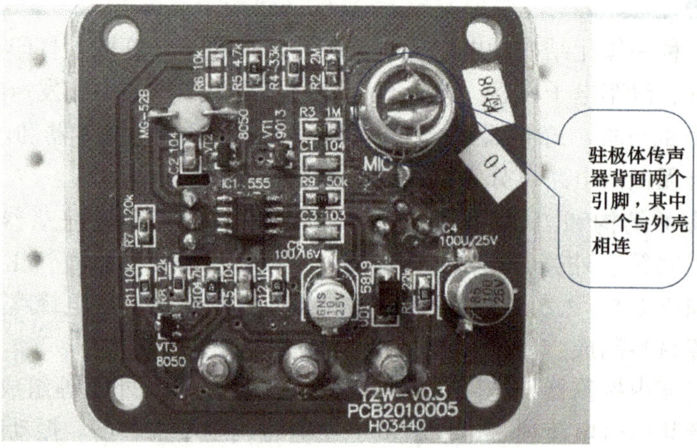

图 9-12　声光控制模块中驻极体传声器的背面

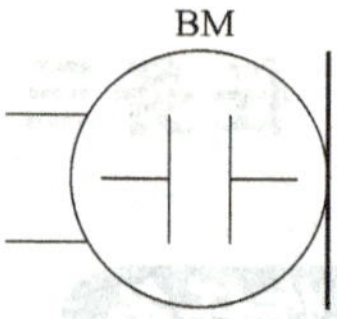

图 9-13　驻极体传声器的电气符号

图 9-13 为驻极体传声器在电路中的电气符号，其内部有一个电容符号，表示为电容式驻极体传声器，在电路中用字母 BM 来表示。驻极体传声器的**灵敏度通常用白、蓝（绿）、黄、红等色点来分档**，白点灵敏度最高，红点最低。有的传声器则以**防尘罩的颜色来表示灵敏度**，也有的**用与型号有明显区别的 A、B、C 等字母表示**，其中 A 为最低灵敏度。

2. 检测驻极体传声器

（1）灵敏度测量　将万用表拨至 R×100 档，两表笔分别接传声器两电极（注意**不能错接到传声器的接地极**），待万用表示数稳定后，用嘴对准传声器轻轻吹气（吹气速度要慢而均匀），边吹气边观察表针的摆动幅度。吹气瞬间表针摆动幅度越大，传声器灵敏度就越高，送话、录音效果就越好。若摆动幅度不大（微动）或根本不摆动，说明此传声器性能差，不宜使用。

（2）阻值测量　通过测量驻极体传声器引线间的电阻，可以判断其内部是否开路或短路。用万用表红表笔接传声器芯线或信号输出点，黑表笔接引线的金属外皮或传声器的金属外壳。一般所测阻值应为 500Ω～3kΩ。如果阻值为无穷大，则表明内部开路；

若接近0，则表明传声器内部短路；若比正常值小得多或大得多，说明它的性能变差或已经损坏。

相关知识

1. 驻极体传声器的工作原理

驻极体传声器是一种常用的能将声音信号转换成电信号的声电转换器件。它的核心部件是驻极体振动膜，实际上是一种经永久性极化处理的电介质。驻极体传声器的制作原理：将一片极薄塑料膜片的一面蒸发上一层纯金薄膜，然后将其置于高压电场中驻极，使两面分别驻有能长期保持的异性电荷。膜片的蒸金一面向外，与金属外壳相连通，膜片的另一面与金属极板之前用很薄的绝缘衬圈隔离开。这样，蒸金膜与金属极板之间便形成了一个电容。当驻极体膜片受到声波作用而振动时，就引起电容两端的电场发生变化，从而产生随声波变化的交变电压信号。驻极体传声器的结构如图9-14所示。

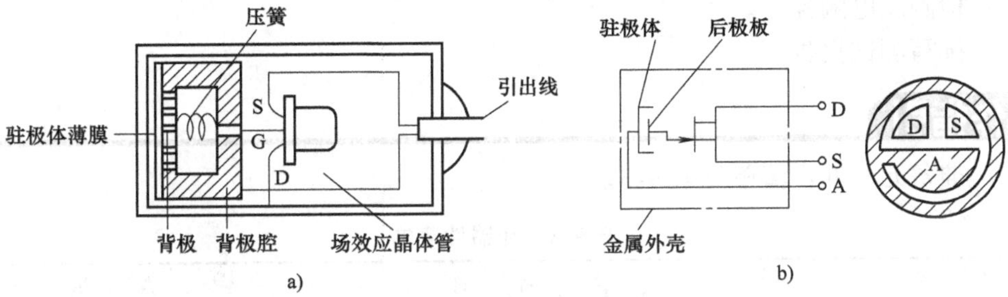

图9-14 驻极体传声器的结构

驻极体的输出阻抗很高，约几十兆欧以上。因此，**使用时不能直接与音频放大器匹配，需加一级阻抗转换器**（阻抗转换器由低噪声结场效应晶体管构成），将高阻抗变为几百欧或几千欧的低阻抗。这样，驻极体传声器的输出线便有三根：即源极S，一般用蓝色塑料线，漏极D，一般用红色塑料线和连接金属外壳的编织屏蔽线。

2. 驻极体传声器的接法

驻极体传声器的接法分为源极输出与漏极输出方式，如图9-15所示。源极输出类似晶体管的射极输出，需用三根引出线：漏极D接电源正极，源极S与地之间接一电阻R_S来提供源极电压，信号由源极经电容C输出；编织线接地起屏蔽作用。漏极输出

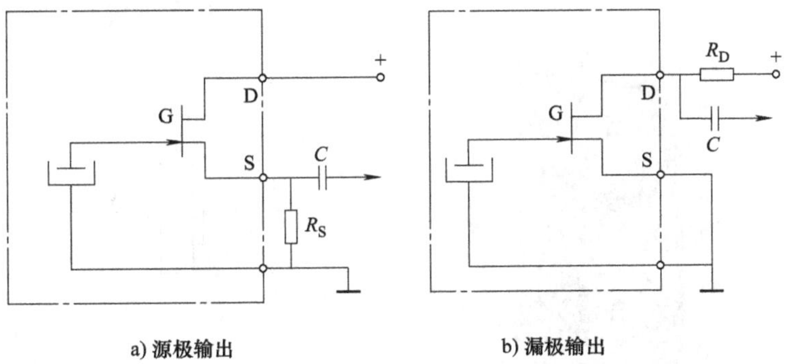

图9-15 驻极体传声器的两种接法

类似晶体管的共发射极输出方式，只需两根引出线：漏极 D 与电源正极间接一漏极电阻 R_D，信号由漏极 D 经电容 C 输出；源极 S 与编织线一起接地。漏极输出有电压增益，因而传声器灵敏度比源极输出时要高。

3. 驻极体传声器的应用

驻极体传声器具有体积小、结构简单、电声性能好、价格低的特点，广泛用于盒式录音机、无线传声器及声控等电路中。

任务四　压电陶瓷片的识别与检测

工作任务

1）认识压电陶瓷片。

2）检测压电陶瓷片。

3）撰写测试报告。

工作指引

1）准备元器件：清单见表 9-3。

表 9-3　元器件清单

序　号	名　称	数　量
1	压电陶瓷片(不带外壳)	2
2	压电陶瓷片(带外壳)	2

2）准备工具、仪表与耗材：数字式万用表与指针式万用表各一块。

工作步骤

1. 认识压电陶瓷片

压电陶瓷片是一种常用的电子发音器件，图 9-16 所示为压电陶瓷片的实物图，图 9-17 所示为其电气符号。市场上销售的压电陶瓷片有两种：一种不带共鸣腔，需要用户外接引线；另一种带有共鸣腔和两根引线，可直接焊接在电路板上，发出的声音比前者响亮。

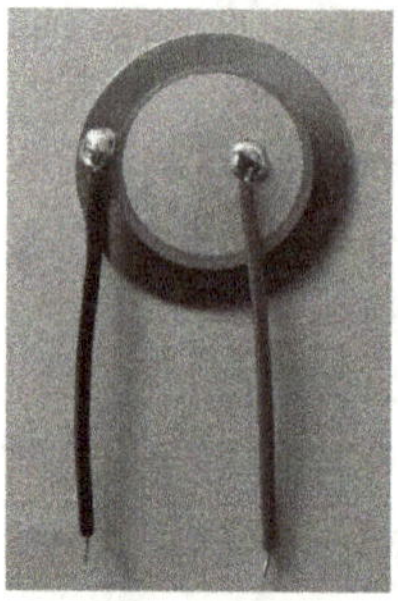

图 9-16　压电陶瓷片的实物图

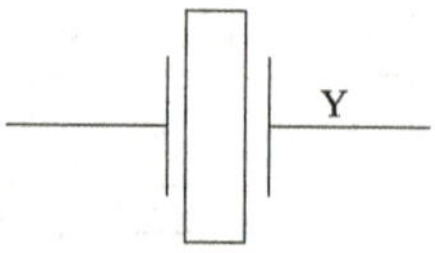

图 9-17　压电陶瓷片的电气符号

2. 检测压电陶瓷片

(1) 电压测试法 业余条件下，可以用万用表的电压档来检测压电陶瓷片的质量好坏，具体方法是：将万用表拨至2.5V直流电压档，左手拇指与食指轻轻握住压电陶瓷片的两面，右手持两支表笔，红表笔接金属片，黑表笔横放在陶瓷表面上。然后左手拇指与食指稍用力压紧一下，随即放松，压电陶瓷片上就先后产生两个极性相反的电压信号，使指针先是向右摆一下，接着返回零位，又向左摆一下。摆动幅度约为0.1～0.15V。在压力相同的情况下，摆幅愈大，压电陶瓷片的灵敏度愈高。若表针不动，说明压电陶瓷片内部漏电或者破损。

交换两支表笔位置后重新测试，指针摆动顺序应为向左摆⟶回零⟶向右摆⟶回零。

注意：

① 如果用交流电压档，就观察不到指针摆动情况，这是由于所产生的电压信号变化较缓慢的缘故。

② 检查之前，首先用 R×1k 或 R×10k 档测量绝缘电阻，应为无穷大，否则证明漏电。

③ 检查时用力不宜过大、过猛，更不得弯折压电陶瓷片；勿使表笔划伤陶瓷片，以免损坏。

(2) 电流测试法 将万用表拨至50μA电流档，也可以检查压电陶瓷片的好坏。将红表笔接金属片，黑表笔接压电陶瓷表面。两手沿轴向施以作用力时，表针应向右摆几个微安；再松开手时，表针又向左摆几个微安。

相关知识

压电陶瓷片是一种发声元件，它利用压电效应工作，既可以作发声元件又可以作接收声音的元件。压电陶瓷片是在圆形铜底板上涂覆了一层厚约1mm的压电陶瓷，再在陶瓷表面沉积一层涂银层，涂银层和铜底板就是它的两个电极。压电陶瓷具有压电效应：将其弯曲，它的表面就会出现异种电荷，如反向弯曲，电荷的极性也会相反。如果在压电陶瓷片的两个电极上施加一定的电压，它就会发生弯曲，当电压方向改变时，弯曲的方向也随之改变。

利用压电效应，压电陶瓷片可以作为声电和电声转换的两用器件，可以当传声器用：对压电陶瓷片讲话，使它受到声波的振动而发生前后弯曲，在压电陶瓷片的两电极间就会有音频电压输出；相反，将音频电压加在压电陶瓷片的两电极上，由于音频电压的极性和大小不断变化，压电陶瓷片就会产生相应的弯曲运动，空气振动发出声音，这时，它又成了扬声器。

压电陶瓷片通常不带引线，需要焊接引线才可以使用。一般采用多股软线，先剥头烫锡，焊接速度要快，焊点要小，否则容易损坏压电陶瓷片镀银层。

任务五 利用音乐片模块制作一个音乐播放器

工作任务

1) 识读音乐播放器电路原理图。

2）根据电路原理图，利用 YL291 模块搭接电路。

3）加电观察效果。

4）测量功率放大电路正常工作时的各脚电位。

工作指引

1）准备 YL291 相关模块：

EDM302 音乐片模块，如图 9-18 所示；

EDM503 扬声器模块，如图 9-19 所示。

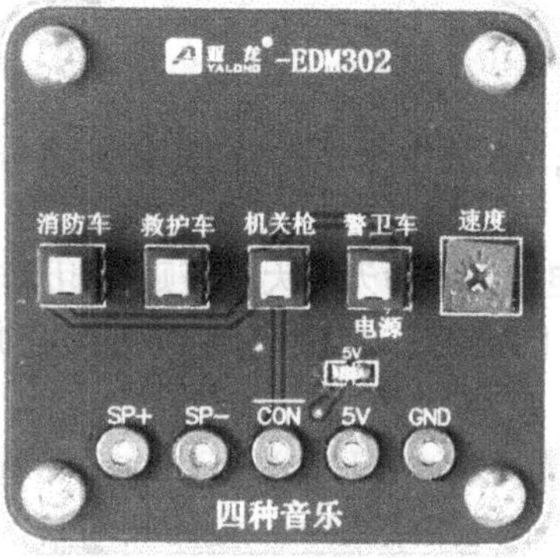

图 9-18　EDM302 四种音乐片模块

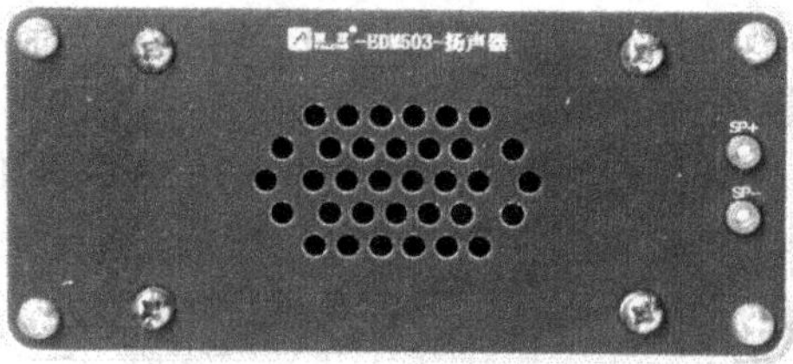

图 9-19　EDM503 扬声器模块

2）准备工具、仪表与耗材：数字式万用表和指针式万用表各一块。

3）准备连接导线若干。

工作步骤

1. 识读音乐播放器电路原理图

音乐播放器电路原理图如图 9-20 所示。

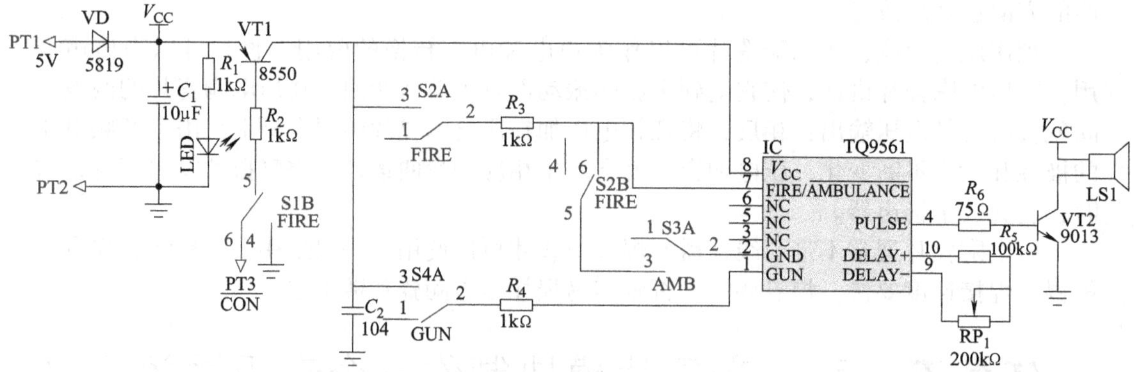

图 9-20　音乐播放器电路原理图

该电路的工作电压为 4.5～5.5V，采用外部 5V 电源供电。IC TQ9561 是报警语音芯片，其中含有四种报警声音：警卫车声、消防车声、救护车声和机关枪声。S1B 接到“6”时，VT1 导通，报警语音芯片开始工作，S2A 连接的是消防车声，S2B 连接的是警车声，S3A 连接的是救护车声，S4A 连接的是机枪声，调节 RP_1 可以调整延时时间。

2. 利用 YL291 相关模块搭接电路

（1）连接电源 四种音乐片模块（EDM302）的5V 和地端与实验台稳压电源相连。

（2）接地 将$\overline{CON}$控制端接地。

（3）接扬声器 将扬声器的 SP + 和 SP - 与音乐片模块（EDM302）的 SP + 和 SP- 相连。

3. 加电观察输出效果

按动音乐片模块（EDM302）上面的按钮，可以发出四种不同音乐。

4. 测量 IC TQ9561 的各脚电压

TQ 9561 各引脚说明如图 9-21 所示，各引脚接法见表 9-4。

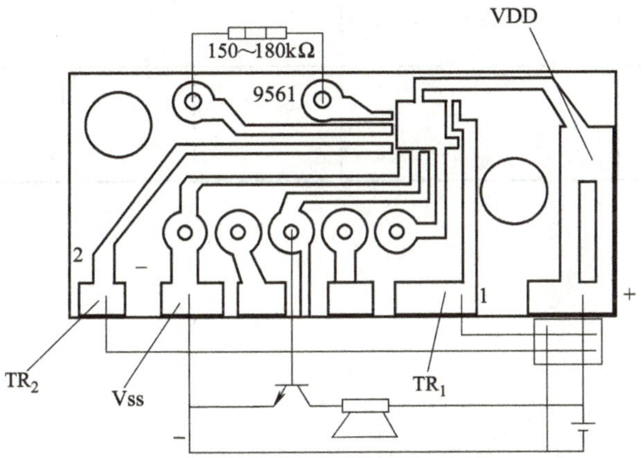

图 9-21 TQ 9561 的引脚图

表 9-4 TQ 9561 各引脚接法

TR_1	TR_2	声音
不接	不接	警车声
VDD	不接	火警声
VSS	不接	救护车声
任意接	VDD	机关枪声

项目评价

根据附录 C 给出的项目评价标准，对本项目工作进行评价，并填入表 9-5 中。

表 9-5 项目评价表

评价项目	自我评价	小组评价	教师评价
元器件的识别			
元器件的测量			

（续）

评价项目	自我评价	小组评价	教师评价
模块搭建			
仪器仪表的使用			
知识点的掌握			
小组成员的合作			
安全文明操作			

项目十 保护与隔离元器件

任务一 过电压保护元器件的识别与检测

工作任务

1）识别压敏电阻、瞬变电压抑制二极管（TVS）。

2）检测过电压保护元器件。

3）提交一份检测报告。

工作指引

1）准备元器件：清单见表 10-1。

表 10-1 元器件清单

名　称	型　号	数　量
压敏电阻	MYG—32D102K	1
瞬变电压抑制二极管	P6KE12CA	1

2）准备工具、仪表与耗材：数字式万用表与指针式万用表各一块，压敏电阻器直流参数仪一台。

工作步骤

1. 认识过电压保护元器件

（1）认识压敏电阻（VSR） 压敏电阻从外形上看与电容相似，如图 10-1 所示。图 10-2 为压敏电阻的电气符号。

（2）认识瞬变电压抑制二极管 瞬变电压抑制二极管的外形与普通稳压二极管相同，如图 10-3 所示。图 10-4 所示为其电气符号。

2. 检测过电压保护元器件

（1）压敏电阻检测

1）用万用表初步判断压敏电阻的好坏。用万用表的 R×10k 档测量压敏电阻器的阻值，当测得的正、反向电阻值为无穷大时，说明压敏电阻器基本上是好的。若测得阻

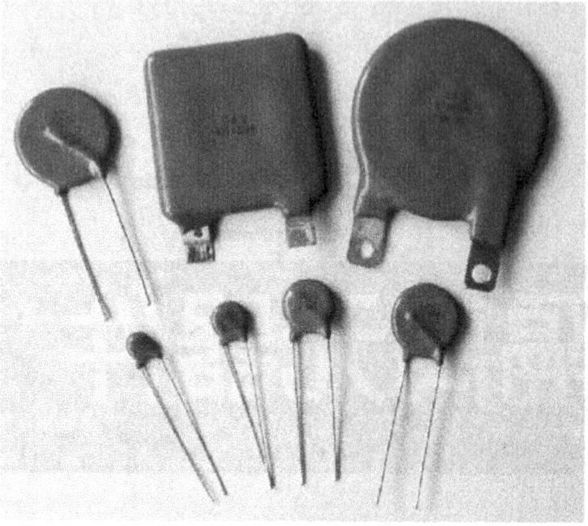

图 10-1 压敏电阻的外形

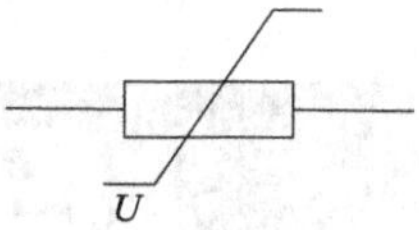

图 10-2 压敏电阻的电气符号

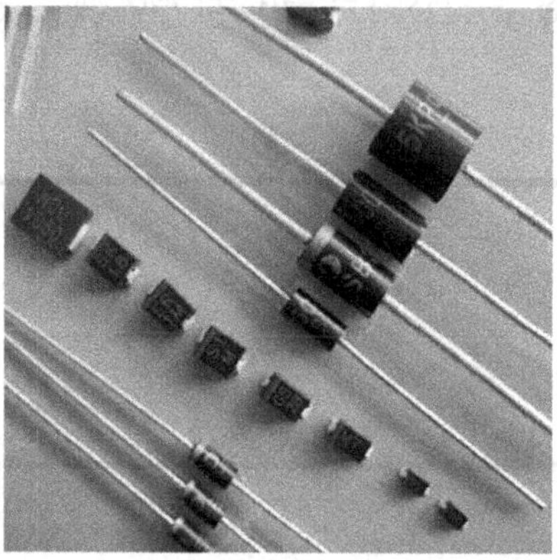

图 10-3 瞬变电压抑制二极管的外形

图 10-4 瞬变电压抑制二极管的电气符号

值为零或有一定的阻值，说明压敏电阻器损坏或漏电流现象严重。

2）用参数仪检测。用压敏电阻器直流参数仪进行测试，参数仪提供1mA 或0.1mA直流电流，然后在参数仪上读出压敏电阻器两端的电压值，即为其压敏电压。

（2）瞬变电压抑制二极管的检测 瞬变电压抑制二极管的检测方法同普通稳压二极管，这里不再详述。

相关知识

1. 压敏电阻

（1）压敏电阻的作用 压敏电阻通常用在保护电路中，过电压后短路使熔断器熔断从而保护了电器，避免故障范围的扩大。压敏电阻常用于家用电器中，如电视机、电话机（主要是防雷）等。

（2）压敏电阻的原理 压敏电阻简称 VSR，是一种对电压敏感的非线性过电压保护元件。压敏电阻与普通电阻不同，它是根据半导体材料的非线性特性制成的。普通电阻遵循欧姆定律，而压敏电阻的电压与电流则呈特殊的非线性关系。当压敏电阻两端所加电压低于标称额定电压时，压敏电阻的阻值接近无穷大，内部几乎无电流流过。当压敏电阻两端电压略高于标称额定电压时，压敏电阻将迅速击穿导通，并由高阻状态变为低阻状态，工作电流也急剧增大。当其两端电压低于标称额定电压时，压敏电阻又能恢复为高阻状态。当压敏电阻器两端电压超过其最大限制电压时，压敏电阻器将完全击穿损坏，再无法自行恢复。

（3）压敏电阻的标称参数 压敏电阻用字母“MY”表示，型号中J为家用，字母W、G、P、L、H、Z、B、C、N、K分别表示用于稳压、过电压保护、高频电路、防雷、灭弧、消噪、补偿、消磁、高能或高可靠等方面。压敏电阻**虽然能吸收很大的浪涌电能量，但不能承受毫安级以上的持续电流**，在用作过电压保护时必须考虑到这一点。压敏电阻的选用，一般选择“标称压敏电压”和“通流容量”两个参数。

压敏电压，即指压敏电阻的击穿电压或阈值电压，是在规定电流下的电压值，大多数情况下用1mA直流电流通入压敏电阻器时测得的电压值表示。不同产品的压敏电压范围为10～9000V，可根据具体需要正确选用。

通流容量，即最大脉冲电流的峰值，是环境温度为25℃情况下，对于规定的冲击电流波形和规定的冲击电流次数而言，压敏电压的变化不超过±10%时的最大脉冲电流值。如手头产品的通流容量不能满足使用要求时，可将几只单个的压敏电阻并联使用，并联后的压敏电压不变，其通流容量为各单只压敏电阻数值之和。要求并联的压敏电阻伏安特性尽量相同，否则易引起分流不均匀而损坏压敏电阻。

2. 瞬变电压抑制二极管

瞬变电压抑制二极管（TVS）是一种特殊的保护二极管，也具有单向导电性。但TVS使用的是其在反向高压下会击穿的特性，如果正向施压，和一般二极管特性相同。所以通常用法是反向并联在直流电路中的电源（信号）和地之间，这样一旦电源（或信号线）上突然出现的瞬间高压，这个二极管反向击穿，将高压直接泄放掉，以免瞬时高压损坏其他元器件。泄放完高压后，它又恢复到截止状态，所以TVS一般作保护用。

那TVS与稳压二极管有何区别，是否可以当做稳压管使用？答案是TVD不能用来稳压，因为标称值为12V的TVS真正的反向击穿电压高于12V，这个标称值12V的意思是用于保护12V电路，而且反向击穿电压不是准确值，击穿后不能保证两端电压稳定在某一数值上。

动手做

元器件盒中有6个贴有标号的元器件（含有VSR和TVS），识别并测量这些元器件（无法写出标称值的，在表格中画斜杠），并填入表10-2中。

表10-2 元器件识别与测量结果表

标号	名称	型号	正向电阻	反向电阻	绘制其实物图，并标出极性
1					
2					
3					
4					
5					
6					

动手做

分组查元器件资料或者上网查阅相关文档，填写表 10-3。

表 10-3 元器件资料表

型号	名称	电气符号	绘制实物图形，并标出其正负极性	主要参数	封装名称
FNR32K821					
ZL25D431					
P6KE12CA					
P6KE12A					

任务二 过电流保护元器件的识别与检测

工作任务

1）识别过电流保护元器件。

2）检测过电流保护元器件。

3）提交一份检测报告。

工作指引

1）准备元器件：清单见表 10-4。

表 10-4 元器件清单

序 号	元件名称	规 格	数 量
1	熔断器	2A	1
2	熔断器座		1
3	温度熔断器		1

2）准备工具、仪表与耗材：数字式万用表和指针式万用表各一块。

工作步骤

1. 认识过电流保护元器件

熔断器是常用的过电流保护器件。

熔断器及熔断器座见表 10-5。

表 10-5 熔断器及熔断器座

名 称	实 物	应用场合
玻璃管熔断器(速断型)	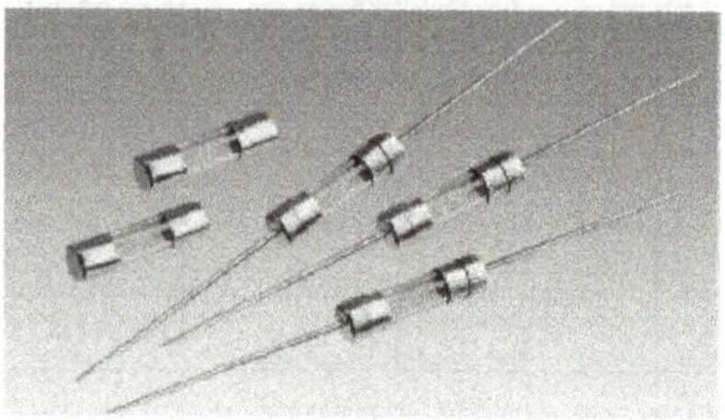	用于过电流保护

（续）

名　称	实　物	应用场合
磁管熔断器(速断型)	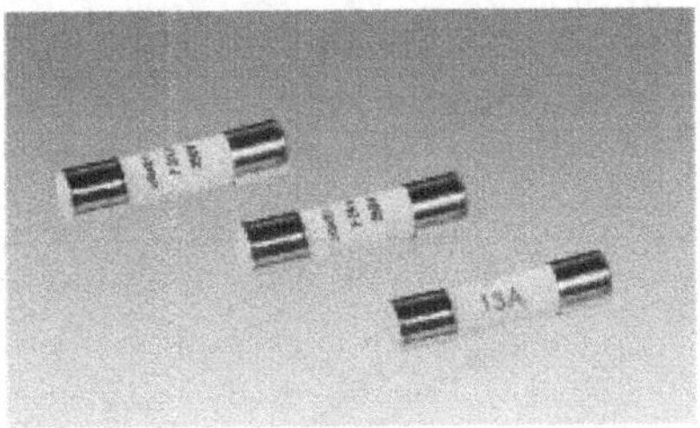	用于过电流保护
微型熔断器	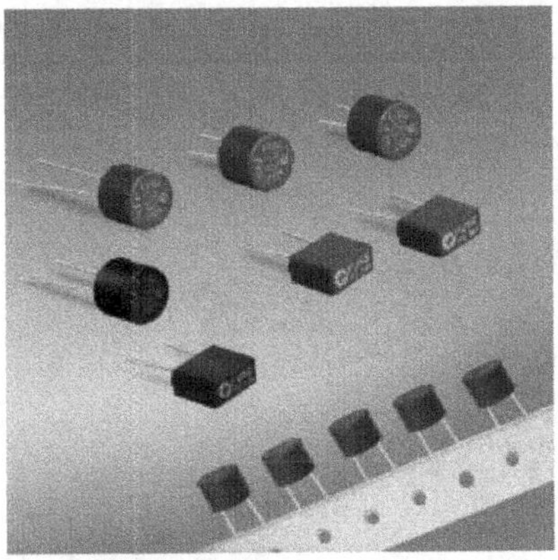	用于过电流保护
微型插片式熔断器	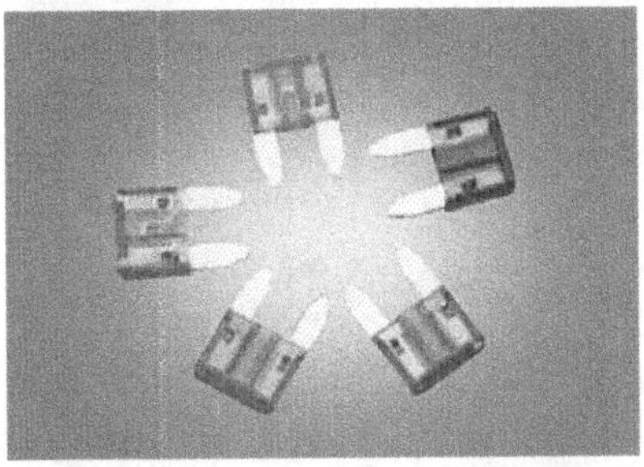	用于过电流保护,应用于汽车电路中
自恢复熔断器(PTC 热敏电阻)	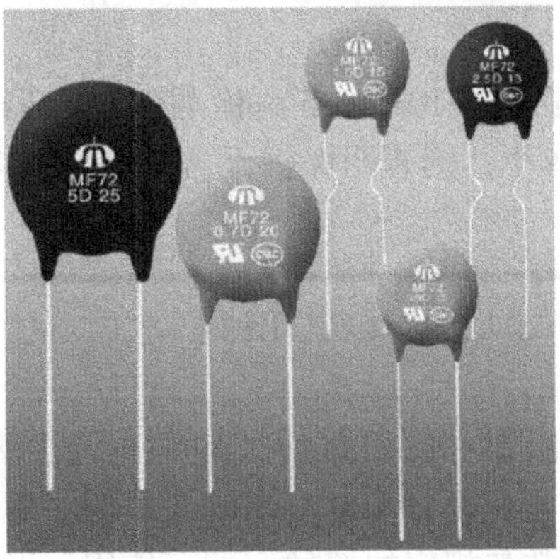	用于温度异常保护电路中。温度熔断器感受环境温度,当温度达到易熔合金的熔点时,易熔合金熔化,在特殊树脂的作用下,已熔化的合金迅速收缩成球,从而切断电路

（续）

名　称	实　物	应用场合
温度熔断器	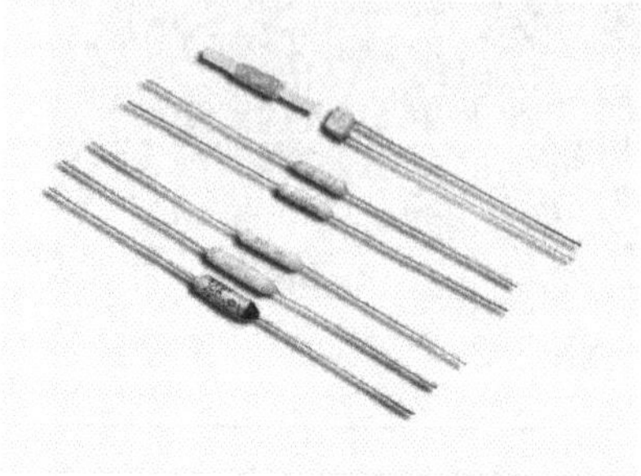	温度熔断器是温度感应回路切断装置，能感应电子产品工作中产生过热，从而切断回路以避免火灾的发生。温度熔断器动作后无法再次使用，只在熔断温度下动作一次
熔断器座	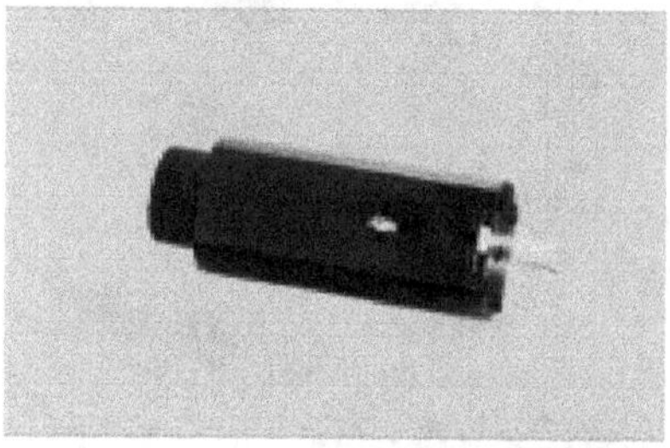	
夹片式熔断器座	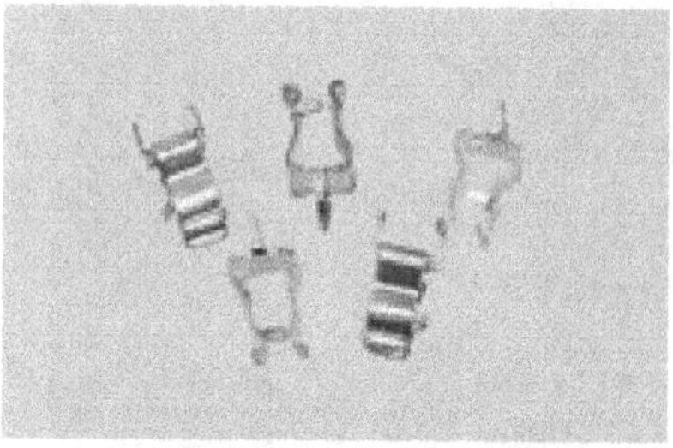	

2. 保护元器件的检测

通常可以用万用表的电阻档（R×1 档）检测保护元器件的好坏。正常时阻值很小，若测得电阻很大或忽大忽小，则表明保护元器件已经损坏，不能使用。

相关知识

保护元器件的种类很多，常见的有以下几种：

1. 普通玻璃管熔断器

普通玻璃管熔断器价格低廉、使用方便，额定电流主要有 0.5A、0.75A、1.0A、1.5A、2.0A、2.5A、3.0A、4.0A、5.0A、6.0A、8.0A、10A 等规格；尺寸主要有 18mm、20mm、22mm 等。通常与相应的熔丝座配套使用，以方便更换。

2. 快速熔断器

快速熔断器特点是熔断时间短，适用于要求快速切断电路的场合。

3. 延迟型熔断器

延迟型熔断器能承受短时间大电流（浪涌电流）的冲击，而在电流过载超过一定时限后又能可靠地熔断。这种熔丝主要用在开机瞬时电流较大的电子整机中（开机电流往往达正常工作电流的5~7倍），如彩色电视机中就广泛使用了延迟型熔断器，其规格主要有2A、3.15A、4A等。延迟型熔断器在电流规格前通常加一个字母T字，如T2A。

4. 熔断电阻

熔断电阻又称为“保险电阻”，是一种兼具电阻和熔断器双重功能的元件，不过其阻值通常较小，仅数欧至零点几欧，少数为几十欧，大都起限流作用，因此熔断电阻的主要功能还是保护电路。熔断电阻一般为灰色，用色环或数字表示其阻值，额定功率由电阻的尺寸大小决定，也有直接标注在电阻上的。

5. 温度熔断器

通常安装在容易发热的电子整机中，如电吹风、电饭煲等家用电器。当电器发生故障时，温度升高超过容许值时，温度熔断器会自动熔断，切断电源，从而保护其他元器件。温度熔断器的外壳上常标注有额定温度、电流及其电压值。

6. 自恢复熔断器

自恢复熔断器又称为PTC热敏电阻，是一种过电流保护元件，电路过电流时，温度升高，其阻值急剧增大，从而将通过的电流值控制到最小。自恢复熔断器通常应用于音响设备的保护电路中，防止扬声器与功率放大器不匹配，造成过电流从而烧坏扬声器。

任务三　隔离保护元器件的识别与检测

工作任务

1）识别光耦合器。

2）检测光耦合器。

3）提交一份检测报告。

工作指引

1）准备元器件：清单见表10-6。

2）准备工具、仪表与耗材：数字式万用表和指针式万用表各一块。

表10-6　元器件清单

序　号	型　号	数　量
1	4N25	1
2	P521—1	1
3	P521—2	1

工作步骤

光耦合器是常见的隔离保护元件。

（1）认识光耦合器 光耦合器的封装形式通常为双列直插式（DIP），其外形与集成电路相似，如图 10-5 所示，图 10-6 为实际电路中的光耦合器，通常用于隔离保护电路中。图 10-7 为光耦合器的电气符号。

图 10-5 光耦合器外形

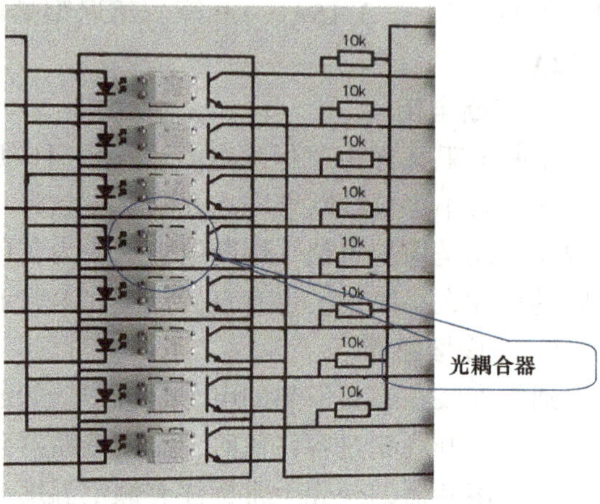

图 10-6 电路中的光耦合器

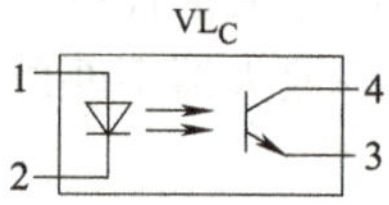

图 10-7 光耦合器的电气符号

（2）检测光耦合器 用万用表 R×1k 档测 1、2 脚间电阻，正向电阻应为几百欧，反向电阻应为几十千欧，3、4 脚间电阻应为无限大。1、2 脚与 3、4 脚间任意一组，阻值为无限大，输入端经电位器 RP 接通电源后，3、4 脚的电阻很小。调节 RP，3、4 间脚电阻发生变化，说明该器件是好的。

注：不能用 R×10k 档，否则导致发射管击穿。

任务四 制作一个电子数显温控器

利用 YL291 相关模块制作一个电子数字显示温控器，要求按 K1 加热，按 K2 停止加热，四位数码管显示温度值。

工作任务

1）识读电子数显温控器电路原理图。

2）根据电路原理图，利用 YL291 相关模块搭接电路。

3）加电观察电路功能。

工作指引

1）准备 YL291 相关模块：

EDM001 MCS51 单片机主板模块；

EDM403 8 位独立按键模块；

EDM605 四位数码管显示模块；

EDM506 电阻加热模块。

2）准备连接导线若干。

3）准备工具、仪表与耗材：数字式万用表和指针式万用表各一块。

工作步骤

1. 识读电子数显温控器电路原理图

电子数显温控器电路原理图如图 10-8（见书后插页）所示。

图 10-8 所示电路中，温度传感器 18B20 用于测温，R_{17} 是一个 20W 的线绕电阻用于加热，光耦合器用于将加热电路与单片机主机电路隔离开，避免产生干扰。两个按键用于控制是否加热，数码管显示当前的温度值。

2. 搭接电路（见图 10-9 所示的模块搭接示意图，图中省略了电源线和地线）

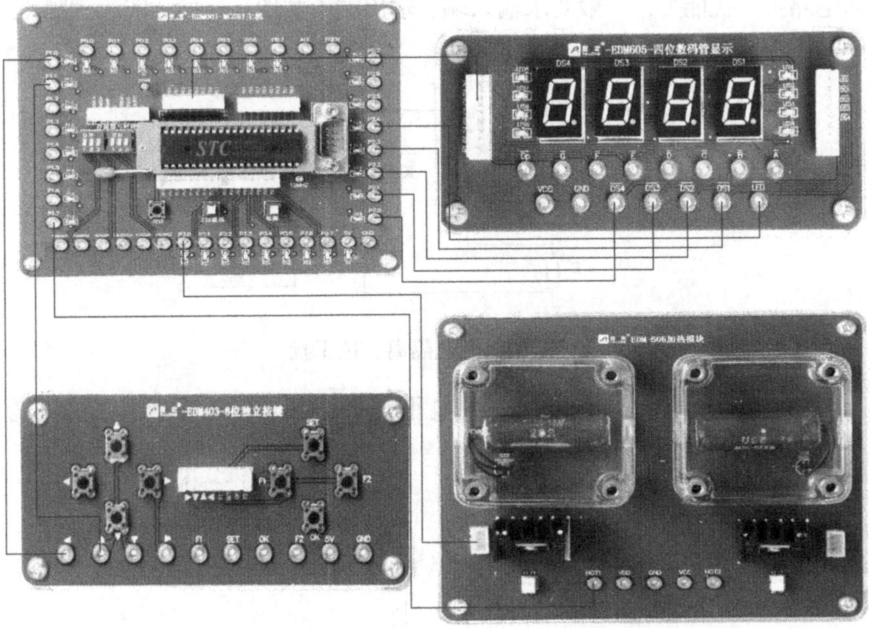

图 10-9　电子数显温控器模块搭接示意图

1）各模块都连接电源 5V、GND，EDM506 电阻加热模块的 VDD 接 12V，VCC 接 +5V；

2）使用排线连接 EDM001 的 P0 口与数码管显示模块 EDM605 左侧的 $\overline{A}$ ~ $\overline{D_P}$；

3）连接 EDM001 的 P2 口的 P2.0 ~ P2.4 与 EDM605 的 $\overline{DS1}$ ~ $\overline{DS4}$、$\overline{LED}$；

4）EDM001 的 P1.0、P1.1 与 EDM403 8 独立按键模块连接；

5）EDM506 的 HOT1 与 EDM001 的 P1.7 连接；

6）EDM001 的 P3.0 接 EDM506 的 DS18B20 的输出端（3 脚插座的中间一脚）。

3. 加电调试

1）按产品模块总图连接好接线；

2）按 S2 加温，观察温度变化；

3）按 S3 停止加热，观察温度变化。

相关知识

1. 什么是光耦合器

光耦合器（Optical Coupler，英文缩写为 OC）亦称光隔离器，简称“光耦”。它是以光为媒介来传输电信号的器件，通常把发光器（红外线发光二极管 LED）与受光器（光敏半导体管）封装在同一管壳内。当输入端加电信号时发光器发出光线，受光器接受光线之后就产生光电流，从输出端流出，从而实现了“电—光—电”转换。以光为媒介把输入端信号耦合到输出端，由于它具有体积小、寿命长、无触点、抗干扰能力强、输出和输入之间绝缘、单向传输信号等优点，在数字电路中获得广泛的应用。

2. 光耦合器的应用

（1）电气隔离、抗干扰 光耦在电路中主要作用是电路隔离，如图 10-10 所示，主要目的是提高电路抗干扰能力，一般要求输入端、输出端不共地，这样才能起到隔离的作用。

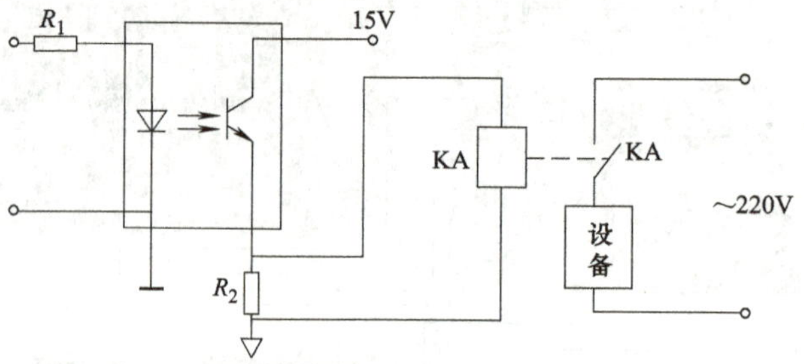

图 10-10 电气隔离、抗干扰

（2）电平转换 光耦合器还可以完成电平转换，图 10-11 中利用光耦合器实现了 RS232 电平与 TTL 电平之间的电平转换。

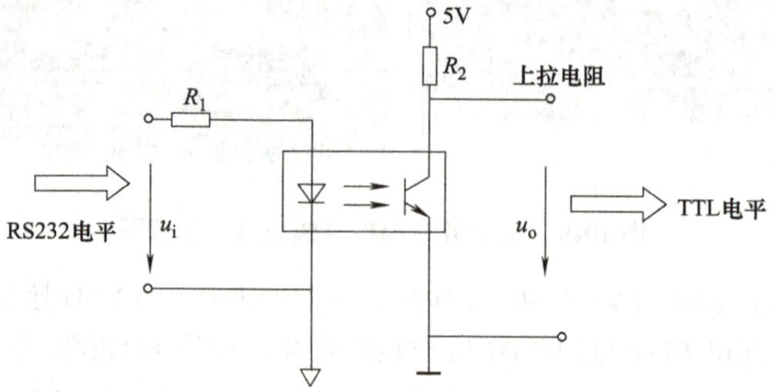

图 10-11 电平转换

3. 光耦合器的分类

光耦合器的品种和类型非常多。按光路径可分为外光路光耦合器（又称光电断续检测器）和内光路光耦合器。外光路光耦合器又分为透过型和反射型两种。

按输出形式分，可分为以下类型

（1）光敏器件输出型　包括光敏二极管输出型、光敏晶体管输出型（见图10-12a）、光电池输出型、光晶闸管输出型等。

（2）NPN型晶体管输出型（见图10-12b）　包括交流输入型、直流输入型、互补输出型等。

（3）达林顿晶体管输出型（见图10-12c）　包括交流输入型、直流输入型。

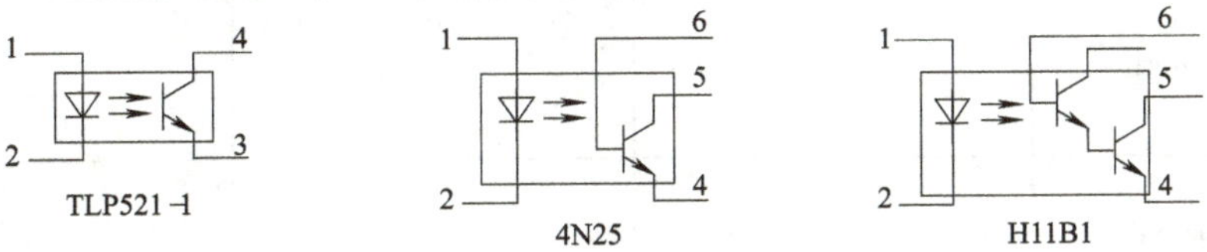

a)　b)　c)

图10-12　按输出形式分类的三种常见光耦合器

（4）逻辑门电路输出型　包括门电路输出型、施密特触发输出型、三态门电路输出型等。

（5）低导通输出型　输出的低电平为毫伏数量级。

（6）光开关输出型　导通电阻小于10Ω。

（7）功率输出型　由IGBT/MOSFET等输出。

按封装形式可分为同轴型、双列直插型、TO封装型、扁平封装型、贴片封装型以及光纤传输型等。

按传输信号可分为数字型光耦合器和线性光耦合器。

按速度可分为低速光耦合器（光敏晶体管、光电池等输出型）和高速光耦合器（光敏二极管带信号处理电路或者光敏集成电路输出型）。

按通道可分为单通道、双通道和多通道光耦合器。

按隔离特性可分为普通隔离光耦合器和高压隔离光耦合器。

按工作电压可分为低电源电压型光耦合器（一般5～15V）和高电源电压型光耦合器（一般大于30V）。

项目评价

按附录C所示的评分标准，对本项目的工作进行评价，并填入表10-7中。

表10-7　项目评价表

评价项目	自我评价	小组评价	教师评价
元器件的识别			

（续）

评价项目	自我评价	小组评价	教师评价
元器件的测量			
模块搭建			
仪器仪表的使用			
知识点的掌握			
小组成员的合作			
安全文明操作			

项目十一
开关、控制元件与接插件

开关与接插件是常用的电子元器件，几乎所有电子电器都要用到各种类型的开关，它们的作用主要是电源控制、各种信号电路的控制和转换等。接插件是用在电路板之间和电器之间连接的电子元器件，应用非常广泛。

电子电路中开关、控制元件和接插件的种类繁多，本章将重点介绍几种电子制作中常用的开关、控制元件和接插件，并介绍其应用。

任务一　开关的识别与检测

工作任务

1）认识实际电子电路中的开关；

2）检测给定开关；

3）撰写检测报告。

工作指引

1）准备元器件：清单见表11-1。

表11-1　元器件清单

标号	名　称	数量	标号	名　称	数量
S1	按钮	1	S6	拨动开关	1
S2	直键开关	1	S7	琴键开关	1
S3	钮子开关	1	S8	薄膜开关	1
S4	拨码开关	1	S9	船型开关	1
S5	微动开关	1	S10	波段开关	1

2）准备工具、仪表与耗材：数字式万用表和指针式万用表各一块。

工作步骤

1. 认识常用开关

开关是一种在电路中起控制、选择和连接等作用的器件，表11-2列出了常用开关的实物图及其应用场合。

表 11-2　开关实物图及其应用场合

开关名称	图形符号	实　物　图	应用场合
按钮			用于起动、复位和自锁等场合
直键开关	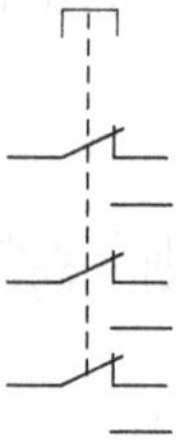		多用于收音机和录音机等家用电器中，可实现多个开关联动
钮子开关	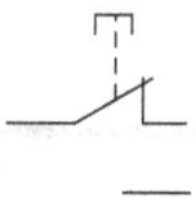		常用于电源的开关、设备的起停，触点有单刀、双刀和三刀等类型，接通状态有单掷和双掷两种
拨码开关	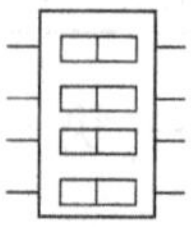		用于设置电气设备的参数，如步进电动机驱动器中的 DIP 开关可以设置其工作电流和步距角细分数

（续）

开关名称	图形符号	实　物　图	应用场合
微动开关			应用于需要频繁切换工作状态的电路中
拨动开关			通过手柄来带动滑块或滑片的滑动，从而控制开关触点的接通与断开
琴键开关	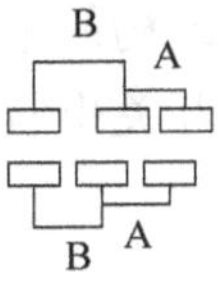	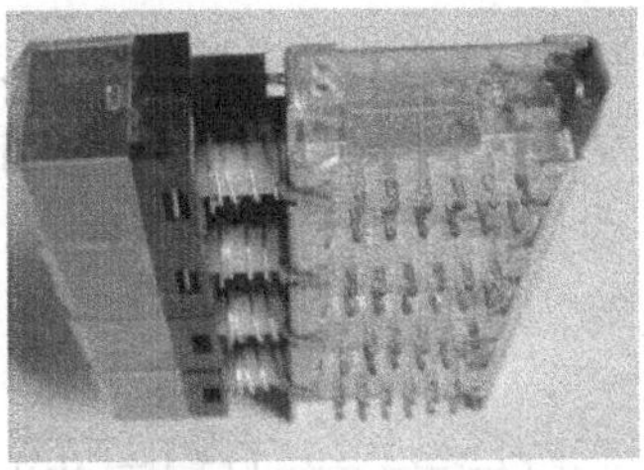	各键之间互锁，键本身可以自锁，当某一按键按下时，其余弹起，多用于小家电的简单控制，如电风扇、排油烟机等
薄膜开关	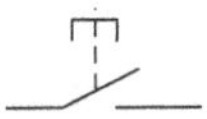	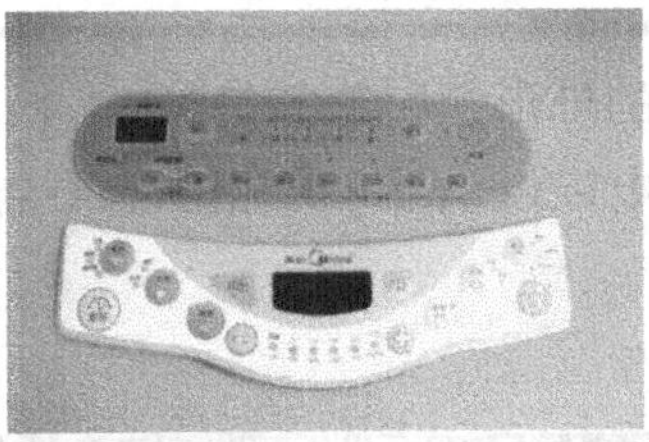	电气设备的面板控制，如洗衣机的控制面板

（续）

开关名称	图形符号	实 物 图	应用场合
船型开关	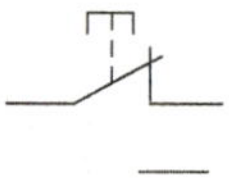		多用作家用电器与各种仪表的电源开关，操作使用方便
波段开关	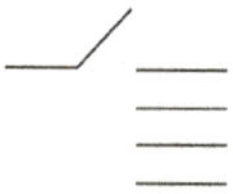	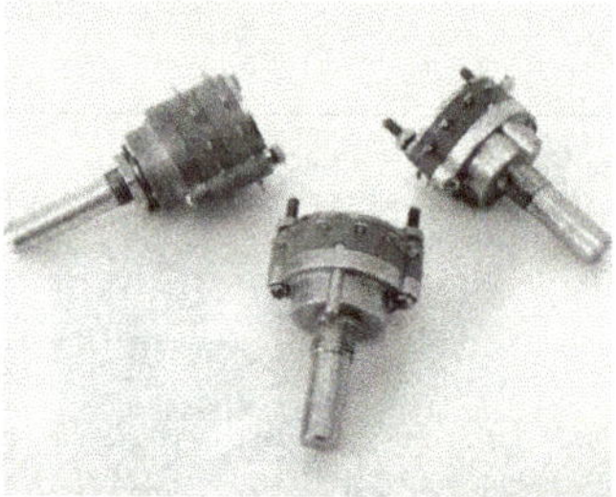	主要应用于电路状态的切换，一般有单刀多掷和多刀多掷两种。常见有指针式万用表的档位切换、收音机的波段转换等

2. 检测开关

开关的检测方法非常简单，将万用表置于 R×1 档，调零，然后拨动开关到不同的位置（ON 或 OFF），用两只表笔测量开关的电阻值并记录。开关闭合时电阻应接近零，断开时应为无穷大，否则开关已损坏。

相关知识

开关是一种在电路中起控制、选择和连接作用的元件，大量应用于电子设备中，可以分为手动式机械开关和自动开关两大类。手动式机械开关因为结构简单、操作简便而被广泛采用。由于近年来自动化控制技术的快速普及，许多特殊开关也应用得越来越广泛，如遥控开关、接近开关等。

任务二 电路制作中常用控制元件的识别与检测

工作任务

1）认识常用电磁开关的外形、引脚与符号；
2）检测干簧管、直流电磁继电器、单相固态继电器；
3）撰写检测报告。

工作指引

1）准备元器件：清单见表 11-3。

2）准备工具和仪表：指针式万用表一块，磁铁一块。

表 11-3　元器件清单

序　　号	名　　称	数　　量
1	干簧管	1
2	直流继电器	1
3	单相固态继电器	1

工作步骤

1. 认识干簧管

干簧管是一种磁敏开关，当永久磁铁靠近干簧管时，开关闭合，反之开关断开。图 11-1 所示为干簧管实物图，图 11-2 所示为其内部结构与电气符号。

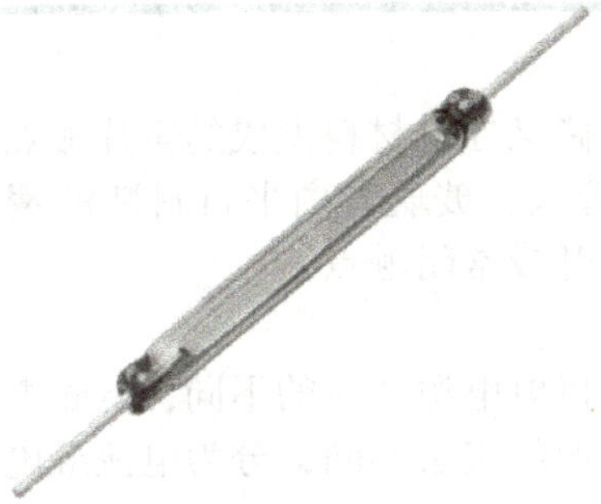

图 11-1　干簧管实物图

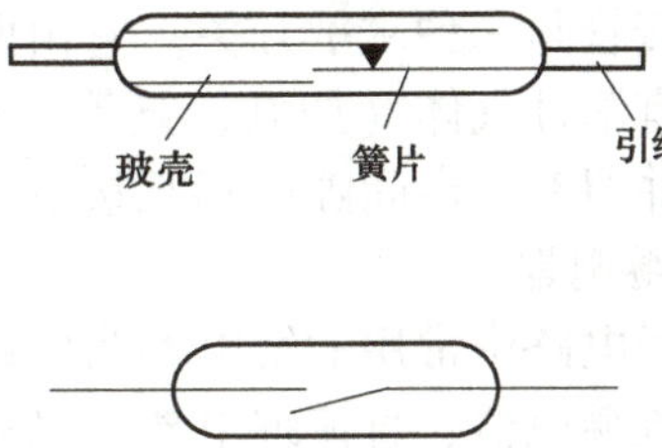

图 11-2　干簧管的内部结构与电气符号

2. 认识直流继电器

图 11-3 所示为直流继电器的实物图，图 11-4 双触点直流继电器的电气符号。

图 11-3　直流继电器实物图

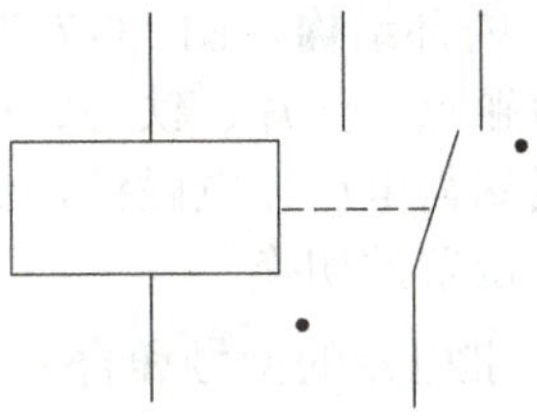

图 11-4　双触点继电器的电气符号

3. 认识单相固态继电器的外形、引脚与符号

（1）单相固态继电器的外形　图 11-5 所示常用单相固态继电器的实物图，单相固态继电器通常具有 4 个引脚，包括两个控制引脚和两个输出引脚。

（2）单相固态继电器的引脚与符号　图 11-6 所示为交、直流固态继电器的电气符号。输出端标有交流符号的为单相交流固态继电器（AC SSR），适用于控制交流电源和负载；输出端标有直流符号的为单相直流固态继电器（DC SSR），适用于控制直流电源和负载。

图 11-5 固态继电器的实物图

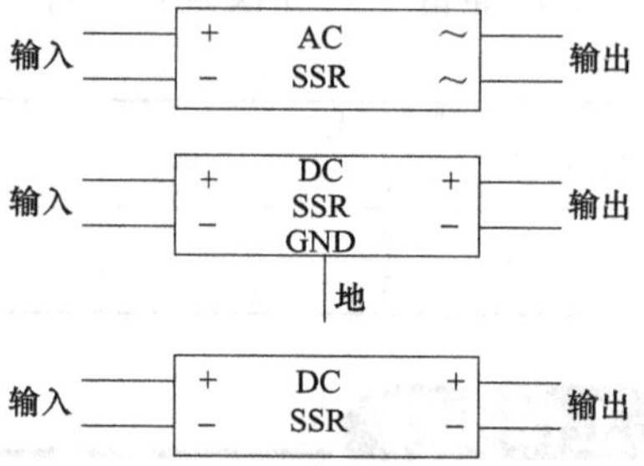

图 11-6 固态继电器的电气符号

相关知识

1. 干簧管

干簧管是一种磁敏开关。它由两个或三个既导磁又导电材料做成的簧片触点，被封装在充有惰性气体（如氮、氦等）或真空的玻璃管里，玻璃管内平行封装的簧片端部重叠，并留有一定间隙或相互接触以构成开关的常开或常闭触点。

2. 继电器

电子电路中常用的继电器为电磁继电器。根据供电电源性质的不同，电磁继电器可分为交流继电器、直流继电器。又可根据线圈与电源的接法不同，分为电流继电器和电压继电器。

电磁继电器中一般只有一个线圈，有一组或多组触点。触点有常开触点和常闭触点之分。所谓常开触点就是指线圈没有通电时，处于断开位置的触点。常闭触点是指线圈没有通电时，处于接通位置的触点。

（1）内部结构 图 11-7 为继电器的内部结构，它由触点、簧片、铁心、衔铁和弹簧五部分组成。线圈得电后，电磁铁控制簧片吸合，从而完成开关位置的切换。

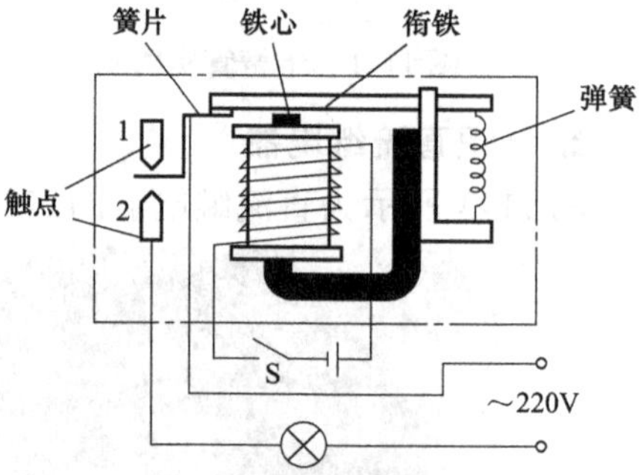

图 11-7 继电器的内部结构

（2）继电器的型号和含义 表 11-4 中列出了直流电磁继电器的型号和含义。直流电磁继电器的型号一般由主称代号、外形符号、短划线、序号和防特征符号等五部分组成。

例如：JZ C—33F，表示该继电器为中功率超小型封闭继电器，33 为序号，F 为防护特征。

表 11-4 直流电磁继电器的型号和含义

名称		型号				
		第一部分	第二部分	第三部分	第四部分	第五部分
		主称	外形符号	短划线	序号	防护特征
直流电磁继电器	微功率	JW	W(微型)	—		M(密封) F(封闭)
	弱功率	JR				
	中功率	JZ	C(超小型)			
	大功率	JQ	X(小型)			

3. 固态继电器

固态继电器（Solid State Relay，缩写 SSR），是由微电子电路、分立元器件、电力电子功率器件组成的无触点开关。用光耦合器、变压器等隔离器件可实现控制端与负载端的隔离。固态继电器输入端用微弱的驱动电流（3～25mA）就可以直接驱动大电流负载（10～400A）。

固态继电器的可靠性非常高，寿命长，在通与断的瞬间不会产生电火花、更没有噪声，其开关速度相当快、工作频率也相当高。又因该种继电器的输入与输出间采用光耦合器，因此又具有良好的抗干扰性能。

（1）单相固态继电器（SSR）型号及含义　表 11-5 列出了单相固态继电器（SSR）的型号及含义。

表 11-5　单相固态继电器（SSR）的型号及含义

第一部分	第二部分	第三部分	第四部分	第五部分
主称	输出电流	输入方式	输出方式	输出电压范围
SSR	小功率:10A 15A 25A 40A 中功率:60A 80A 100A 120A 150A 200A 大功率:200A 250A 300A 400A	D:直流(3～32V) A:交流(80～250V)	D:直流 A:交流	S:标准型(36～250V) H:高压型(36～380V)

例如：

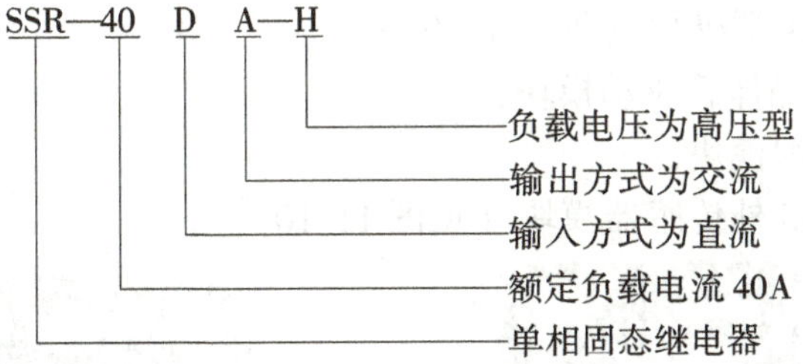

（2）主要工作参数　表 11-6 列出了 SSR—40DA—H 型固态继电器的主要工作参数。

表 11-6　SSR—40DA—H 型固态继电器的额定工作值

参数名称	额定值	参数名称	额定值
输出负载电流	40A(小功率)	输入控制电压	3～32V(DC)
输出负载电压	36～380V(AC)	输入控制电流	DC:3～25mA

（3）固态继电器的内部结构　固态继电器的内部结构如图 11-8 所示，它由三部分电路组成：输入电路、隔离（耦合）电路和输出电路。按输入电源的不同，可分为直流输入电路、交流输入电路和交直流输入电路三种。

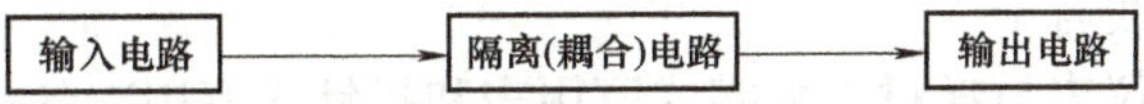

图 11-8　固态继电器的内部结构

固态继电器的输入与输出电路的隔离和耦合方式有光电耦合和变压器耦合两种。固态继电器的输出电路也可分为直流输出电路、交流输出电路和交直流输出电路等形式。交流输出时，通常使用两个晶闸管或一个双向晶闸管，直流输出时可使用双极性器件或功率场效应晶体管。

(4) 固态继电器的分类 固态继电器按其工作性质分直流输入-交流输出型、直流输入-直流输出型、交流输入-交流输出型、交流输入-直流输出型。

任务三 搭建烘手机电路

制作一个模拟的烘手机，当手接近烘手机时，加热器自动加热，风扇自动转动；人体离开时，自动停止加热，风扇停止转动。(利用灯泡的亮灭模拟加热器加热，用红外传感器接收信号)

工作任务

1) 识读烘手机电路原理图；
2) 根据电路原理图，利用 YL291 相关模块搭接电路；
3) 加电观察效果。

工作指引

1) 准备 YL291 相关模块：

EDM001 MCS51 主机模块；

EDM402 直流继电器模块（见图 11-9）；

EDM405 PNP 型晶体管驱动模块；

EDM604 直流灯泡模块；

EDM107 热释电红外传感器模块（见图 11-10）。

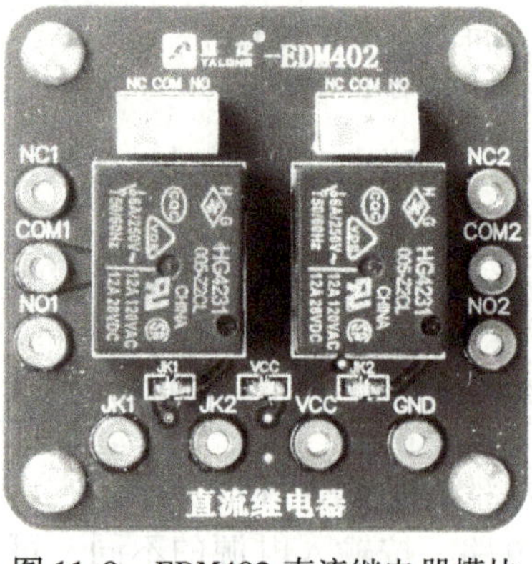

图 11-9 EDM402 直流继电器模块

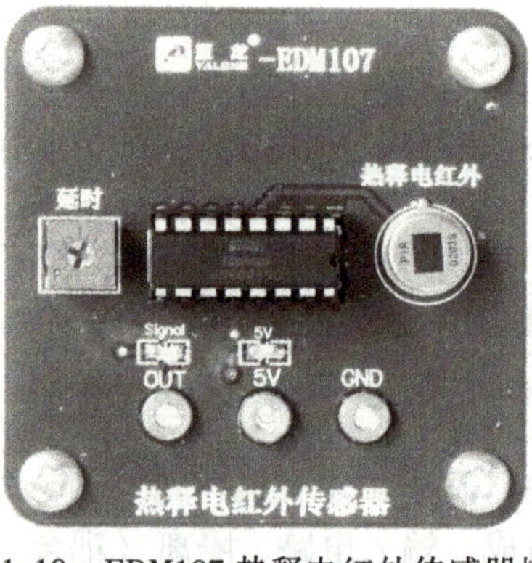

图 11-10 EDM107 热释电红外传感器模块

2) 准备连接导线若干

3) 准备工具、仪表与耗材：数字式万用表和指针式万用表各一块。

工作步骤

1. 识读烘手机电路原理图

烘手机电路由热释电红外传感器电路、灯泡加热控制电路及风扇控制电路组成。

图 11-11 为热释电红外传感器电路原理图，其输出信号送给单片机的 P1.0 引脚。图 11-12 为由继电器控制的灯泡加热控制电路，图 11-13 为风扇控制电路。

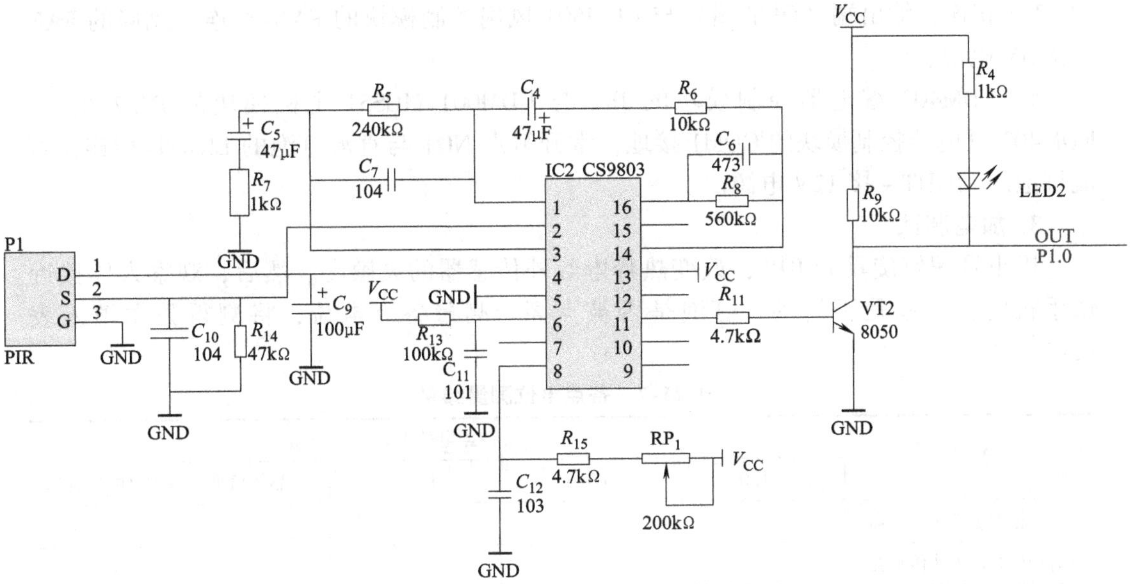

图 11-11　热释电红外传感器电路原理图

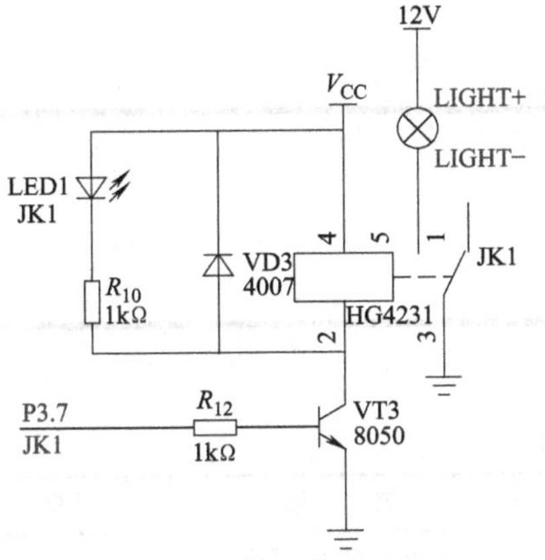

图 11-12　灯泡加热控制电路

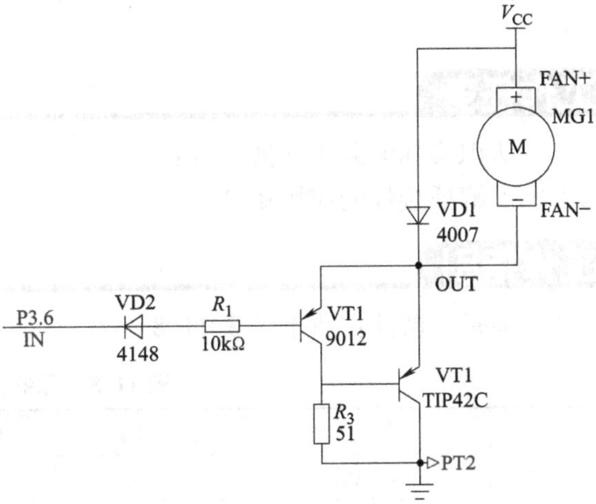

图 11-13　风扇控制电路

当人体接近烘手机（这里起作用的是热释电传感器）时，输出信号输入到单片机的 P1.0，单片机 P1.0 引脚接收到信号，并控制风扇转动，继电器动作、灯泡点亮开始加热。当人远离烘手机时，风扇停止转动，继电器触点断开，灯泡熄灭，停止加热。

2. 搭接电路

1）各模块连好电源和地；

2）EDM107 热释电红外传感器模块的输出端（OUT 端）与 EDM001 MCS51 主机模块的 P1.0 相连；

3）EDM405 PNP 型晶体管驱动模块的输入端（IN 端）与 EDM001 MCS51 主机模块的 P3.6 相连，输出端（OUT 端）与 EDM501 风扇控制模块的 FAN- 相连，风扇的 FAN+接 5V 电源；

4）EDM402 继电器控制模块的 JK1 与 EDM001 MCS51 主机模块的 P3.7 相连，EDM402 继电器控制模块的 COM1 接地，常开触点 NO1 与直流灯泡的 LIGHT- 相连，直流灯泡的 LIGHT+接 12V 电源。

3. 加电调试

用小号螺钉旋具调 RP1，改变热释电红外传感器的灵敏度。然后，观察人体接近烘手机时，风扇是否转动，灯泡是否被点亮。测量各点电位，将测得数据填入表 11-7。

表 11-7 各点电位测量结果

位置	各点电位变化			
	P1.0	P3.6	P3.7	晶体管驱动模块 OUT 端
接近热释电红外传感器				
远离热释电红外传感器				

任务四 接插件的识别

工作任务

1）认识实际电路中的插接件；
2）了解插接件的应用场合。

工作指引

1）准备元器件：清单见表 11-8。

表 11-8 元器件清单

标号	名 称	数量	标号	名 称	数量
J1	直流电源插座	1	J5	DIP 封装 IC 插座	1
J2	压线插座	1	J6	PLCC 封装 IC 插座	1
J3	两针插座	1	J7	USB 接口插座	1
J4	排线插座	1	J8	电话外线插座	1

2）准备工具、仪表和耗材：数字式万用表和指针式万用表各一块。

工作步骤

表 11-9 列出了常用接插件的实物图及其应用场合。

表 11-9　常用接插件的实物图及其应用场合

接插件名称	实　物　图	应 用 场 合
直流电源插座		用于接入小型直流电源
压线插座		可用螺钉旋具将螺钉松开,然后将线压入,螺钉上紧,常用于需要频繁接入的信号线或输出线
两针插座		用于电路板之间电源线、信号线和输出控制线的连接
排线插座	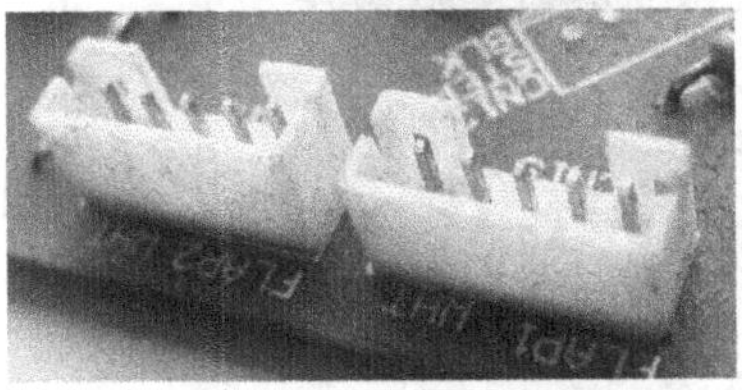	用于插接一组排线
DIP 封装 IC 插座		可以插接双列直插集成电路,常用于电路调试

（续）

接插件名称	实 物 图	应 用 场 合
PLCC 封装 IC 插座		可插接 PLCC 封装集成电路
USB 接口插座		USB 接口插座有四个引脚，分别为电源、时钟和数据线，另外还有两个用于固定插座的引脚（接地）。
电话外线插座		可以插接电话外线，共有 2 个引脚

相关知识

1. 什么是接插件

接插件也叫连接器，也称作插座，是连接两个有源器件的无源器件，用于传输电流或信号。在组成整机系统的所有电子元器件中，连接器看似结构简单往往得不到重视，但其故障率却是最高的。

2. 接插件的基本性能

(1) 机械性能 就连接功能而言，插拔力是重要的机械性能；另一个重要的机械性能是连接器的机械寿命。

(2) 电气性能 连接器的主要电气性能包括接触电阻、绝缘电阻和抗电强度。

(3) 环境性能 常见的环境性能包括耐温、耐湿、耐盐雾、振动和冲击等。

3. 接线端子的常见故障

接线端子的常见故障为接触不良、绝缘不良、固定不良。

项目评价

根据附录 C 给出的项目评价标准，对本项目工作做出评价，并填入表 11-10 中。

表 11-10　项目评价表

评 价 项 目	自 我 评 价	小 组 评 价	教 师 评 价
元器件的挑选与检测			
电路的布局及安装			
电路的焊接及工艺			
仪器仪表的使用			
知识点的掌握			
小组成员的合作			
安全文明操作			

项目十二 常用传感器

传感器是一种物理装置，能够探测、感受外界的信号、物理条件（如光、热、湿度）或化学组成（如烟雾），并将探知的信息传递给其他装置，它能将被测非电量信号转换为与之有确定对应关系的电量输出。

传感器是电子产品获取外界环境信息的主要途径与手段，已渗透到诸如工业生产、宇宙开发、海洋探测、环境保护、资源调查、医学诊断、生物工程，甚至文物保护等极其广泛的领域。从茫茫的太空到浩瀚的海洋，直至各种复杂的工程系统，几乎每一个现代化项目，都离不开各种各样的传感器。图 12-1 ~ 图 12-7 所示是传感器在现实生活中的典型应用。

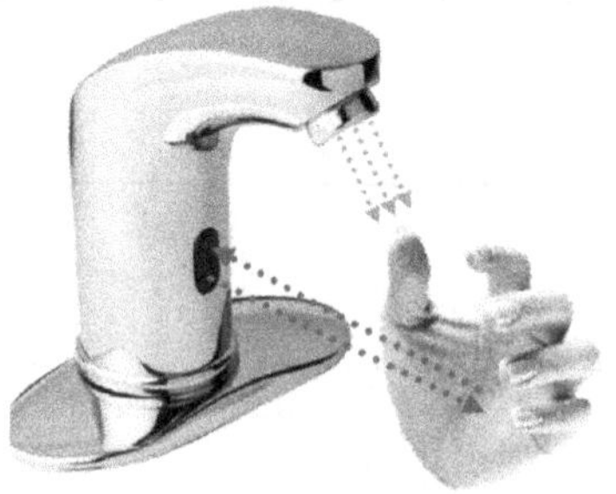

图 12-1　漫反射型光电开关

图 12-2　烟雾报警器实物图

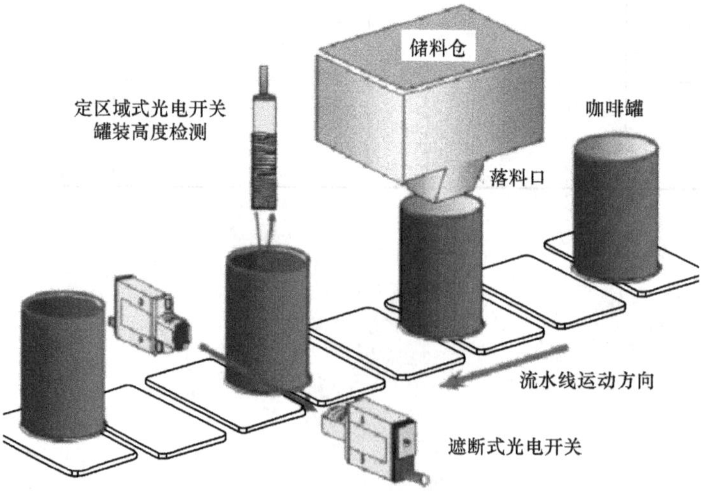

图 12-3　传感器在流水线中的应用

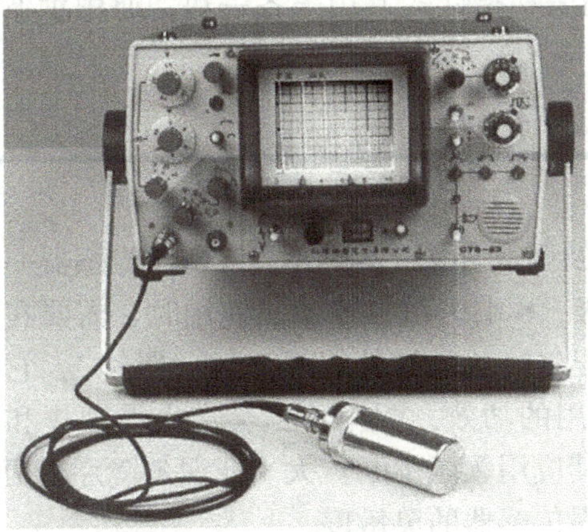

图 12-4　超声波探伤仪

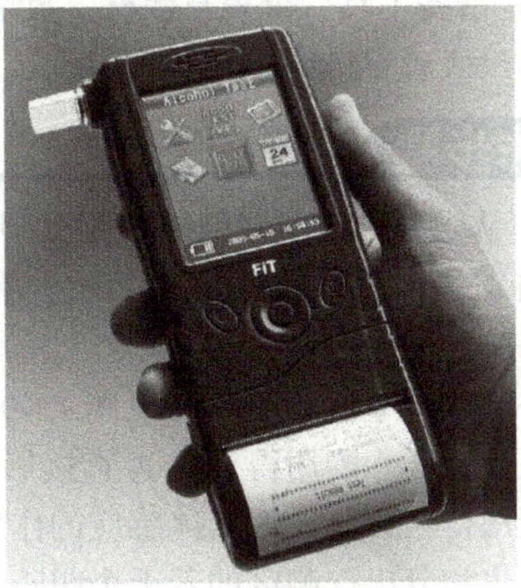

图 12-5　酒精测试仪

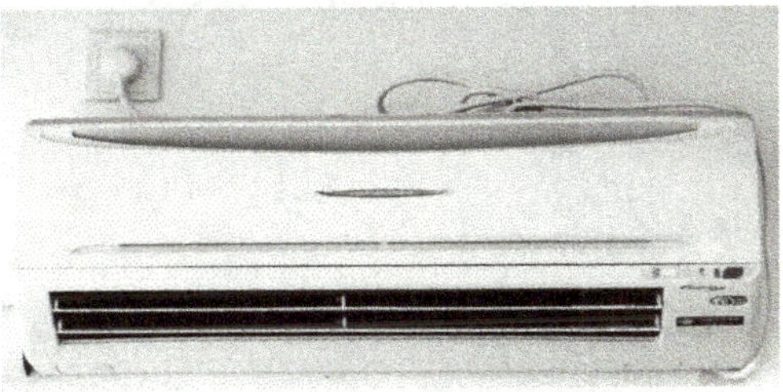

图 12-6　温度传感器在空调器中的应用

图 12-7　光电传感器在鼠标中的应用

任务一　各种传感器的识别与检测

工作任务

1）识别不同类别的传感器。
2）检测各种传感器。
3）提交一份检测报告。

工作指引

1）准备元器件：清单见表 12-1。

表 12-1　元器件清单

名　称	规　格	数　量
热释电传感器	RE200B	1
温度传感器	18B20	1
气敏传感器	QM—N5	1
红外发射接收组件	TBCB30	1
霍尔传感器	49E312	1

2）准备工具、仪表与耗材：数字式万用表和指针式万用表各一块；通用示波器一台；插接线若干。

工作步骤

1. 认识各种传感器的外形及引脚

（1）热释电传感器 热释电传感器外形及引脚如图 12-8 所示，热释传感器一般有三条引脚：D 端接电源正极，G 端接电源负极，S 端为信号输出。使用时，需要在传感器的外部罩上菲涅尔镜片（见图 12-9），菲涅尔镜片是红外线探头的“眼镜”，它就像人的眼镜一样，配用得当与否直接影响到使用的功效，配用不当会产生误动作和漏动作；配用得当充分发挥人体感应的作用，使其应用领域不断扩大。菲涅尔镜片起两个作用：聚焦和分出探测区的若干个明暗区，增强传感器的灵敏度。

热释电传感器经常与传感器信号处理集成电路 BISS0001 配套使用。

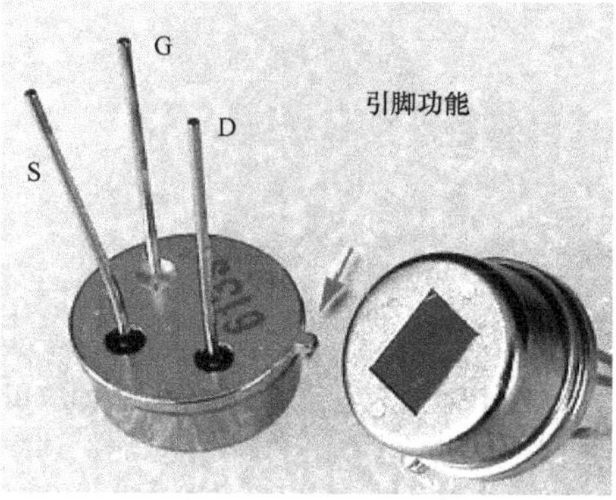

图 12-8 热释电传感器外形及引脚

图 12-9 菲涅尔镜片

（2）温度传感器 数字温度传感器（DS18B20）。DS18B20 是新型的数字温度传感器，外形及引脚如图 12-10 所示。它是 DALLAS 公司生产的 1-Wire，即单总线器件，具有线路简单、体积小的特点。因此用它组成的测温系统，也具有线路简单的特点，而且在一条通信线上，可以挂很多这样的数字温度计，十分方便。引线说明如下：

图 12-10 DS18B20 外形及引脚

1 脚 GND：电源地端；

2 脚 DQ：数字信号输入/输出端；

3 脚 VDD：外接供电电源输入端。

DS18B20 具有以下特点：

只要求一个端口即可实现通信；

在 DS18B20 中的每个器件上都有独一无二的序列号；

实际应用中不需要外部任何元器件即可实现测温；

测量温度范围为 −55 ~ 125℃；

数字温度计的分辨率用户可以从9位到12位选择；

内部设有温度上、下限报警设置。

2. LM35。LM35为电压变化型温度传感器，其输出电压同摄氏温度呈线性关系，其转换公式为

$$V_{OUT}=10\text{mV}/℃\times T$$

0℃时输出为0V，温度每升高1℃，输出电压升高10mV，在常温下不需要校准处理即可达到1/4℃的准确率，其封装形式与引脚如图12-11所示。

3. 气敏传感器　气敏传感器QM—N5共有6个引脚，如图12-12所示。使用时通常将其中两对引脚短接到一起，f与f′需要加5V的加热电源。外界环境无敏感气体时，A和B两端的阻值非常大；当外界有敏感气体时，A和B两端的阻值迅速减小。

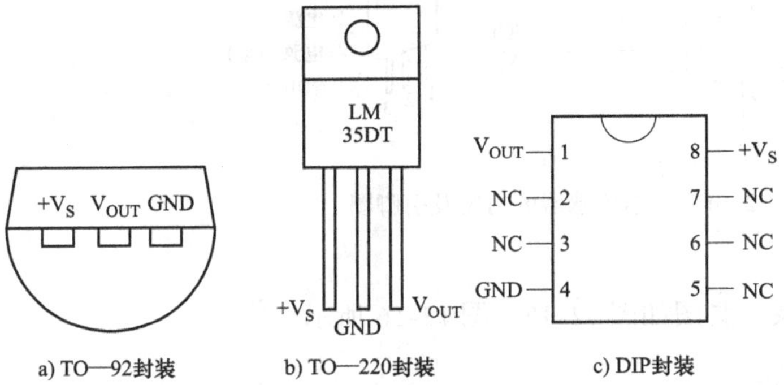

图12-11　LM35的封装形式与引脚

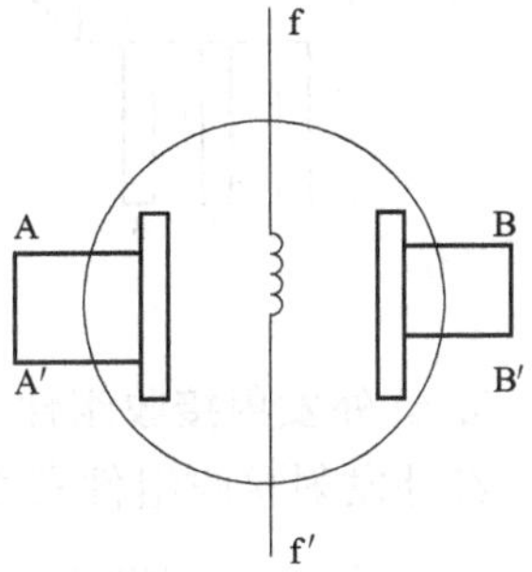

图12-12　QM—N5引脚图

图12-13所示为旁热式气敏传感器QM—N5的内部结构及外形图。QM—N5是常用的一种气体传感器，适用于天然气、煤气、氢气、烷类气体、烯类气体、汽油、煤油、乙炔、氨气、烟雾等的检测，属于N型半导体器件。它灵敏度较高，稳定性较好，响应和恢复时间短，市场上应用广泛。

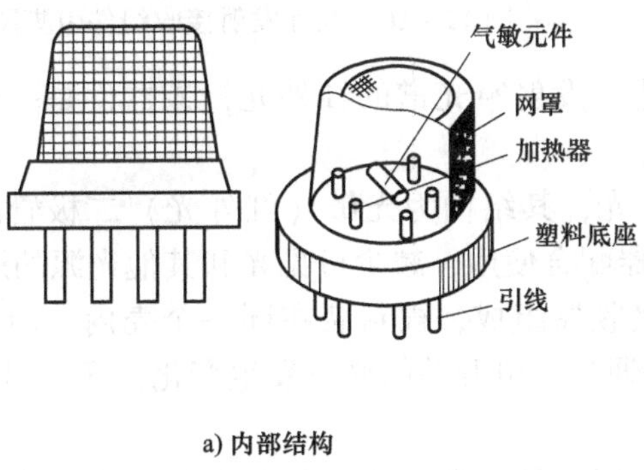

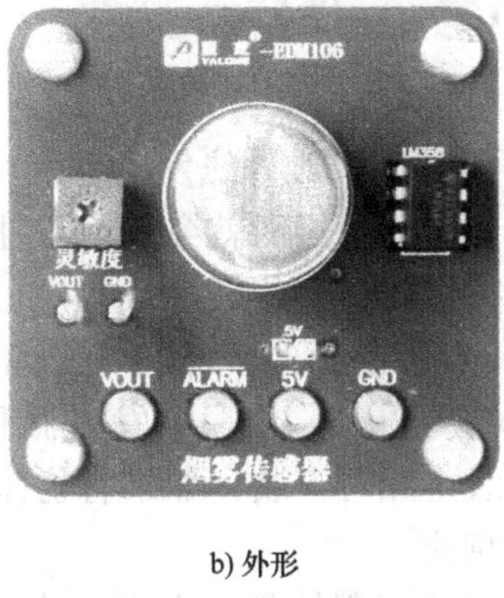

图12-13　QM—N5内部结构及外形图

QM—N5气敏元件参数如下：标定气体（0.1%丁烷气体，最佳工作条件）中电压大于2V，响应时间小于10s，恢复时间小于30s，最佳工作条件为加热电压5V、测量回路电压10V、负载电阻R_L为2kΩ，允许工作条件加热电压4.5～5.5V、测量回路电压

5～15V、负载电阻0.5～2.2kΩ。常见的气敏元件还有MQ—31（专用于检测CO），QM—J1酒精敏感元件等。

4. 霍尔传感器

霍尔传感器是利用霍尔效应与集成电路技术结合而制成的一种磁敏传感器，它能感知一切与磁信息有关的物理量，并以开关信号形式输出。霍尔传感器具有使用寿命长、无触点磨损、无火花干扰、无转换抖动、工作频率高、温度特性好、能适应恶劣环境等优点。

TO—92封装的霍尔传感器有三个引脚，如图12-14所示。

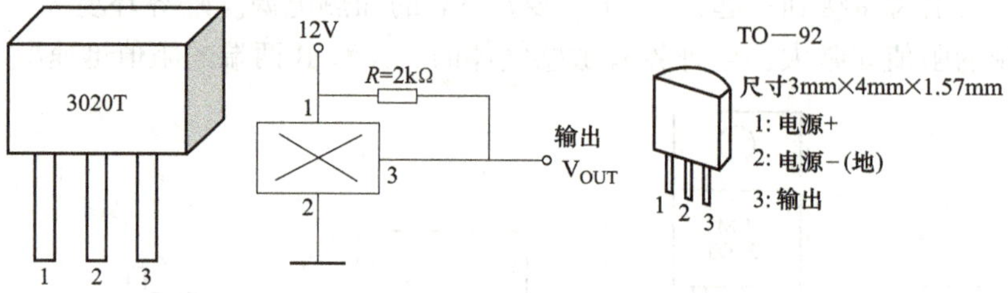

图12-14 霍尔传感器的封装及引脚图

5. 红外发射接收组件

红外发射接收组件实物及引脚图如图12-15、图12-16所示。

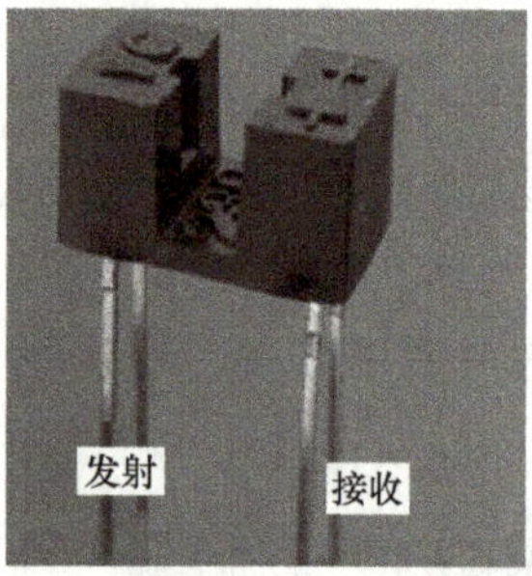

图12-15 红外发射接收组件实物

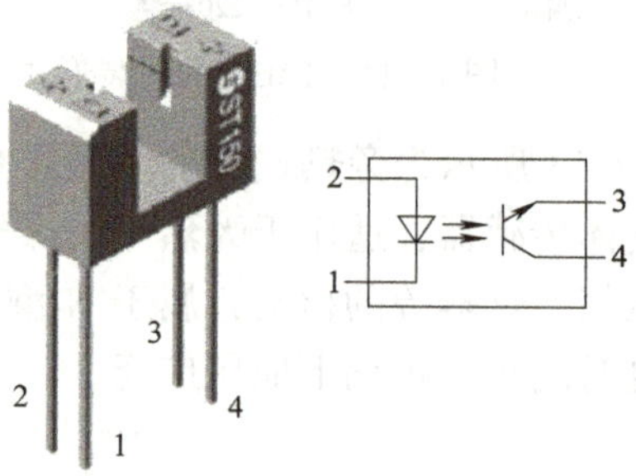

图12－16 红外发射接收组件引脚图

（1）发射器 红外线发射器的功能是发射窄光谱的红外光，该器件是一个典型的二极管，当电流通过时就会发射红外光。

（2）接收器件 能够接收相应红外光，其结构为光敏（红外光）二极管或者光敏（红外光）晶体管，经常与红外光滤波器配合使用，减少可见光和其他光源的影响。

（3）光电开关 由一个发射器和接收器组成，被封装在同一个壳内，两个器件在同一个轴线上相对安装，如果有物体使通过光电开关的光束发生变化，便会引发系统做出相应的响应。

（4）光电反射器件 也由一个发射器和接收器组成，封装在同一个壳内，两个器件放在同一个平面上，彼此紧靠，不像光电开关那样相对安装。发射器中的红外光射到目标靶上，再由目标靶发射到接收器上，从而引发系统的动作。

6. 超声波传感器

超声波传感器按其工作原理可分为压电式、磁致伸缩式、电磁式等，其中压电式最为常用。压电式超声波探头常用的材料是压电晶体和压电陶瓷，这种传感器统称为压电式超声波探头。它是利用压电材料的压电效应来工作的：逆压电效应将高频电振动转换成高频机械振动，从而产生超声波，可作为发射探头；而正压电效应是将超声振动波转换成电信号，可作为接收探头。图 12-17、图 12-18 为超声波传感器发射、接收头的外形与内部结构示意图。

图 12-17　超声波传感器发射、接收头的外形

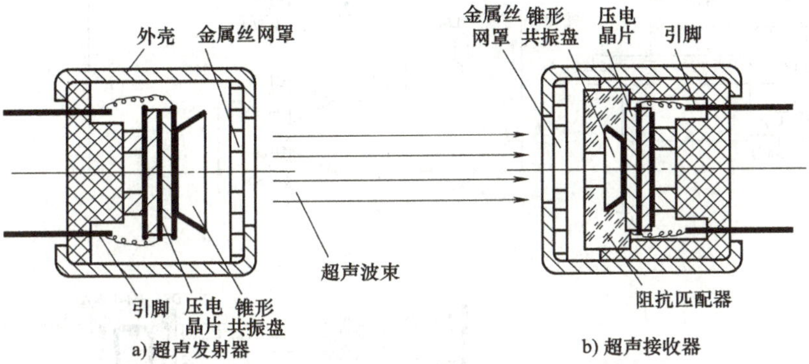

图 12-18　超声波传感器发射、接收头的内部结构

还有一类收发一体的超声波传感器，可以不分发射和接收混用。

任务二　超声波测距

工作任务

1）分析超声波测距电路的电路功能。

2）测量电路各引脚的电位大小和波形。

3）提交一份测量报告。

工作指引

1）准备 YL291 相关模块：

EDM001 MCS51 单片机主机模块；

EDM111 超声波发射接收模块，如图 12-19 所示。

EDM605 四位数码管显示模块；

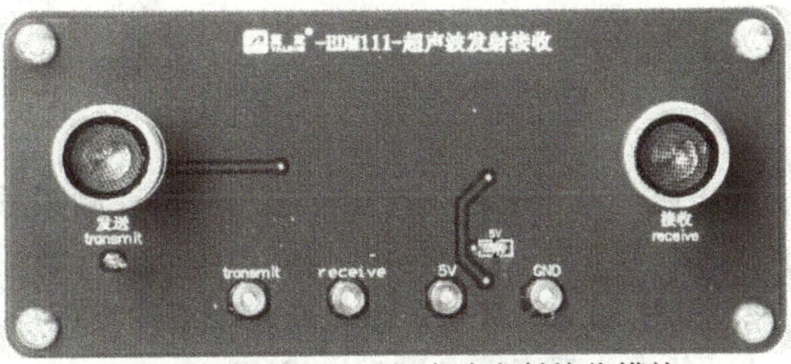

图 12-19　EDM111 超声波发射接收模块

EDM314 ±5V，±12V 直流电源模块；

EDM315 变压器模块。

2）准备工具、仪表与耗材：数字式万用表和指针式万用表各一块，通用示波器一台，插接线若干。

工作步骤

1. 熟悉超声波测距电路原理图

超声波测距电路原理图如图 12-20 所示。

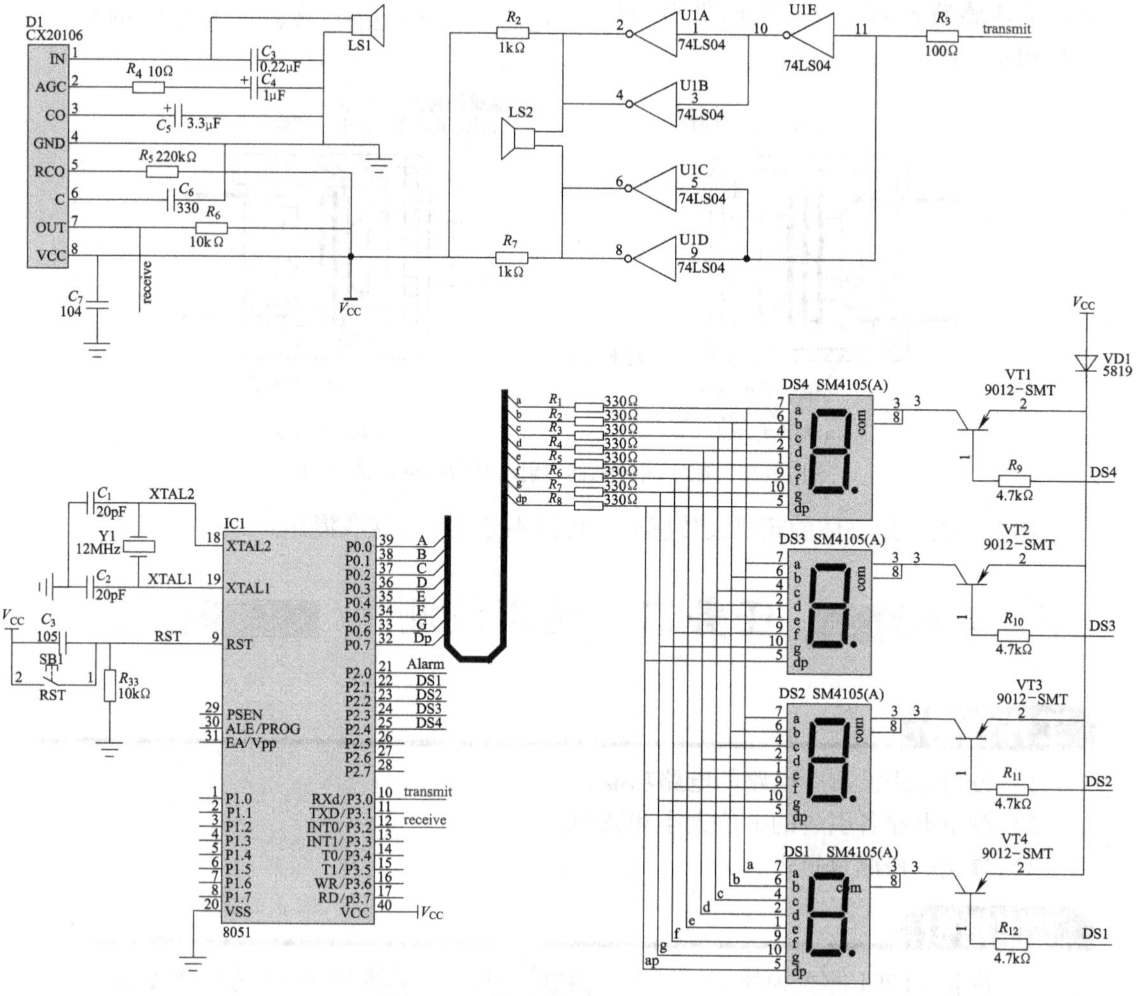

图 12-20 超声波测距电路原理图

功能描述：

该电路为基于单片机控制的超声波自动测距系统。利用超声波传输距离与时间的关系，采用单片机进行控制及数据处理，能实现利用超声波精确测量两点间距离的功能。

2. 利用 YL291 模块连接电路，观察输出现象。

1）各模块都连接电源 5V、GND。

2）EDM001 MCS51 单片机主机模块与 EDM111 超声波发射接收模块的接线：P3.0 接 transmit，P3.2 接 receive。

3）EDM001 MCS51 单片机主机模块与 EDM605 四位数码管显示模块的接线：P0.0～P0.7 接 A～Dp，P2.1～P2.4 接 DS1～DS4。

3. 加电观察效果

1）用示波器测试 EDM111 超声波发射接收模块的 transmit 端是否输出频率为 40kHz 的方波。

2）用手或是书本遮挡在超声波探头前方，然后用示波器测试 EDM111 超声波发射接收模块 receive 端是否有明显的脉冲形成，如果有，说明超声波接收探头已接收到超声波信号。

3）该电路的测量范围为 20～180cm，如果测量的最大距离不足 100cm，则应查看超声波收发探头是否紧贴电路板。焊接时注意探头应与电路板有一定的间隙。

4. 测量各测试点的电位及波形

任务三　组装酒精测试仪

工作任务

1）分析酒精测试仪的电路功能。

2）测量电路各引脚电位的大小和波形。

3）提交一份测量报告。

工作指引

1）准备 YL291 相关模块：

EDM314 ±12V，±5V 直流电源模块；

EDM315 变压器模块；

EDM002 AVR 单片机主机模块；

EDM605 四位数码管显示模块；

EDM108 酒精传感器模块；

EDM403 8 位独立按键。

2）准备工具、仪表与耗材：数字式万用表、指针式万用表（MF47 型）各一块，通用示波器一台，插接线若干。

工作步骤

1. 熟悉酒精测试仪电路原理图

酒精测试仪电路原理图如图 12-21（见全书后插页）所示。

该电路的功能如下：通过酒精传感器对酒精含量进行测量，AVR 对其输出信号进行 A/D 转换、处理，再送数码管显示其量的变化。EDM108 酒精传感器对酒精含量进行测量后，以模拟量的形式输出，经 AVR 主机采样、处理，再送数码管显示酒精含量。

2. 利用 YL291 模块连接电路，观察输出现象

各模块连 5V 电源；

EDM002 AVR 单片机主机模块 PA 指示拨码开关都关闭，时钟芯片选择拨码开关关闭。

EDM605 四位数码管显示的$\overline{A}$ ~ $\overline{Dp}$与连 EDM002 AVR 单片机主机模块的 PB0 ~ PB7 相连。

$\overline{LED}$ ~ $\overline{DS4}$连 PC0 ~ PC3。

EDM108 酒精传感器：VOUT 连 EDM002 AVR 单片机主机模块的 PA0。

EDM403 8 位独立按键：SET、OK 分别接 EDM002 AVR 单片机主机模块的 PA1、PA2。

3. 加电观察效果

调试方法及步骤

1）EDM002 AVR 单片机主机模块连上 5V 电源，并下载好对应程序。

2）各模块按照连线说明连好线。

3）整机供电。

4）酒精传感器模块在无酒精环境中预热 1min。

5）等数码管显示的酒精浓度（单位：ppm）稳定。

6）按“SET”键，进入清零调整状态，此时 EDM605 四位数码管模上的八个贴片 LED 指示灯点亮。

7）3s 内（LED 指示灯点亮）按“OK”键后系统会将当前采集到的酒精传感器输出值作为 0ppm（百万分之一），数码管显示“0000”。

8）将蘸有酒精或酒的棉花靠近酒精传感器，此时数码管显示的数字应很快增大。

4. 测量各测试点的电位及波形

酒精浓度增大时，其输出端 V_{OUT}电压值应随之增大。

任务四 制作电子秤

工作任务

1）分析电子秤电路的功能。

2）测量电路各引脚的电位的大小和波形。

3）提交一份测量报告。

工作指引

1）准备 YL291 相关模块：

EDM314 5V，±12V 直流电源模块；

EDM104 称重传感器模块，如图 12-22 所示。

EDM201 ICL7135 模/数转换模块；

EDM406 4 ×4 键盘模块；

EDM001 MCS51 单片机主机模块；

EDM606 12864 LCD 显示屏模块；

EDM504 蜂鸣器模块；

EDM603 十进制计数器模块。

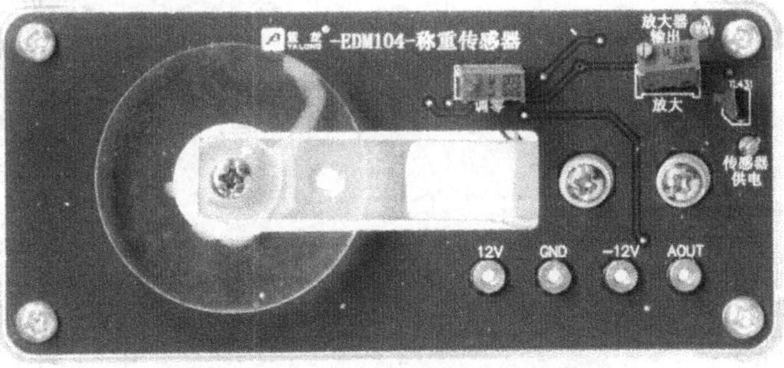

图 12-22　EDM104 称重传感器模块

2）准备工具、仪表与耗材：数字式万用表和指针式万用表各一块，通用示波器一台，插接线若干。

工作步骤

电子秤电路原理图如图 12-23 所示。熟悉电子秤电路原理图

该电路功能如下：称重传感器的信号经 LM324 组成的差分放大器，将信号放大，经过 ICL7135 进行 A/D 转换，再经过微处理器的处理，送到 LCD 将重量显示出来。

1. 利用相关模块连接电路，观察输出现象

各模块都连接 5V 电源的正极与 GND。EDM203 模/数转换模连 ±5V 电源。EDM104 称重传感器还要连 ±12V 电源。

EDM406 4 ×4 键盘的 COL1 ~ ROW4 连 EDM001 MCS51 单片机主机模块的 P1.0 ~ P1.7，$\overline{\text{FLAG}}$接 EDM001 的 P3.3；

EDM606 12864 LCD 显示模块的 DB0 ~ DB7 连 EDM001 的 P0.0 ~ 0.7，$\overline{\text{RST}}$连 EDM001 的 P2.7，CS2 连 EDM001 的 P2.6，CS1 连 EDM001 的 P2.5，E 连 EDM001 的 P2.4，R/W 连 EDM001 的 P2.3，D/I 连 EDM001 的 P2.2，BL 连 EDM001 的 P2.1。

EDM104 称重传感器的 AOUT 连 EDM203 模/数转换的 IN +，IN - 接 GND。

EDM203 模数转换的 Ext. Clk 接 EDM603 十进制计数器的 Q7，BUSY 接 EDM001 的 P3.2，POL 接 EDM001 的 P3.5。

EDM603 十进制计数器的 Q8 连本模块的 CR，CP 连 EDM001 的 ALE。

EDM001 MCS51 单片机主机模块的 P3.4 接 EDM504 蜂鸣器模块的$\overline{\text{B1}}$。

2. 加电观察效果

1）EDM203 模/数转换模块选择 2V 档位，调节 EDM203 模/数转换模块的电位器使 Vref 为 1.000V。

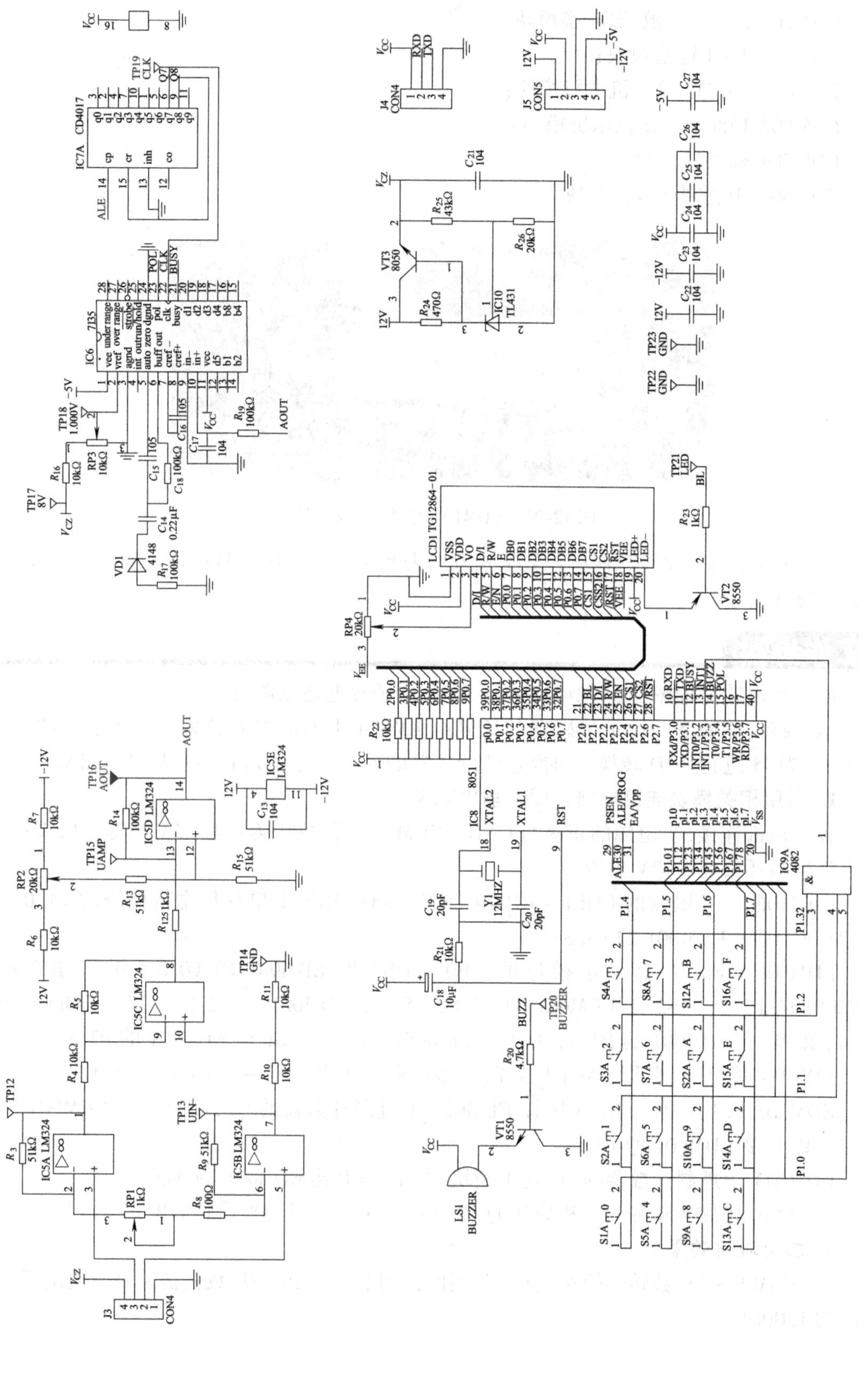

图 12-23 电子秤电路原理图

2）按“F”键开机，液晶背光点亮，显示欢迎界面。正常显示主界面后，按“D”键能进入设置界面。在设置界面利用“A”（+）、“B”（-）、“C”（移位）键可设置单价、待机时间、声音提示。设置好后按“E”键保存退出。

注：如液晶显示图像不清楚，可调“对比度”电位器。

3）调节调整称重传感器“调零”电位器，使AOUT电压为0.000V，将5个20g砝码全部置于称重传感器的托盘上，调节“放大”电位器，使AOUT电压为0.100V。

4）拿去托盘上的所有砝码，调节称重传感器“调零”电位器，使AOUT电压为0.000V。

重复2）、3）步骤的标定过程，一直到精确为止，电子秤可正常测量。

3. 测量各测试点的电位及波形

这里的测试点选EDM001的ALE端及EDM603的Q7端。

EDM001 MCS51单片机主机模块的ALE信号频率应为2MHZ。

EDM603十进制计数器的Q7信号频率应为250kHz。

相关知识

常用传感器分类见表12-2。

表12-2 常用传感器分类

测量对象		测量原理	传感器产品名称
A	光强 光束 红外光	1. 光电子释放效应 2. 光电效应 3. 光导效应 4. 热释电效应 5. 固体摄像元件 6. 其他	光电管、光电倍增管、摄像管、火焰检测器 光敏二极管、光敏晶体管、光敏电阻、遥控接收光元件晶体管光传感器、内置IC的光敏二极管 光导电元件、量子型红外线传感器、分光器 热释电红外传感器、热释电传感器、红外线传感器 CCD图像传感器
B	声/超声波	1. 压电、电致伸缩效应 2. 电磁感应 3. 静电效应 4. 磁致伸缩 5. 其他	石英扬声器、陶瓷扬声器、陶瓷超声波传感器 磁铁扬声器 驻极体传声器 铁氧体超声波传感器、磁致伸缩振动元件
C	磁 磁通 电流	1. 法拉第效应 2. 磁阻效应 3. 霍尔效应 4. 约瑟夫逊效应 5. 磁电效应 6. 其他	光纤磁场传感器、法拉第器件、电流传感器 磁阻式磁场传感器、电流传感器、MR元件、磁性薄膜磁阻元件 霍尔元件、霍尔IC、磁二极管、电流传感器、速度传感器、霍尔 探针 SQUID高灵敏度磁传感器 铁磁性磁传感器、磁头、电流传感器、地磁传感器、光学CT、裂纹测试仪
D	力/重量	1. 磁致伸缩 2. 压电效应 3. 应变计 4. 扭矩 5. 电磁耦合 6. 电导率 7. 其他	磁致伸缩负荷元件、磁致伸缩扭矩传感器 压电负荷元件 应变计负荷元件、应变式扭矩传感器 差动变压器式扭矩传感器 电磁式扭矩传感器 薄板式力传感器

（续）

测量对象		测量原理	传感器产品名称
E	位置 速度 角度	1. 电磁感应 2. 电阻变化 3. 温度计 4. 光线/红外线 5. 霍尔效应、磁阻效应 6. 声波 7. 机械变化 8. 陀螺仪 9. 其他	差动变压器、分相器、接近开关、电涡流测厚仪、自整角机 电位计、电位传感器、位置/角度传感器、扭矩传感器 滑动电位计、应变式变形传感器 旋转编码器、千分尺、直线编码器、光电开关、光传感器、高度传感器、光断流器、光纤光电开关、激光雷达 引导开关、磁性尺、同步器、编码器 超声波开关、高度计 微动开关、限位开关、门锁开关、断线传感器 陀螺仪式位置传感器、陀螺仪式水平传感器、陀螺罗盘
F	温度	1. 热电效应 2. 阻抗的温度变化 3. 热释电效应 4. 电导率 5. 光学特性 6. 热膨胀 7. 半导体特性 8. 色温 9. 热辐射 10. 核磁共振 11. 磁特性 12. 谐振频率变化 13. 其他	热电偶、热电堆、铠装热电偶 热敏电阻(NTC，PTC，CTR)、测辐射热器、感温晶闸管、温度传感器、精密测温电阻 SIC 薄膜热敏电阻、薄膜铂金温度传感器、油温传感器 热释电温度传感器、驻极体温度传感器 陶瓷温度传感器、铁电温度传感器、电容式温度传感器 光温度传感器、红外线温度传感器、分布式光纤温度传感器 液体封入式温度传感器、双金属、双金属式温度传感器、恒温槽、热保护器、压力式热保护器、活塞管式温度传感器 晶体管温度传感器、光纤半导体温度传感器、色温传感器、双色温度传感器、液晶温度传感器 放射线温度传感器、光纤放射线温度传感器、压电式放射线温度传感器、戈雷线圈 NQR 温度传感器 磁温度传感器、感温铁氧体、感温式铁氧体热敏元件 石英晶体温度传感器
G	气体/湿度	1. 导电率变化 2. 门电位效应 3. 静电容量变化 4. 原电池 5. 电极电位 6. 电解电流 7. 离子电流 8. 光电子释放效应 9. 热电效应 10. 光电效应 11. 热释电效应 12. 膨胀 13. 电池电流 14. 振子谐振频率 15. 露点 16. 其他	电阻式气体传感器(厚膜、薄膜)、接触燃烧式气体传感器、容积控制型气体传感器 热传导式气体传感器、溶液导电率式气体传感器、半导体气体传感器、辐射热计 电阻式湿度传感器、热敏电阻式湿度传感器 FET 气体传感器、FET 湿度传感器 金属 MOS 型气体传感器、电容式湿度传感器 氧化锆固体电解质气体传感器 离子电极式气体传感器 恒电位电解式气体传感器、电量式气体传感器、五氧化二磷水分传感器 离子传感器 紫外、红外线吸收式气体传感器、化学发光式气体传感器 热电式红外线气体传感器 量子式红外线气体传感器 热释电式红外线气体传感器 电容式红外线气体传感器 原电池气体传感器 石英振动式气体传感器、石英振动式湿度传感器 露点湿度传感器
H	速度/ 转数	1. 电磁感应 2. 光电特性 3. 其他	转速表、同步感应器、电磁感应式旋转传感器、发电式旋转速度传感器 光电式旋转速度传感器

项目评价

根据附录 C 给出的项目评价标准，对本项目所做工作进行评价，并填入表 12-3 中。

表 12-3　项目评价表

评价项目	自我评价	小组评价	教师评价
元器件的挑选与检测			
电路的布局及安装			
电路的焊接及工艺			
仪器仪表的使用			
知识点的掌握			
小组成员的合作			
安全文明操作			

附录

附录 A　常用电子元器件型号命名方法及主要技术参数

一、电阻器和电位器

1. 电阻器和电位器的型号命名方法

见表 A-1。

表 A-1　电阻器和电位器的型号命名方法

第一部分:主称		第二部分:材料		第三部分:特征分类			第四部分:序号
符号	意义	符号	意义	符号	意义		
					电阻器	电位器	
R	电阻器	T	碳膜	1	普通	普通	对主称、材料相同,仅性能指标、尺寸大小有差别,但基本不影响互换使用的产品,给予同一序号;若性能指标、尺寸大小明显影响互换时,则在序号后面用大写字母作为区别代号
W	电位器	H	合成膜	2	普通	普通	
		S	有机实心	3	超高频	—	
		N	无机实心	4	高阻	—	
		J	金属膜	5	高温	—	
		Y	氧化膜	6	—	—	
		C	沉积膜	7	精密	精密	
		I	玻璃釉膜	8	高压	特殊函数	
		P	硼碳膜	9	特殊	特殊	
		U	硅碳膜	G	高功率	—	
		X	线绕	T	可调	—	
		M	压敏	W	—	微调	
		G	光敏	D	—	多圈	
		R	热敏	B	温度补偿用	—	
				C	温度测量用	—	
				P	旁热式	—	
				W	稳压式	—	
				Z	正温度系数	—	

示例：

（1）精密金属膜电阻器 RJ73 的型号含义如下：

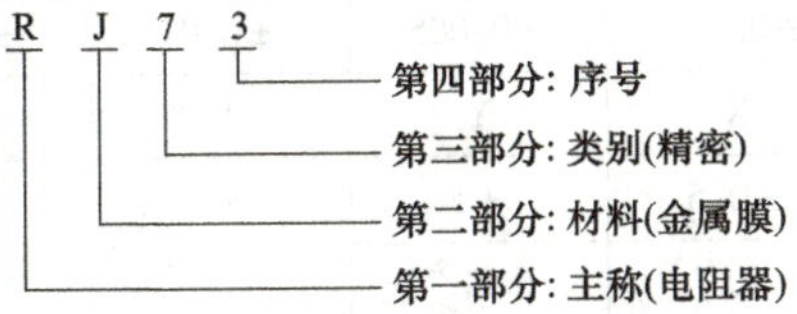

（2）多圈线绕电位器 WXD3 的型号含义如下：

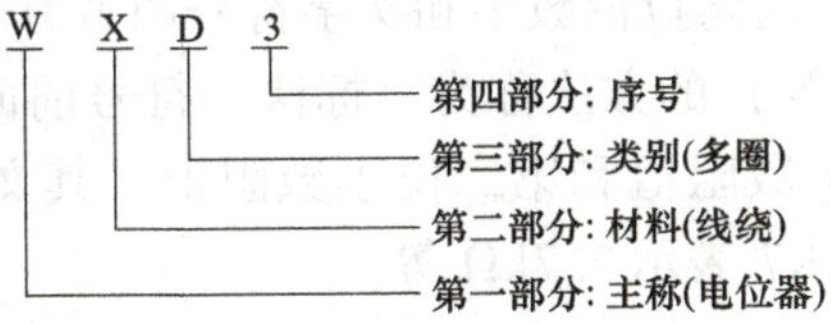

2. 电阻器的主要技术指标

（1）额定功率 电阻器在电路中长时间连续工作而不损坏，或不显著改变其性能所允许消耗的最大功率称为电阻器的额定功率。电阻器的额定功率并不是电阻器在电路中工作时一定要消耗的功率，而是工作中所允许消耗的最大功率。不同类型的电阻具有不同系列的额定功率，见表 A-2。

表 A-2 电阻器的功率等级

名称	额定功率/W					
实心电阻器	0.25	0.5	1	2	5	—
线绕电阻器	0.5 25	1 35	2 50	6 75	10 100	15 150
薄膜电阻器	0.025 2	0.05 5	0.125 10	0.25 25	0.5 50	1 100

（2）标称阻值 阻值是电阻的主要参数之一，不同类型的电阻，阻值范围不同，不同精度的电阻其阻值系列亦不同。根据国家标准，常用的标称值系列见表 A-3。E24、E12 和 E6 系列也适用于电位器和电容器。

表 A-3 标称值系列

系列	精度	电阻器(Ω)、电位器(Ω)、电容器标称值(pF)							
E24	±5%	1.0 2.2 4.7	1.1 2.4 5.1	1.2 2.7 5.6	1.3 3.0 6.2	1.5 3.3 6.8	1.6 3.6 7.5	1.8 3.9 8.2	2.0 4.3 9.1
E12	±10%	1.0 3.3	1.2 3.9	1.5 4.7	1.8 5.6	2.2 6.8	2.7 8.2	—	—
E6	±20%	1.0	1.5	2.2	3.3	4.7	6.8	8.2	—

注：标称值为科学计数法的有效数字，具体数值应为表中数值再乘以 10^n，其中 n 为正整数或负整数。

(3) 允许误差等级 见表 A-4。

表 A-4 电阻的精度等级

允许误差(%)	±0.001	±0.002	±0.005	±0.01	±0.02	±0.05	±0.1
等级符号	E	X	Y	H	U	W	B
允许误差(%)	±0.2	±0.5	±1	±2	±5	±10	±20
等级符号	C	D	F	G	J(Ⅰ)	K(Ⅱ)	M(Ⅲ)

3. 电阻器的标志内容及方法

(1) 文字符号直标法 用阿拉伯数字和文字符号两者有规律的组合来表示标称阻值(额定功率、允许误差等级等)的方法称为直标法。符号前面的数字表示整数阻值，后面的数字依次表示第一位小数阻值和第二位小数阻值，其文字符号所表示的单位见表 A-5。如 1R5 表示 1.5Ω，2K7 表示 2.7kΩ 等。

表 A-5

文字符号	R	K	M	G	T
表示单位	欧姆(Ω)	千欧姆(10^3Ω)	兆欧姆(10^6Ω)	千兆欧姆(10^9Ω)	兆兆欧姆(10^{12}Ω)

例如，某电阻上标有 RJ71—0.125—5k1—Ⅱ，其含义如下：

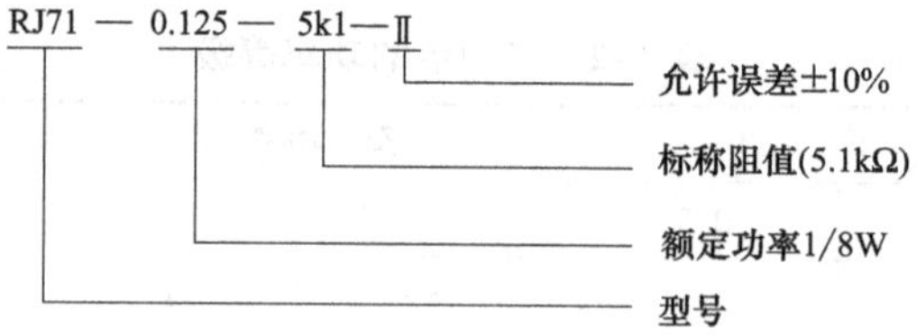

由标号可知，它是精密金属膜电阻器，额定功率为 1/8W，标称阻值为 5.1kΩ，允许误差为 ±10%。

(2) 色标法 色标法是将电阻器的类别及主要技术参数的数值用颜色(色环或色点)标注在它的外表面上。色标电阻(色环电阻)器可分为三环、四环、五环三种标法，色环电阻的色环两位及三位有效数字含义分别如图 A-1 和图 A-2 所示。

三色环电阻器的色环表示标称电阻值(允许误差均为 ±20%)。例如，色环为棕黑红，表示 $10 \times 10^2 \Omega = 1.0\text{k}\Omega$、允许误差为 ±20% 的电阻器。

四色环电阻器的色环表示标称值(两位有效数字)及精度。例如，色环为棕绿橙金表示 $15 \times 10^3 \Omega = 15\text{k}\Omega$、允许误差为 ±5% 的电阻器。

五色环电阻器的色环表示标称值(三位有效数字)及精度。例如，色环为红紫绿黄棕表示 $275 \times 10^4 \Omega = 2.75\text{M}\Omega$、允许误差为 ±1% 的电阻器。

一般四色环和五色环电阻器表示允许误差的色环特点是该环离其他环的距离较远。较标准的表示应是表示允许误差的色环的宽度是其他色环的 1.5~2 倍。

有些色环电阻器由于厂家生产工艺不规范，无法用上面的特征判断，这时只能借助万用表判断。

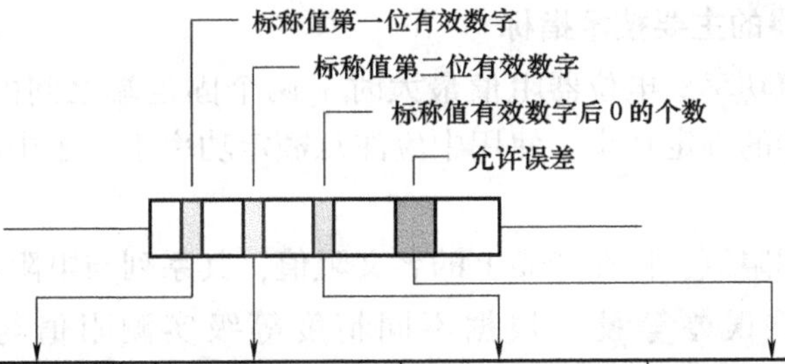

颜　　色	第一位有效值	第二位有效值	倍　　率	允 许 误 差
黑	0	0	10^0	
棕	1	1	10^1	
红	2	2	10^2	
橙	3	3	10^3	
黄	4	4	10^4	
绿	5	5	10^5	
蓝	6	6	10^6	
紫	7	7	10^7	
灰	8	8	10^8	
白	9	9	10^9	-20%～50%
金			10^{-1}	±5%
银			10^{-2}	±10%
无色				±20%

图 A-1　两位有效数字色环电阻的色环

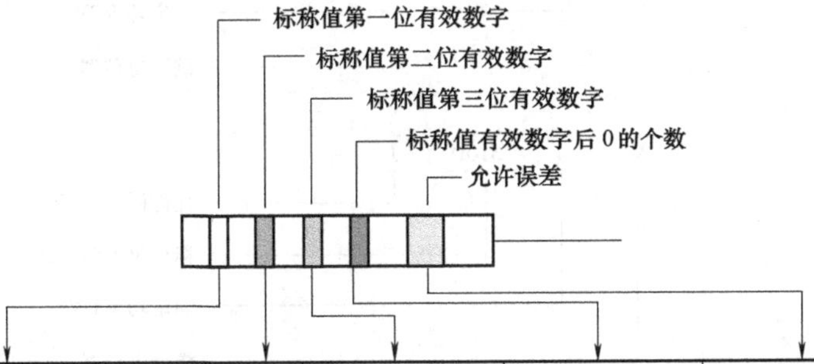

颜色	第一位有效值	第二位有效值	第三位有效值	倍　　率	允许误差
黑	0	0	0	10^0	
棕	1	1	1	10^1	±1%
红	2	2	2	10^2	±2%
橙	3	3	3	10^3	
黄	4	4	4	10^4	
绿	5	5	5	10^5	±0.5%
蓝	6	6	6	10^6	±0.25%
紫	7	7	7	10^7	±0.1%
灰	8	8	8	10^8	
白	9	9	9	10^9	
金				10^{-1}	
银				10^{-2}	

图 A-2　三位有效数字色环电阻的色环含义

4. 电位器的主要技术指标

(1) 额定功率 电位器阻值最大时（两个固定端之间的电阻）允许耗散的最大功率称为电位器的额定功率。使用中应注意额定功率不等于中心抽头与固定端之间电阻的功率。

(2) 标称阻值 标在产品上的名义阻值，其系列与电阻的系列类似。

(3) 允许误差等级 根据不同精度等级实测阻值与标称阻值可允许 ±20%、±10%、±5%、±2%、±1%的误差。精密电位器的精度可达±0.1%。

(4) 阻值变化规律 阻值变化规律是指电位器阻值与滑动片触点旋转角度（或滑动行程）之间的关系，这种关系可以是任何函数形式，常用的有直线式、对数式和反转对数式（指数式）。

在使用中，直线式电位器适合于作分压器；反转对数式（指数式）电位器适合于作收音机、录音机、电唱机、电视机中的音量控制器。维修时若找不到同类品，可用直线式代替，但不宜用对数式代替。对数式电位器只适合于作音调控制等。

5. 电位器的一般标志方法

以 WT—2 3.3k ±10%与 WX—1 510Ω J 为例，说明直标法中型号的含义

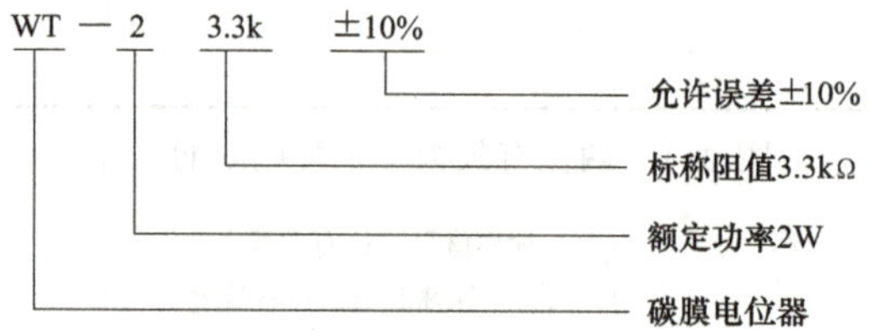

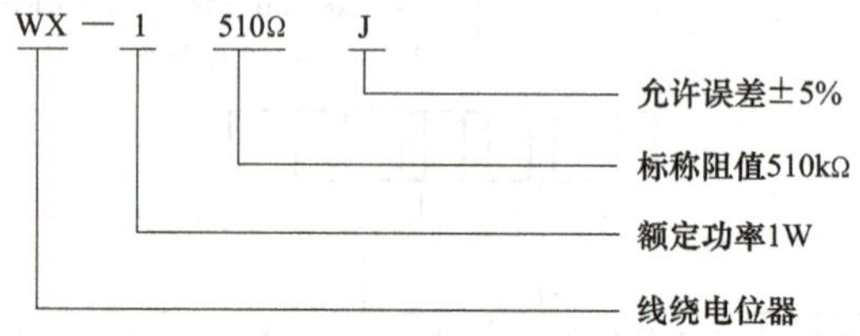

二、电容器

1. 电容器型号命名法

见表 A-6。

示例：

(1) 铝电解电容器 铝电解电容器 CD11 的型号含义如下：

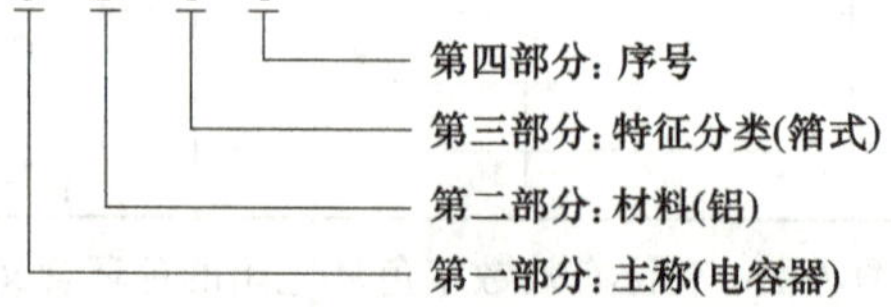

表 A-6 电容器型号命名法

第一部分:主称		第二部分:材料		第三部分:特征、分类						第四部分:序号
符号	意义	符号	意义	符号	意义					
					瓷介	云母	玻璃	电解	其他	
	电容器	C	瓷介	1	圆片	非密封	—	箔式	非密封	对主称、材料相同,仅尺寸、性能指标略有不同,但基本不影响相互使用的产品,给予同一序号;若尺寸性能指标的差别明显;影响互换使用时,则在序号后面用大写字母作为区别代号
		Y	云母	2	管形	非密封	—	箔式	非密封	
		I	玻璃釉	3	叠片	密封	—	烧结粉固体	密封	
		O	玻璃膜	4	独石	密封	—	烧结粉固体	密封	
		Z	纸介	5	穿心	—	—	—	穿心	
		J	金属化纸	6	支柱	—	—	—	—	
		B	聚苯乙烯	7	—	—	—	无极性	—	
		L	涤纶	8	高压	高压	—	—	高压	
		Q	漆膜	9	—	—	—	特殊	特殊	
		S	聚碳酸脂	J	金属膜					
		H	复合介质	W	微调					
		D	铝							
		A	钽							
		N	铌							
		G	合金							
		T	钛							
		E	其他							

(2) 圆片形瓷介电容器　圆片形瓷介电容器 CC1—1 的型号含义如下:

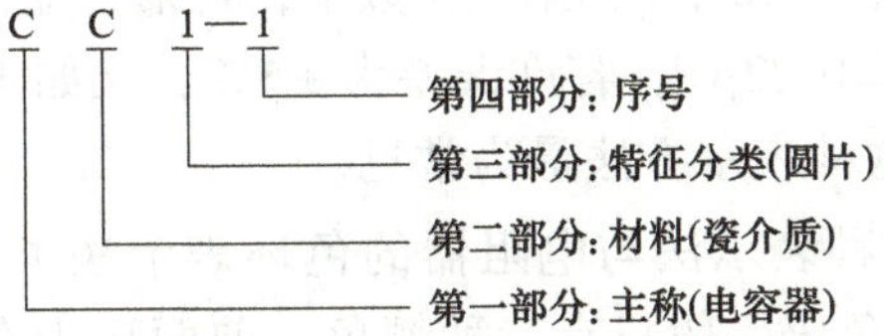

(3) 纸介金属膜电容器　纸介金属膜电容器 CZJX 型号含义如下:

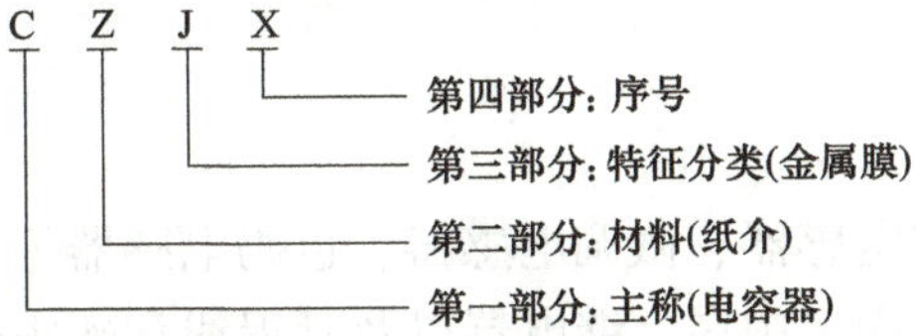

2. 电容器的主要技术指标

(1) 电容器的耐压　常用固定式电容的直流工作电压系列为 6.3V、10V、16V、25V、40V、63V、100V、160V、250V、400V。

（2）电容器容许误差等级 常见的有七个等级，见表 A-7。

表 A-7 电容器容许误差等级

容许误差	±2%	±5%	±10%	±20%	+20% -30%	+50% -20%	+100% -10%
级别	0.2	Ⅰ	Ⅱ	Ⅲ	Ⅳ	Ⅴ	Ⅵ

注：电容器常用字母代表误差，例如 B：±0.1%，C：±0.25%，D：±0.5%，F：±1%，G：±2%，J：±5%，K：±10%，M：±20%，N：±30%，Z：+80%、-20%等。

（3）标称容量 见表 A-8。

表 A-8 固定式电容器标称容量系列和容许误差

系列代号	E24	E12	E6
容许误差	±5%（Ⅰ）或(J)	±10%（Ⅱ）或(K)	±20%（Ⅲ）或(m)
标称容量对应值	10,11,12,13,15,16,18,20,22,24,27,30,33,36,39,43,47,51,56,62,68,75,82,90	10,12,15,18,22,27,33,39,47,56,68,82	10,15,22,23,47,68

注：标称电容量为表中数值或表中数值再乘以 10^n，其中 n 为正整数或负整数，单位为 pF。

3. 电容器的标志方法

（1）直标法 容量单位：F（法拉）、μF（微法）、nF（纳法）、pF（皮法或微微法）。

1 法拉 $=10^6$ 微法 $=10^{12}$ 微微法，1 微法 $=10^3$ 纳法 $=10^6$ 微微法

1 纳法 $=10^3$ 微微法

例如：4n7——表示 4.7nF 或 4700pF，0.22——表示 0.22μF，51——表示 51pF。

有时用大于 1 的两位以上的数字表示单位为 pF 的电容，例如 101 表示 100 pF；用小于 1 的数字表示单位为 μF 的电容，例如 0.1 表示 0.1μF。

（2）数码表示法 一般用三位数字来表示容量的大小，单位为 pF。前两位为有效数字，后一位表示倍率。即乘以 10^i，i 为第三位数字，若第三位数字 9，则乘 10^{-1}。如 223J 代表 22×10^3pF $=22000$pF $=0.22$μF，容许误差为 ±5%；又如 479K 代表 47×10^{-1}pF，允许误差为 ±5% 的电容。这种表示方法最为常见。

（3）色码表示法 这种表示法与电阻器的色环表示法类似，颜色涂于电容器的一端或从顶端向引线排列。色码一般只有三种颜色，前两环为有效数字，第三环为倍率，单位为 pF。有时色环较宽，如红红橙，两个红色环涂成一个宽的，表示 22000pF。

三、电感器

1. 电感器的分类

常用的电感器有固定电感器、微调电感器、色码电感器等。变压器、阻流圈、振荡线圈、偏转线圈、天线线圈、中周、继电器以及延迟线和磁头等，都属电感器。

2. 电感器的主要技术指标

（1）电感量 在没有非线性导磁物质存在的条件下，一个载流线圈的磁通量与线圈中的电流成正比，其比例常数称为自感系数，用 L 表示，简称为电感，即：

$$L=\frac{\Phi}{I}$$

式中，Φ 为磁通量；I 为电流。

(2) 固有电容 电感线圈各层、各匝之间、绕组与底板之间都存在着分布电容，这些电容统称为电感器的固有电容。

(3) 品质因数 电感线圈的品质因数定义为

$$Q=\frac{\omega L}{R}$$

式中，ω 为工作角频率；L 为线圈电感量；R 为线圈的总损耗电阻。

(4) 额定电流 线圈中允许通过的最大电流。

(5) 线圈的损耗电阻 线圈的直流损耗电阻。

3. 电感器电感量的标志方法

(1) 直标法 直接写出电感量，单位有 H（亨利）、mH（毫亨）、μH（微亨）等。

(2) 数码表示法 方法与电容器的表示方法相同。

(3) 色码表示法 这种表示法也与电阻器的色标法相似，色码一般有四种颜色，前两种颜色为有效数字，第三种颜色为倍率，单位为 μH，第四种颜色表示允许误差。

四、半导体分立器件

1. 半导体分立器件的型号命名方法

(1) 我国半导体分立器件的型号命名方法 见表 A-9。

表 A-9 我国半导体分立器件的型号命名方法

第一部分		第二部分		第三部分				第四部分	第五部分
用数字表示器件电极的数目		用汉语拼音字母表示器件的材料和极性		用汉语拼音字母表示器件的类型				用数字表示器件序号	用汉语拼音表示规格的区别代号
符号	意义	符号	意义	符号	意义	符号	意义		
2	二极管	A B C D	N 型，锗材料 P 型，锗材料 N 型，硅材料 P 型，硅材料	P V W C Z L S N U K X G	普通管 微波管 稳压管 参量管 整流管 整流堆 隧道管 阻尼管 光电器件 开关管 低频小功率管（$f_\alpha<3$MHz，$P_C<1$W） 高频小功率管（$f_\alpha\geqslant3$MHz $P_C<1$W）	D A T Y B J CS BT FH PIN JG	低频大功率管（$f_\alpha<3$MHz，$P_C\geqslant1$W） 高频大功率管（$f_\alpha\geqslant3$MHz $P_C\geqslant1$W） 半导体闸流管（晶闸管整流器） 体效应器件 雪崩管 阶跃恢复管 场效应器件 半导体特殊器件 复合管 PIN 型管 激光器件		
3	三极管	A B C D E	PNP 型，锗材料 NPN 型，锗材料 PNP 型，硅材料 NPN 型，硅材料 化合物材料						

现举例如下：

1）锗材料 PNP 型低频大功率三极管：

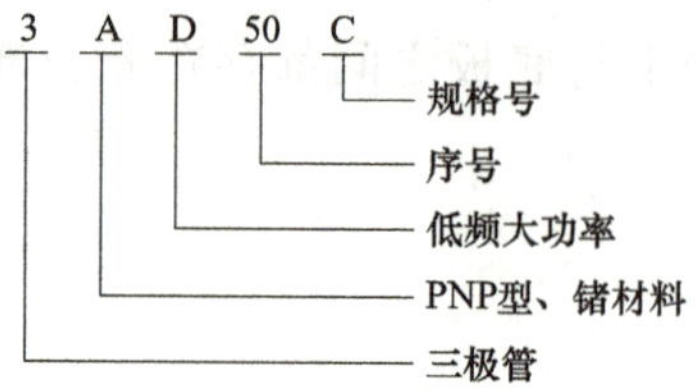

2）硅材料 NPN 型高频小功率三极管：

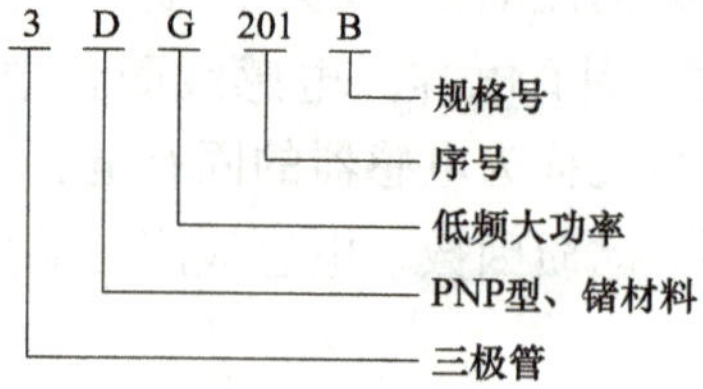

3）N 型硅材料稳压二极管：

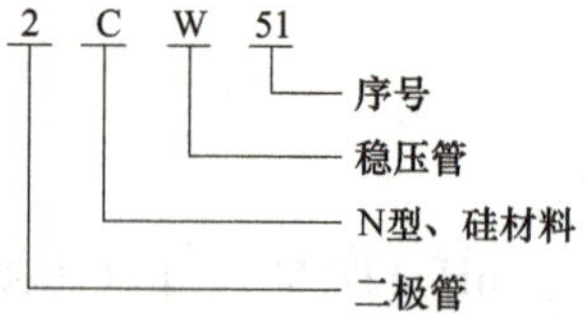

4）单结晶体管：

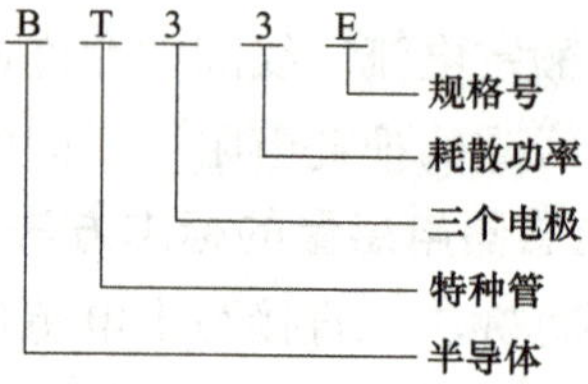

（2）国际电子联合会半导体器件的型号命名方法　见表 A-10。

表 A-10　国际电子联合会半导体器件的型号命名方法

第一部分		第二部分				第三部分		第四部分	
用字母表示使用的材料		用字母表示类型及主要特性				用数字或字母加数字表示登记号		用字母对同一型号者分档	
符号	意义	符号	意义	符号	意义	符号	意义	符号	意义
A	锗材料	A	检波、开关和混频二极管	M	封闭磁路中的霍尔元件	三位数字	通用半导体器件的登记序号（同一类型器件使用同一登记号）	A B C D E …	同一型号器件按某一参数进行分档的标志
		B	变容二极管	P	光敏元件				
B	硅材料	C	低频小功率三极管	Q	发光器件				
		D	低频大功率三极管	R	小功率晶闸管				
C	砷化镓	E	隧道二极管	S	小功率开关管				
		F	高频小功率三极管	T	大功率晶闸管	一个字母加两位数字	专用半导体器件的登记序号（同一类型器件使用同一登记号）		
D	锑化铟	G	复合器件及其他器件	U	大功率开关管				
		H	磁敏二极管	X	倍增二极管				
R	复合材料	K	开放磁路中的霍尔元件	Y	整流二极管				
		L	高频大功率三极管	Z	稳压二极管即齐纳二极管				

现举例如下：

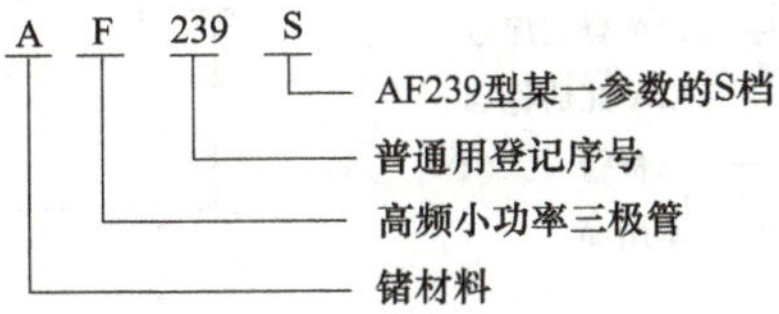

国际电子联合会晶体管型号命名法的特点：

1）这种命名法被欧洲许多国家采用。因此，凡型号以两个字母开头，并且第一个字母是 A、B、C、D 或 R 的晶体管，大都是欧洲制造的产品，或是按欧洲某一厂家专利生产的产品。

2）第一个字母表示材料（A 表示锗管，B 表示硅管），但不表示极性（NPN 型或 PNP 型）。

3）第二个字母表示器件的类别和主要特点。如 C 表示低频小功率管，D 表示低频大功率管，F 表示高频小功率管，L 表示高频大功率管等。若记住了这些字母的意义，不查手册也可以判断出类别。例如，BL49 型，一见便知是硅大功率专用晶体管。

4）第三部分表示登记顺序号。三位数字的为通用品；一个字母加两位数字的为专用品，顺序号相邻两个型号的特性可能相差很大。例如，AC184 为 PNP 型，而 AC185 则为 NPN 型。

5）第四部分字母表示同一型号的某一参数（如 h_{FE}或 N_F）进行分档。

6）型号中的符号均不反映器件的极性（指 NPN 或 PNP）。极性的确定需查阅手册或测量。

（3）美国半导体器件型号命名方法 美国晶体管或其他半导体器件的型号命名法较混乱。这里介绍的是美国晶体管标准型号命名法，即美国电子工业协会（EIA）规定的半导体分立器件型号的命名法，见表 A-11。

表 A-11 美国电子工业协会半导体器件型号命名法

第一部分		第二部分		第三部分		第四部分		第五部分	
用符号表示用途的类型		用数字表示 PN 结的数目		美国电子工业协会（EIA）注册标志		美国电子工业协会（EIA）登记顺序号		用字母表示器件分档	
符号	意义	符号	意义	符号	意义	符号	意义	符号	意义
JAN 或 J	军用品	1	二极管	N	该器件已在美国电子工业协会注册登记	多位数字	该器件在美国电子工业协会登记的顺序号	A B C D …	同一型号的不同档别
		2	三极管						
无	非军用品	3	三个 PN 结器件						
		n	n 个 PN 结器件						

现举例如下：

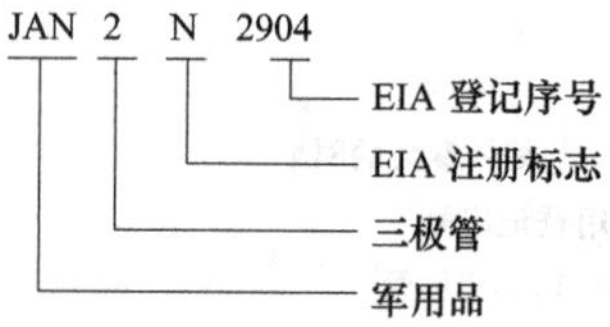

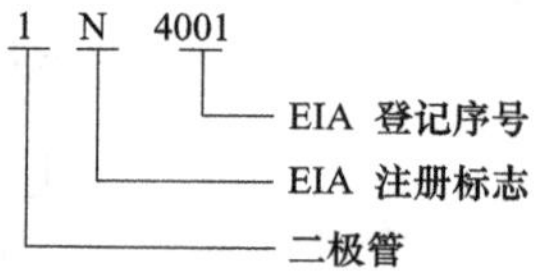

美国半导体器件型号命名法的特点：

1）型号命名法规定较早，又未作过改进，型号内容很不完备。例如，对于材料、极性、主要特性和类型，在型号中不能反映出来。例如，2N 开头的既可能是一般晶体管，也可能是场效应晶体管。因此，仍有一些厂家按自己规定的型号命名法命名。

2）组成型号的第一部分是前缀，第五部分是扩展名，中间的三部分为型号的基本部分。

3）除去前缀以外，凡型号以 1N、2N 或 3N……开头的晶体管分立器件，大都是美国制造的，或按美国专利在其他国家制造的产品。

4）第四部分数字只表示登记序号，而不含其他意义。因此，序号相邻的两器件可能特性相差很大。例如，2N3464 为硅 NPN、高频大功率管，而 2N3465 为 N 沟道场效应晶体管。

5）不同厂家生产的性能基本一致的器件，都使用同一个登记号。同一型号中某些参数的差异常用扩展名字母表示。因此，型号相同的器件可以通用。

6）登记序号数大的通常是近期产品。

（4）日本半导体器件型号命名方法 日本半导体分立器件（包括晶体管）或其他国家按日本专利生产的这类器件，都是按日本工业标准（JIS）规定的命名法（JIS—C—702）命名的。

日本半导体分立器件的型号，由五至七部分组成。通常只用到前五部分。前五部分符号及意义见表 A-12。第六、七部分的符号及意义通常是各公司自行规定的。第六部分的符号表示特殊的用途及特性，其常用的符号有：

M——松下公司用来表示该器件符合日本防卫厅海上自卫队参谋部有关标准登记的产品。

N——松下公司用来表示该器件符合日本广播协会（NHK）有关标准的登记产品。

Z——松下公司用来表示专用通信用的可靠性高的器件。

H——日立公司用来表示专为通信用的可靠性高的器件。

K——日立公司用来表示专为通信用的塑料外壳的可靠性高的器件。

T——日立公司用来表示收发报机用的推荐产品。

G——东芝公司用来表示专为通信用的设备制造的器件。

S——三洋公司用来表示专为通信设备制造的器件。

第七部分的符号，常被用来作为器件某个参数的分档标志。例如，三菱公司常用 R、G、Y 等字母；日立公司常用 A、B、C、D 等字母，作为直流放大系数 h_{FE} 的分档标志。

表 A-12 日本半导体器件型号命名方法

<table>
<tr><th colspan="2">第一部分</th><th colspan="2">第二部分</th><th colspan="2">第三部分</th><th colspan="2">第四部分</th><th colspan="2">第五部分</th></tr>
<tr><td colspan="2">用数字表示类型或有效电极数</td><td colspan="2">S 表示日本电子工业协会(EIAJ)的注册产品</td><td colspan="2">用字母表示器件的极性及类型</td><td colspan="2">用数字表示在日本电子工业协会登记的顺序号</td><td colspan="2">用字母表示对原来型号的改进产品</td></tr>
<tr><td>符号</td><td>意义</td><td>符号</td><td>意义</td><td>符号</td><td>意义</td><td>符号</td><td>意义</td><td>符号</td><td>意义</td></tr>
<tr><td rowspan="4">0</td><td rowspan="4">光电(即光敏)二极管、晶体管及其组合管</td><td rowspan="11">S</td><td rowspan="11">表示已在日本电子工业协会(EIAJ)注册登记的半导体分立器件</td><td>A</td><td>PNP 型高频管</td><td rowspan="11">四位以上的数字</td><td rowspan="11">从 11 开始,表示在日本电子工业协会注册登记的顺序号,不同公司性能相同的器件可以使用同一顺序号,其数字越大越是近期产品</td><td rowspan="11">A
B
C
D
E
F
⋮</td><td rowspan="11">用字母表示对原来型号的改进产品</td></tr>
<tr><td>B</td><td>PNP 型低频管</td></tr>
<tr><td>C</td><td>NPN 型高频管</td></tr>
<tr><td>D</td><td>NPN 型低频管</td></tr>
<tr><td>1</td><td>二极管</td><td>F</td><td>P 门极晶闸管</td></tr>
<tr><td rowspan="4">2</td><td rowspan="4">三极管、具有两个以上 PN 结的其他晶体管</td><td>G</td><td>N 门极晶闸管</td></tr>
<tr><td>H</td><td>N 基极单结晶体管</td></tr>
<tr><td>J</td><td>P 沟道场效应晶体管</td></tr>
<tr><td>K</td><td>N 沟道场效应晶体管</td></tr>
<tr><td>3
⋮</td><td>具有四个有效电极或具有三个 PN 结的晶体管</td><td>M</td><td>双向晶闸管</td></tr>
<tr><td>$n-1$</td><td>具有 n 个有效电极或具有 $n-1$ 个 PN 结的晶体管</td><td></td><td></td></tr>
</table>

现举例如下：

1）2SC502A（日本收音机中常用的中频放大管）：

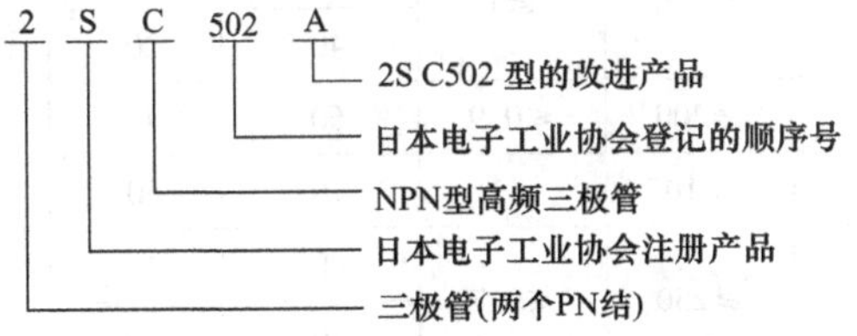

2）2SA495（日本夏普公司 GF—9494 收录机用小功率管）：

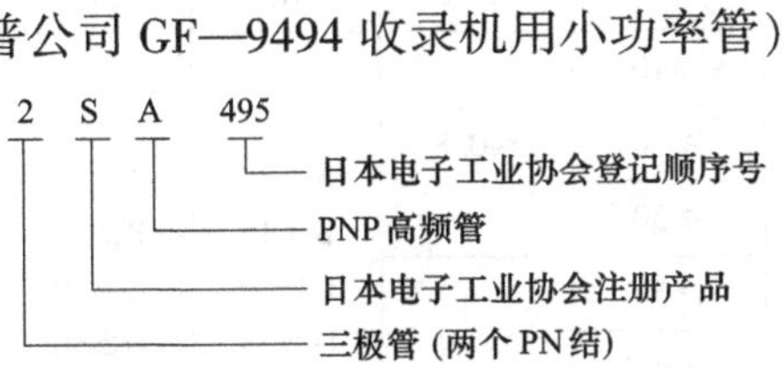

日本半导体器件型号命名法有如下特点：

1）型号中的第一部分是数字，表示器件的类型和有效电极数。例如，用“1”表示二极管，用“2”表示三极管。而屏蔽用的接地电极不是有效电极。

2）第二部分均为字母 S，表示日本电子工业协会注册产品，而不表示材料和极性。

3）第三部分表示极性和类型。例如用 A 表示 PNP 型高频管，用 J 表示 P 沟道场效应晶体管。但是，第三部分既不表示材料，也不表示功率的大小。

4）第四部分只表示在日本工业协会（EIAJ）注册登记顺序号，并不反映器件的性能，顺序号相邻两个器件的某一性能可能相差很远。例如，2SC2680 型的最大额定耗散功率为 200mW，而 2SC2681 的最大额定耗散功率为 100W。但是，登记顺序号能反映产品注册时间的先后。登记顺序号的数字越大，越是近期产品。

5）第六、七两部分的符号和意义各公司不完全相同。

6）日本有些半导体分立器件的外壳上标记的型号，常采用简化标记的方法，即把 2S 省略。例如，2SD764，简化为 D764，2SC502A 简化为 C502A。

7）在低频管（2SB 和 2SD 型）中，也有工作频率很高的管子。例如，2SD355 的特征频率 f_T 为 100MHz，所以，它们也可当高频管用。

8）日本通常把 $P_{cm} \geqslant 1W$ 的管子，称作大功率管。

2. 部分二极管的主要参数

见表 A-13。

表 A-13　部分二极管的主要参数

<table>
<tr><th>类型</th><th>参数
型号</th><th>最大整流电流/mA</th><th>正向电流/mA</th><th>正向压降（在左栏电流值下）/V</th><th>反向击穿电压/V</th><th>最高反向工作电压/V</th><th>反向电流/μA</th><th>零偏压电容/pF</th><th>反向恢复时间/ns</th></tr>
<tr><td rowspan="4">普通检波二极管</td><td>2AP9</td><td rowspan="2">≤16</td><td>≥2.5</td><td rowspan="2">≤1</td><td>≥40</td><td>20</td><td rowspan="2">≤250</td><td rowspan="2">≤1</td><td rowspan="2">150</td></tr>
<tr><td>2AP7</td><td>≥5</td><td>≥150</td><td>100</td></tr>
<tr><td>2AP11</td><td>≤25</td><td>≥10</td><td rowspan="2">≤1</td><td></td><td>≤10</td><td rowspan="2">≤250</td><td rowspan="2">≤1</td><td rowspan="2">40</td></tr>
<tr><td>2AP17</td><td>≤15</td><td>≥10</td><td></td><td>≤100</td></tr>
<tr><td rowspan="6">锗开关二极管</td><td>2AK1</td><td></td><td rowspan="2">≥150</td><td rowspan="2">≤1</td><td>30</td><td>10</td><td rowspan="6"></td><td rowspan="2">≤3</td><td rowspan="2">≤200</td></tr>
<tr><td>2AK2</td><td></td><td>40</td><td>20</td></tr>
<tr><td>2AK5</td><td></td><td>≥200</td><td>≤0.9</td><td>60</td><td>40</td><td>≤2</td><td>≤150</td></tr>
<tr><td>2AK10</td><td></td><td>≥10</td><td>≤1</td><td>70</td><td>50</td><td rowspan="3">≤2</td><td rowspan="3">≤150</td></tr>
<tr><td>2AK13</td><td></td><td rowspan="2">≥250</td><td rowspan="2">≤0.7</td><td>60</td><td>40</td></tr>
<tr><td>2AK14</td><td></td><td>70</td><td>50</td></tr>
<tr><td rowspan="7">硅开关二极管</td><td>2CK70A ~ E</td><td></td><td>≥10</td><td rowspan="3">≤0.8</td><td rowspan="7">A≥30
B≥45
C≥60
D≥75
E≥90</td><td rowspan="7">A≥20
B≥30
C≥40
D≥50
E≥60</td><td rowspan="7"></td><td rowspan="2">≤1.5</td><td>≤3</td></tr>
<tr><td>2CK71A ~ E</td><td></td><td>≥20</td><td>≤4</td></tr>
<tr><td>2CK72A ~ E</td><td></td><td>≥30</td><td rowspan="5">≤1</td><td rowspan="5">≤5</td></tr>
<tr><td>2CK73A ~ E</td><td></td><td>≥50</td><td rowspan="4">≤1</td></tr>
<tr><td>2CK74A ~ D</td><td></td><td>≥100</td></tr>
<tr><td>2CK75A ~ D</td><td></td><td>≥150</td></tr>
<tr><td>2CK76A ~ D</td><td></td><td>≥200</td></tr>
</table>

（续）

类型	型号 \ 参数	最大整流电流/mA	正向电流/mA	正向压降（在左栏电流值下）/V	反向击穿电压/V	最高反向工作电压/V	反向电流/μA	零偏压电容/pF	反向恢复时间/ns
整流二极管	2CZ52B … H	2	0.1	≤1		25 … 600			同2AP普通二极管
	2CZ53B … M	6	0.3	≤1		50 … 1000			
	2CZ54B … M	10	0.5	≤1		50 … 1000			
	2CZ55B … M	20	1	≤1		50 … 1000			
	2CZ56B … B	65	3	≤0.8		25 … 1000			
	1N4001 … 4007	30	1	1.1		50 … 1000	5		
	1N5391 … 5399	50	1.5	1.4		50 … 1000	10		
	1N5400 … 5408	200	3	1.2		50 … 1000	10		

3. 常用整流桥的主要参数

见表A-14。

表A-14 常用整流桥的主要参数

型号 \ 参数	不重复正向浪涌电流/A	整流电流/A	正向电压降/V	反向漏电流/μA	反向工作电压/V	最高工作结温/℃
QL1	1	0.05	≤1.2	≤10	常见的分档为：25，50，100，200，400，500，600，700，800，900，1000	130
QL2	2	0.1				
QL4	6	0.3				
QL5	10	0.5				
QL6	20	1				
QL7	40	2		≤15		
QL8	60	3				

4. 常用稳压二极管的主要参数

见表A-15。

表 A-15 常用稳压二极管的主要参数

测试条件	工作电流为稳定电流	稳定电压下	环境温度<50℃	环境温度<50℃	稳定电流下	稳定电流下	环境温度<10℃
型号＼参数	稳定电压/V	稳定电流/mA	最大稳定电流/mA	反向漏电流	动态电阻/Ω	电压温度系数/(10^{-4}/℃)	最大耗散功率/W
2CW51	2.5～3.5	10	71	≤5	≤60	≥-9	0.25
2CW52	3.2～4.5		55	≤2	≤70	≥-8	
2CW53	4～5.8		41	≤1	≤50	-6～4	
2CW54	5.5～6.5		38	≤0.5	≤30	-3～5	
2CW56	7～8.8		27		≤15	≤7	
2CW57	8.5～9.8		26		≤20	≤8	
2CW59	10～11.8	5	20		≤30	≤9	
2CW60	11.5～12.5		19		≤40	≤9	
2CW103	4～5.8	50	165	≤1	≤20	-6～4	1
2CW110	11.5～12.5	20	76	≤0.5	≤20	≤9	
2CW113	16～19	10	52	≤0.5	≤40	≤11	
2CW1A	5	30	240		≤20		1
2CW6C	15	30	70		≤8		1
2CW7C	6.0～6.5	10	30		≤10	0.05	0.2

5. 常用晶体管的主要参数

(1) 3AX51 (3AX31) 型 PNP 型锗低频小功率晶体管 见表 A-16。

表 A-16 3AX51 (3AX31) 型 PNP 型锗低频小功率晶体管的主要参数

原型号		3AX31				测试条件
新型号		3AX51A	3AX51B	3AX51C	3AX51D	
极限参数	P_{Cm}/mW	100	100	100	100	T_a=25℃
	I_{Cm}/mA	100	100	100	100	
	T_{jm}/℃	75	75	75	75	
	BV_{CBO}/V	≥30	≥30	≥30	≥30	I_C=1mA
	BV_{CEO}/V	≥12	≥12	≥18	≥24	I_C=1mA
直流参数	I_{CBO}/μA	≤12	≤12	≤12	≤12	U_{CB}=-10V
	I_{CEO}/μA	≤500	≤500	≤300	≤300	U_{CE}=-6V
	I_{EBO}/μA	≤12	≤12	≤12	≤12	U_{EB}=-6V
	h_{FE}	40～150	40～150	30～100	25～70	U_{CE}=-1V I_C=50mA

（续）

原型号		3AX31				测试条件
新型号		3AX51A	3AX51B	3AX51C	3AX51D	
交流参数	f_α(kHz)	≥500	≥500	≥500	≥500	$U_{CB}=-6V$ $I_E=1mA$
	N_F(dB)	—	≤8	—	—	$U_{CB}=-2V$ $I_E=0.5mA$ $f=1kHz$
	h_{ie}(kΩ)	0.6~4.5	0.6~4.5	0.6~4.5	0.6~4.5	$U_{CB}=-6V$ $I_E=1mA$ $f=1kHz$
	h_{re}(×10)	≤2.2	≤2.2	≤2.2	≤2.2	
	h_{oe}(μs)	≤80	≤80	≤80	≤80	
	h_{fe}	—	—	—	—	
h_{FE}色标分档		(红)25~60;(绿)50~100;(蓝)90~150				
管　脚		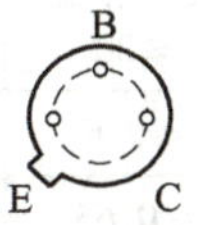				

(2) 3AX81型PNP型锗低频小功率晶体管的主要参数　见表A-17。

表A-17　3AX81型PNP型锗低频小功率晶体管的主要参数

型　号		3AX81A	3AX81B	测试条件
极限参数	P_{Cm}/mW	200	200	
	I_{Cm}/mA	200	200	
	T_{jm}/℃	75	75	
	BV_{CBO}/V	-20	-30	$I_C=4mA$
	BV_{CEO}(V)	-10	-15	$I_C=4mA$
	BV_{EBO}(V)	-7	-10	$I_E=4mA$
直流参数	I_{CBO}/μA	≤30	≤15	$U_{CB}=-6V$
	I_{CEO}/μA	≤1000	≤700	$U_{CE}=-6V$
	I_{EBO}/μA	≤30	≤15	$U_{EB}=-6V$
	U_{BES}/V	≤0.6	≤0.6	$U_{CE}=-1V$ $I_C=175mA$
	U_{CES}/V	≤0.65	≤0.65	$U_{CE}=U_{BE}$ $U_{CB}=0$ $I_C=200mA$
	h_{FE}	40~270	40~270	$U_{CE}=-1V$ $I_C=175mA$
交流参数	f_β/kHz	≥6	≥8	$U_{CB}=-6V$ $I_E=10mA$
h_{FE}色标分档		(黄)40~55 (绿)55~80 (蓝)80~120 (紫)120~180 (灰)180~270 (白)270~400		
管　脚		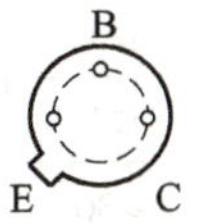		

（3）3BX31 型 NPN 型锗低频小功率晶体管的主要参数 见表 A-18。

表 A-18 3BX31 型 NPN 型锗低频小功率晶体管的主要参数

型 号		3BX31M	3BX31A	3BX31B	3BX31C	测试条件
极限参数	P_{Cm}/mW	125	125	125	125	$T_a=25℃$
	I_{Cm}/mA	125	125	125	125	
	T_{jm}/℃	75	75	75	75	
	BV_{CBO}/V	-15	-20	-30	-40	$I_C=1mA$
	BV_{CEO}/V	-6	-12	-18	-24	$I_C=2mA$
	BV_{EBO}/V	-6	-10	-10	-10	$I_E=1mA$
直流参数	I_{CBO}/μA	≤25	≤20	≤12	≤6	$U_{CB}=6V$
	I_{CEO}/μA	≤1000	≤800	≤600	≤400	$U_{CE}=6V$
	I_{EBO}/μA	≤25	≤20	≤12	≤6	$U_{EB}=6V$
	U_{BES}/V	≤0.6	≤0.6	≤0.6	≤0.6	$U_{CE}=6V$ $I_C=100mA$
	U_{CES}/V	≤0.65	≤0.65	≤0.65	≤0.65	$U_{CE}=U_{BE}$ $U_{CB}=0$ $I_C=125mA$
	h_{FE}	80~400	40~180	40~180	40~180	$U_{CE}=1V$ $I_C=100mA$
交流参数	f_β/kHz	—	—	≥8	f_α≥465	$U_{CB}=-6V$ $I_E=10mA$
h_{FE}色标分档		（黄）40~55（绿）55~80（蓝）80~120（紫）120~180（灰）180~270（白）270~400				
管 脚		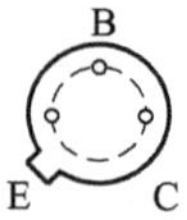				

（4）3DG100（3DG6）型 NPN 型硅高频小功率晶体管的主要参数 见表 A-19。

表 A-19 3DG100（3DG6）型 NPN 型硅高频小功率晶体管的主要参数

原 型 号		3DG6				测试条件
新 型 号		3DG100A	3DG100B	3DG100C	3DG100D	
极限参数	P_{Cm}/mW	100	100	100	100	
	I_{Cm}/mA	20	20	20	20	
	BV_{CBO}/V	≥30	≥40	≥30	≥40	$I_C=100μA$
	BV_{CEO}/V	≥20	≥30	≥20	≥30	$I_C=100μA$
	BV_{EBO}/V	≥4	≥4	≥4	≥4	$I_E=100μA$
直流参数	I_{CBO}/μA	≤0.01	≤0.01	≤0.01	≤0.01	$U_{CB}=10V$
	I_{CEO}/μA	≤0.1	≤0.1	≤0.1	≤0.1	$U_{CE}=10V$
	I_{EBO}/μA	≤0.01	≤0.01	≤0.01	≤0.01	$U_{EB}=1.5V$
	U_{BES}/V	≤1	≤1	≤1	≤1	$I_C=10mA$ $I_B=1mA$
	U_{CES}/V	≤1	≤1	≤1	≤1	$I_C=10mA$ $I_B=1mA$
	h_{FE}	≥30	≥30	≥30	≥30	$U_{CE}=10V$ $I_C=3mA$

（续）

原型号		3DG6				测试条件
新型号		3DG100A	3DG100B	3DG100C	3DG100D	
交流参数	f_T/MHz	≥150	≥150	≥300	≥300	$U_{CB}=10V$　$I_E=3mA$　$f=100MHz$　$R_L=5\Omega$
	K_P/dB	≥7	≥7	≥7	≥7	$U_{CB}=-6V$　$I_E=3mA$　$f=100MHz$
	C_{ob}/pF	≤4	≤4	≤4	≤4	$U_{CB}=10V$　$I_E=0$
h_{FE}色标分档		（红）30～60　（绿）50～110　（蓝）90～160　（白）>150				
管　脚		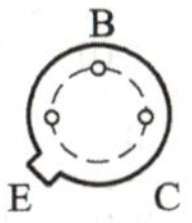				

(5) 3DG130（3DG12）型NPN型硅高频小功率晶体管的主要参数　见表A-20。

表A-20　3DG130（3DG12）型NPN型硅高频小功率晶体管的主要参数

原型号		3DG12				测试条件
新型号		3DG130A	3DG130B	3DG130C	3DG130D	
极限参数	P_{Cm}/mW	700	700	700	700	
	I_{Cm}/mA	300	300	300	300	
	BV_{CBO}/V	≥40	≥60	≥40	≥60	$I_C=100\mu A$
	BV_{CEO}/V	≥30	≥45	≥30	≥45	$I_C=100\mu A$
	BV_{EBO}/V	≥4	≥4	≥4	≥4	$I_E=100\mu A$
直流参数	I_{CBO}/μA	≤0.5	≤0.5	≤0.5	≤0.5	$U_{CB}=10V$
	I_{CEO}/μA	≤1	≤1	≤1	≤1	$U_{CE}=10V$
	I_{EBO}/μA	≤0.5	≤0.5	≤0.5	≤0.5	$U_{EB}=1.5V$
	U_{BES}/V	≤1	≤1	≤1	≤1	$I_C=100mA$　$I_B=10mA$
	U_{CES}/V	≤0.6	≤0.6	≤0.6	≤0.6	$I_C=100mA$　$I_B=10mA$
	h_{FE}	≥30	≥30	≥30	≥30	$U_{CE}=10V$　$I_C=50mA$
交流参数	f_T(MHz)	≥150	≥150	≥300	≥300	$U_{CB}=10V$　$I_E=50mA$　$f=100MHz$　$R_L=5\Omega$
	K_P(dB)	≥6	≥6	≥6	≥6	$U_{CB}=-10V$　$I_E=50mA$　$f=100MHz$
	C_{ob}(pF)	≤10	≤10	≤10	≤10	$U_{CB}=10V$　$I_E=0$
h_{FE}色标分档		（红）30～60　（绿）50～110　（蓝）90～160　（白）>150				
管　脚		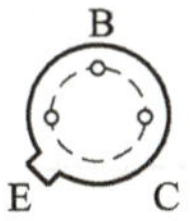				

(6) 9011～9018塑封硅晶体管的主要参数　见表A-21。

6. 常用场效应晶体管的主要参数

见表A-22。

表 A-21 9011 ~ 9018 塑封硅晶体管的主要参数

型号		(3DG) 9011	(3CX) 9012	(3DX) 9013	(3DG) 9014	(3CG) 9015	(3DG) 9016	(3DG) 9018
极限参数	P_{Cm}/mW	200	300	300	300	300	200	200
	I_{Cm}/mA	20	300	300	100	100	25	20
	BV_{CBO}/V	20	20	20	25	25	25	30
	BV_{CEO}/V	18	18	18	20	20	20	20
	BV_{EBO}/V	5	5	5	4	4	4	4
直流参数	I_{CBO}/μA	0.01	0.5	0,5	0.05	0.05	0.05	0.05
	I_{CEO}/μA	0.1	1	1	0.5	0.5	0.5	0.5
	I_{EBO}/μA	0.01	0.5	0,5	0.05	0.05	0.05	0.05
	U_{CES}/V	0.5	0.5	0.5	0.5	0.5	0.5	0.35
	U_{BES}/V		1	1	1	1	1	1
	h_{FE}	30	30	30	30	30	30	30
交流参数	f_T/MHz	100			80	80	500	600
	C_{ob}/pF	3.5			2.5	4	1.6	4
	K_P/dB							10
h_{FE}色标分档			(红)30 ~ 60 (绿)50 ~ 110 (蓝)90 ~ 160 (白) > 150					
管脚			 EBC					

表 A-22 常用场效应晶体管的主要参数

参数名称	N 沟道结型				MOS 型 N 沟道耗尽型		
	3DJ2	3DJ4	3DJ6	3DJ7	3D01	3D02	3D04
	D ~ H	D ~ H	D ~ H	D ~ H	D ~ H	D ~ H	D ~ H
饱和漏源电流 I_{DSS}/mA	0.3 ~ 10	0.3 ~ 10	0.3 ~ 10	0.35 ~ 1.8	0.35 ~ 10	0.35 ~ 25	0.35 ~ 10.5
夹断电压 U_{GS}/V	$<\lvert 1\sim 9\rvert$	$<\lvert 1\sim 9\rvert$	$<\lvert 1\sim 9\rvert$	$<\lvert 1\sim 9\rvert$	$\leqslant\lvert 1\sim 9\rvert$	$\leqslant\lvert 1\sim 9\rvert$	$\leqslant\lvert 1\sim 9\rvert$
正向跨导 g_m/μV	>2000	>2000	>1000	>3000	≥1000	≥4000	≥2000
最大漏源电压 BV_{DS}/V	>20	>20	>20	>20	>20	>12 ~ 20	>20
最大耗散功率 P_{DNI}/mW	100	100	100	100	100	25 ~ 100	100
栅源绝缘电阻 r_{GS}/Ω	$\geqslant 10^8$	$\geqslant 10^8$	$\geqslant 10^8$	$\geqslant 10^8$	$\geqslant 10^8$	$\geqslant 10^8 \sim 10^9$	≥100
管脚	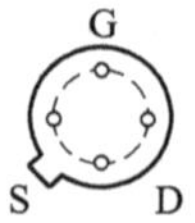 或 						

五、模拟集成电路

1. 模拟集成电路的型号命名方法（国产）

见表 A-23。

表 A-23 模拟集成电路的型号命名方法（国产）

第零部分		第一部分		第二部分	第三部分		第四部分	
用字母表示器件符合国家标准		用字母表示器件的类型		用阿拉伯数字表示器件的系列和品种代号	用字母表示器件的工作温度范围		用字母表示器件的封装	
符号	意义	符号	意义		符号	意义	符号	意义
C	中国制造	T	TTL		C	0 ~ 70℃	W	陶瓷扁平
		H	HTL		E	-40 ~ 85℃	B	塑料扁平
		E	ECL		R	-55 ~ 85℃	F	全封闭扁平
		C	CMOS		M	-55 ~ 125℃	D	陶瓷直插
		F	线性放大器		…	……	P	塑料直插
		D	音响、电视电路		…		J	黑陶瓷直插
		W	稳压器				K	金属菱形
		J	接口电路				T	金属圆形

例：CF741CT 的含义如下：

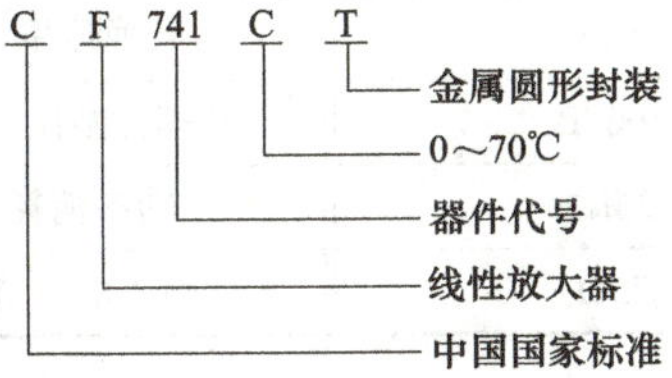

2. 国外部分公司及产品代号

见表 A-24。

表 A-24 国外部分公司及产品代号

公 司 名 称	代号	公 司 名 称	代号
美国无线电公司(BCA)	CA	美国悉克尼特公司(SIC)	NE
美国国家半导体公司（NSC)	LM	日本电气工业公司(NEC)	μPC
美国摩托罗拉公司(MOTA)	MC	日本日立公司(HIT)	RA
美国仙童公司(PSC)	μA	日本东芝公司(TOS)	TA
美国德克萨斯公司(TI)	TL	日本三洋公司(SANYO)	LA,LB
美国模拟器件公司(ANA)	AD	日本松下公司	AN
美国英特西尔公司(INL)	IC	日本三菱公司	M

3. 部分模拟集成电路引脚排列

（1）运算放大器 LM741 运算放大器的引脚排列如图 A-3 所示。

（2）音频功率放大器 LA4100 音频功率放大器引脚排列如图 A-4 所示。

（3）集成稳压器 LM317 集成稳压器引脚排列如图 A-5 所示。

4. 部分模拟集成电路主要参数

（1）μA741 运算放大器的主要参数 见表 A-25。

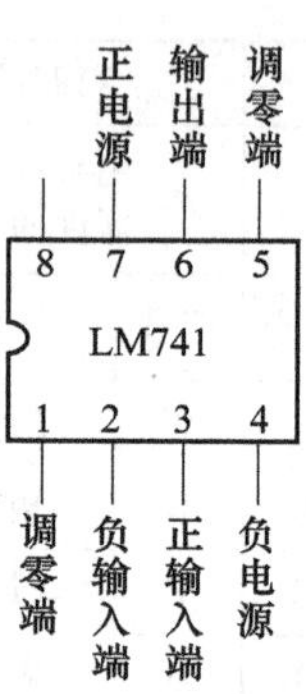

图 A-3 LM741 引脚排列

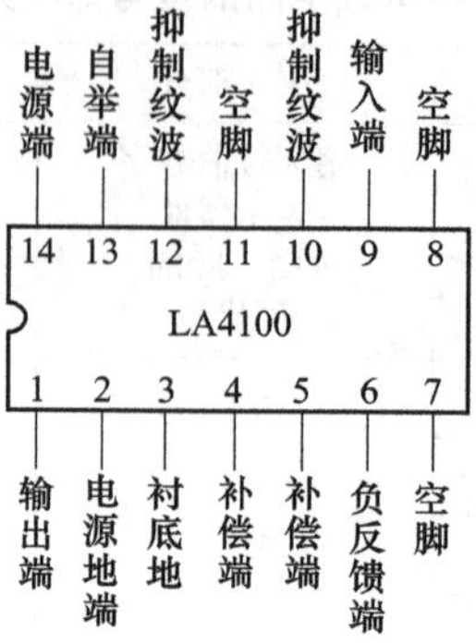

图 A-4 LA4100 引脚排列

图 A-5 LM317 引脚排列

表 A-25 μA741 运算放大器的主要参数

参数名称	数 值	参数名称	数 值
电源电压 V_{CC}、V_{EE}	3～18V(典型值为 15V) -18～-3V(典型值为 -15V)	工作频率	10kHz
输入失调电压 U_{IO}	2mV	单位增益带宽积 $A_u \cdot BW$	1MHz
输入失调电流 I_{IO}	20nA	转换速率 S_R	0.5V/μs
开环电压增益 A_{uo}	106dB	共模抑制比 $CMRR$	90dB
输入电阻 R_i	2MΩ	功率消耗 P	50mW
输出电阻 R_o	75Ω	输入电压范围	±13V

(2) LA4100～LA4102 音频功率放大器的主要参数 见表 A-26。

表 A-26 LA4100～LA4102 音频功率放大器的主要参数

参数名称	条 件	典型值	
		LA4100	LA4102
耗散电流/mA	静 态	30.0	26.1
电压增益/dB	$R_{NF}=220\Omega, f=1\text{kHz}$	45.4	44.4
输出功率/W	THD = 10%, $f=1\text{kHz}$	1.9	4.0
总谐波失真×100	$P_0=0.5\text{W}, f=1\text{kHz}$	0.28	0.19
输出噪声电压/mV	$R_g=0, U_G=45\text{dB}$	0.24	0.21

注：$V_{CC}=6$V(LA4100)，$V_{CC}=+9$V(LA4102)，$R_L=8\Omega$。

(3) CW78××、CW79××、CW317 集成稳压器的主要参数 见表 A-27。

表 A-27 CW78××、CW79××、CW317 的主要参数

参数名称	CW7805	CW7812	CW7912	CW317
输入电压/V	10	19	-19	≤40
输出电压范围/V	4.75～5.25	11.4～12.6	-12.6～-11.4	1.2～37
最小输入电压/V	7	14	-14	$3 \leq u_i - u_o \leq 40$
电压调整率	3	3	3	0.02%
最大输出电流/A	加散热片可达 1A			1.5

六、敏感元器件型号命名方法

见表 A-28。

表 A-28 敏感元器件型号命名方法

<table>
<tr><th colspan="2">第一部分</th><th colspan="2">第二部分</th><th colspan="7">第三部分</th><th>第四部分</th></tr>
<tr><th rowspan="2">主称</th><th rowspan="2">含义</th><th rowspan="2">类别</th><th rowspan="2">含义</th><th colspan="7">用途与特征</th><th rowspan="2">序号</th></tr>
<tr><th>热敏电阻</th><th>压敏电阻</th><th>光敏电阻</th><th>湿敏电阻</th><th>气敏电阻</th><th>磁敏电阻</th><th>力敏电阻</th></tr>
<tr><td rowspan="8">M</td><td rowspan="8">敏感元器件</td><td>Z</td><td>正温度系数热敏电阻</td><td rowspan="8">1—普通
2—稳压
3—微波测量
4—旁热
5—测温
6—控温
7—消磁
8—线性
9—恒温
0—特殊</td><td rowspan="8">W—稳压
G—高压
P—高频
N—高能
K—高可靠
L—防雷
H—灭弧
Z—消噪
B—补偿
C—消磁</td><td rowspan="8">1—紫外光
2—紫外光
3—紫外光
4—可见光
5—可见光
6—可见光
7—红外光
8—红外光
9—红外光
0—特殊用</td><td rowspan="8">C—测湿
K—控湿</td><td rowspan="8">Y—烟敏
K—可燃性</td><td rowspan="8">Z—电阻
W—电位器</td><td rowspan="8">1—硅应变片
2—硅应变片
3—硅林</td><td></td></tr>
<tr><td>F</td><td>负温度系数热敏电阻</td><td></td></tr>
<tr><td>Y</td><td>压敏电阻</td><td></td></tr>
<tr><td>S</td><td>湿敏电阻</td><td></td></tr>
<tr><td>Q</td><td>气敏电阻</td><td></td></tr>
<tr><td>G</td><td>光敏电阻</td><td></td></tr>
<tr><td>C</td><td>磁敏电阻</td><td></td></tr>
<tr><td>L</td><td>力敏电阻</td><td></td></tr>
</table>

七、继电器型号命名方法

见表 A-29。

表 A-29 继电器型号命名方法

<table>
<tr><th rowspan="3">分类号</th><th rowspan="3" colspan="2">名 称</th><th colspan="5">型 号</th><th rowspan="3">斜线</th><th rowspan="3">规格序号</th></tr>
<tr><th>第一部分</th><th>第二部分</th><th>第三部分</th><th>第四部分</th><th>第五部分</th></tr>
<tr><th>主称</th><th>外形符号</th><th>短划线</th><th>序号</th><th>防护特征</th></tr>
<tr><td rowspan="4">1</td><td rowspan="4">直流电磁继电器</td><td>微功率</td><td>JW</td><td rowspan="17">W(微型)
C(超小型)
X(小型)</td><td rowspan="17">—</td><td rowspan="17"></td><td rowspan="17">M(密封)
F(封闭)</td><td rowspan="17"></td><td rowspan="17"></td></tr>
<tr><td>弱功率</td><td>JR</td></tr>
<tr><td>中功率</td><td>JZ</td></tr>
<tr><td>大功率</td><td>JQ</td></tr>
<tr><td>2</td><td colspan="2">交流电磁继电器</td><td>JL</td></tr>
<tr><td>3</td><td colspan="2">磁保持继电器</td><td>JM</td></tr>
<tr><td>4</td><td colspan="2">混合式继电器</td><td>见注</td></tr>
<tr><td>5</td><td colspan="2">固态继电器</td><td>JG</td></tr>
<tr><td>6</td><td colspan="2">高频继电器</td><td>JP</td></tr>
<tr><td>7</td><td colspan="2">同轴继电器</td><td>JPT</td></tr>
<tr><td>8</td><td colspan="2">真空继电器</td><td>JPK</td></tr>
<tr><td>9</td><td colspan="2">温度继电器</td><td>JU</td></tr>
<tr><td>10</td><td colspan="2">电热式继电器</td><td>JE</td></tr>
<tr><td>11</td><td colspan="2">光电继电器</td><td>JF</td></tr>
<tr><td>12</td><td colspan="2">特种继电器</td><td>JT</td></tr>
<tr><td>13</td><td colspan="2">极化继电器</td><td>JH</td></tr>
<tr><td>14</td><td colspan="2">电子时间继电器</td><td>JSB</td></tr>
</table>

注：混合式继电器的型号由被组合的电磁继电器型号中的外形符号后加标字母 H（混）构成。

八、固态继电器的型号命名方法

见表 A-30。

表 A-30 固态继电器的型号命名方法

分类号	名称	型号				
		第一部分	第二部分	第三部分	第四部分	第五部分
		主称	输出电流	输入方式	输出方式	输出电压范围
1	单相固态继电器	SSR	小功率：10A、15A、25A、40A 中功率：60A、80A、100A、120A、150A、200A 大功率：200A、250A、300A、400A	D：直流（3～32V） A：交（80～250V） V：电阻型调压 W：单片机调压	D：直流 A：交流	S：标准型 单相（36～250V） 三相（36～380V） H：高压型 单相（36～380V）三相（36～480V）
2	三相固态继电器	TSR				

例：SSR—40DA 就是单组直流 3～32V 控制，负载为 36～380V（交流），额定电流为 40A。

TSR—25DA—H 就是三组直流 3～32V 控制，负载为 36～380V（交流），额定电流为 25A。

附录 B 常用电子元器件图形符号

表 B-1 电阻器、电容器、电感器和变压器

图形符号	名称与说明	图形符号	名称与说明
	电阻器，一般符号		电感器、线圈、绕组或扼流圈，一般符号。注：符号中半圆数为 4 个
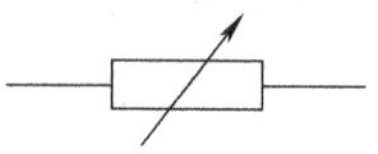	可变电阻器或可调电阻器	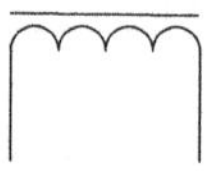	带磁心、铁心的电感器
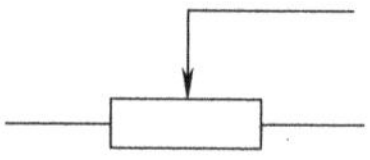	滑动触点电位器	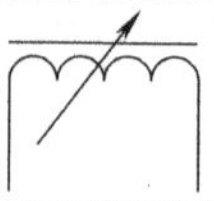	带磁心连续可调的电感器
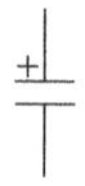	极性电容器	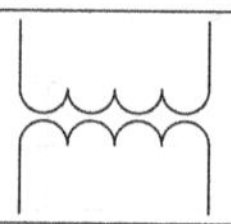	双绕组变压器
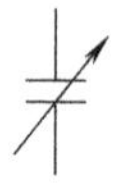	可变电容器或可调电容器	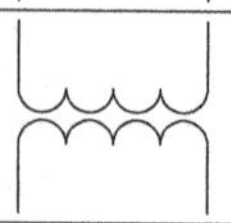	绕组间有屏蔽的双绕组变压器
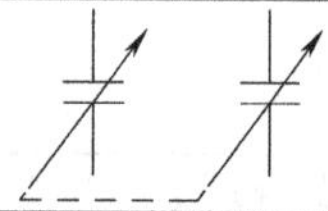	双联同调可变电容器	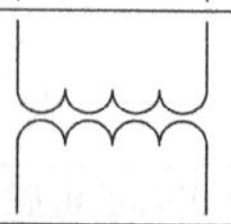	在一个绕组上有抽头的变压器

（续）

图形符号	名称与说明	图形符号	名称与说明
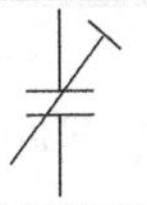	预调电容器	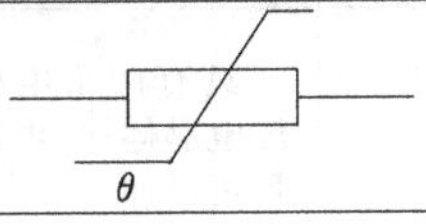	热敏电阻器
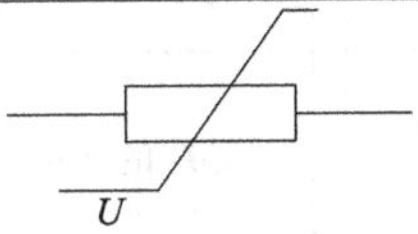	压敏电阻器	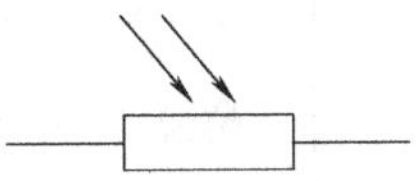	光敏电阻器
	电感	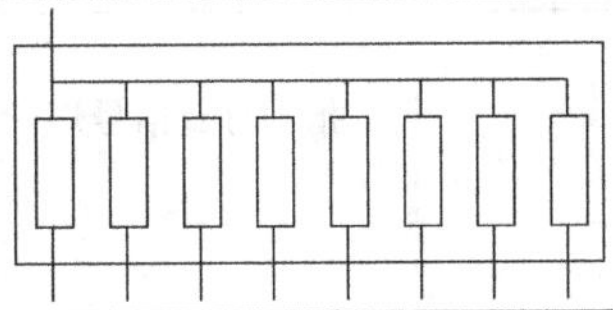	排阻
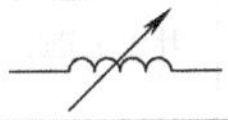	可变电感器		

表 B-2　晶体管、光耦合器、继电器、运算放大器等

图形符号	名称与说明	图形符号	名称与说明
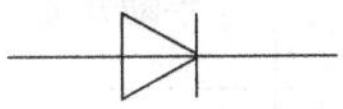	二极管，一般符号	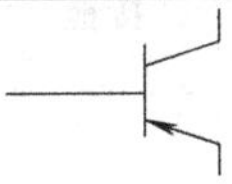	PNP 型晶体管
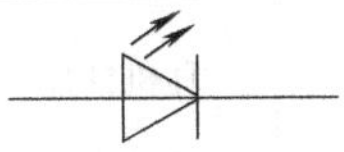	发光二极管		
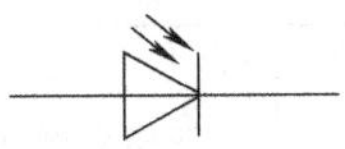	光敏二极管	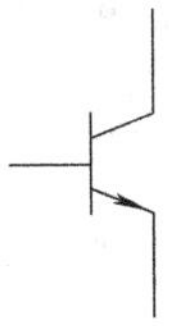	NPN 型晶体管
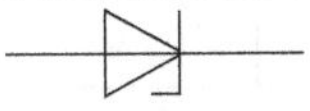	稳压二极管		
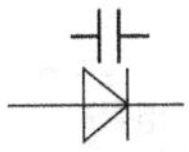	变容二极管	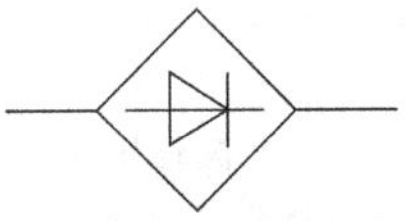	全波桥式整流器
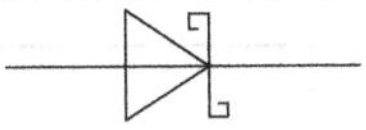	肖特基二极管	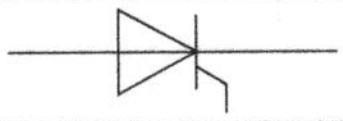	单向晶闸管
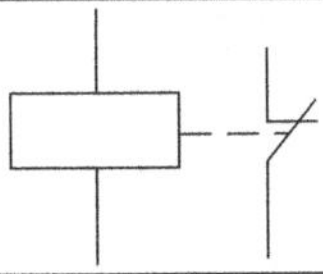	继电器（单常闭触点）	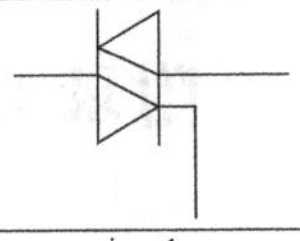	双向晶闸管
		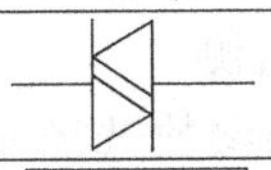	双向触发二极管
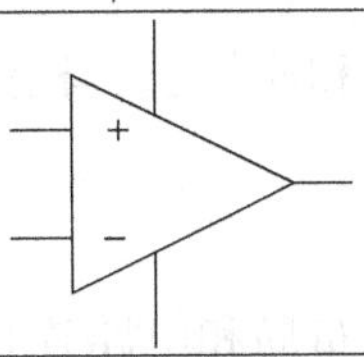	运算放大器	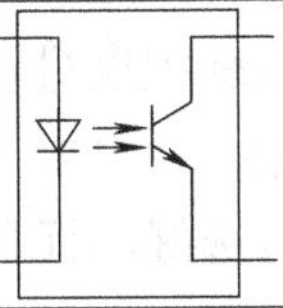	光耦合器
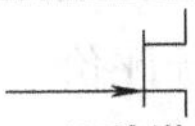 a)N沟道 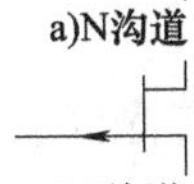 b)P沟道	JFET 结型场效应晶体管	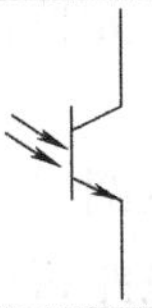	光敏晶体管

表 B-3 其他电气图形符号

图形符号	名称与说明	图形符号	名称与说明
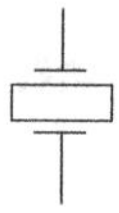	具有两个电极的压电晶体注：电极数目可增加		接机壳或底板
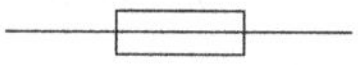	熔断器	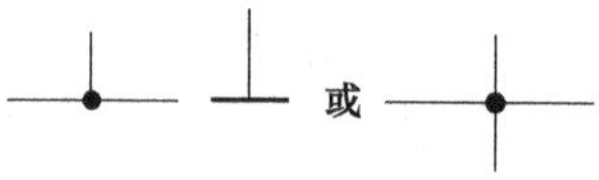	导线的连接
	指示灯及信号灯		导线的不连接
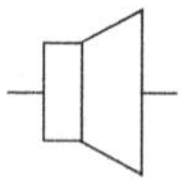	扬声器		接触器动合（常开）主触点
	蜂鸣器		接触器动断（常闭）主触点
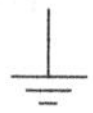	接地	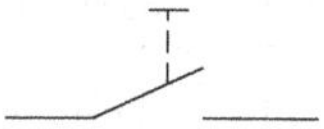	手动开关
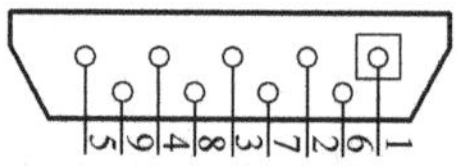	9 针插头	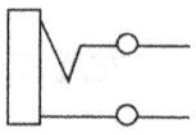	耳机插座
	直流电动机	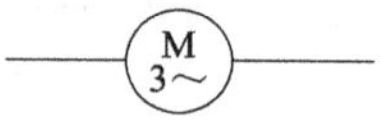	三相交流电动机
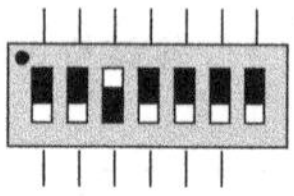	拨码开关	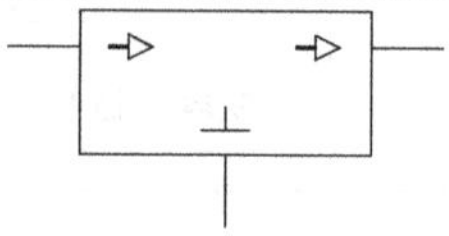	三端稳压集成电路

附录 C 项目评价标准

1. 元器件的选择与检测

根据原理图所给出的参数选择元器件，并对所选元器件的参数和质量进行检测，对选择和检测的准确度和熟练程度进行评价。

2. 电路的布局及安装

根据电路原理图，将选好的元器件在模块底板或万用板上进行布局和电路连接，元器件布局采用就近原则。对元器件布局的合理性和连接线是否工整进行评价。

3. 电路的焊接

元器件焊接要求是焊点圆滑，无虚焊、假焊，无漏焊，无毛刺，有光泽；元器件摆放的要求是整齐、美观；电路板应干净，无污垢。对整个电路的焊接质量进行评价。

4. 仪器仪表的使用

能熟练使用万用表、示波器、频率计和毫伏表等仪器仪表。根据仪器仪表选择和使用熟练程度进行评价。

5. 知识点的掌握

理解并掌握项目中相关的理论知识。对理论知识点的理解和掌握程度进行合理的评价。

6. 小组成员的合作

项目是由小组合作来完成任务的，任务完成的情况与小组成员的合作精神有着紧密的关系，也是为以后走出社会与他人合作打下良好的基础。对小组成员的合作精神进行客观的评价。

7. 安全文明操作

在企业的生产中，安全文明操作是很重要的，安全第一，文明操作，只有在安全和文明的基础上才能生产出合格的产品，所以在平时的学习中就应该培养安全文明的意识，故对项目学习过程中的安全文明操作进行评价。

参考文献

[1] 杨承毅. 电子技能实训基础：电子元器件的识别和检测［M］. 2版. 北京：人民邮电出版社，2007.

[2] 杨宗强，辜竹筠. 零起点看图学——万用表检测电子元器件［M］. 北京：化学工业出版社，2010.

[3] 王国玉，余铁梅. 电工电子元器件基础［M］. 北京：人民邮电出版社，2006.

[4] 亚龙集团. YL291模块使用说明书，2010.